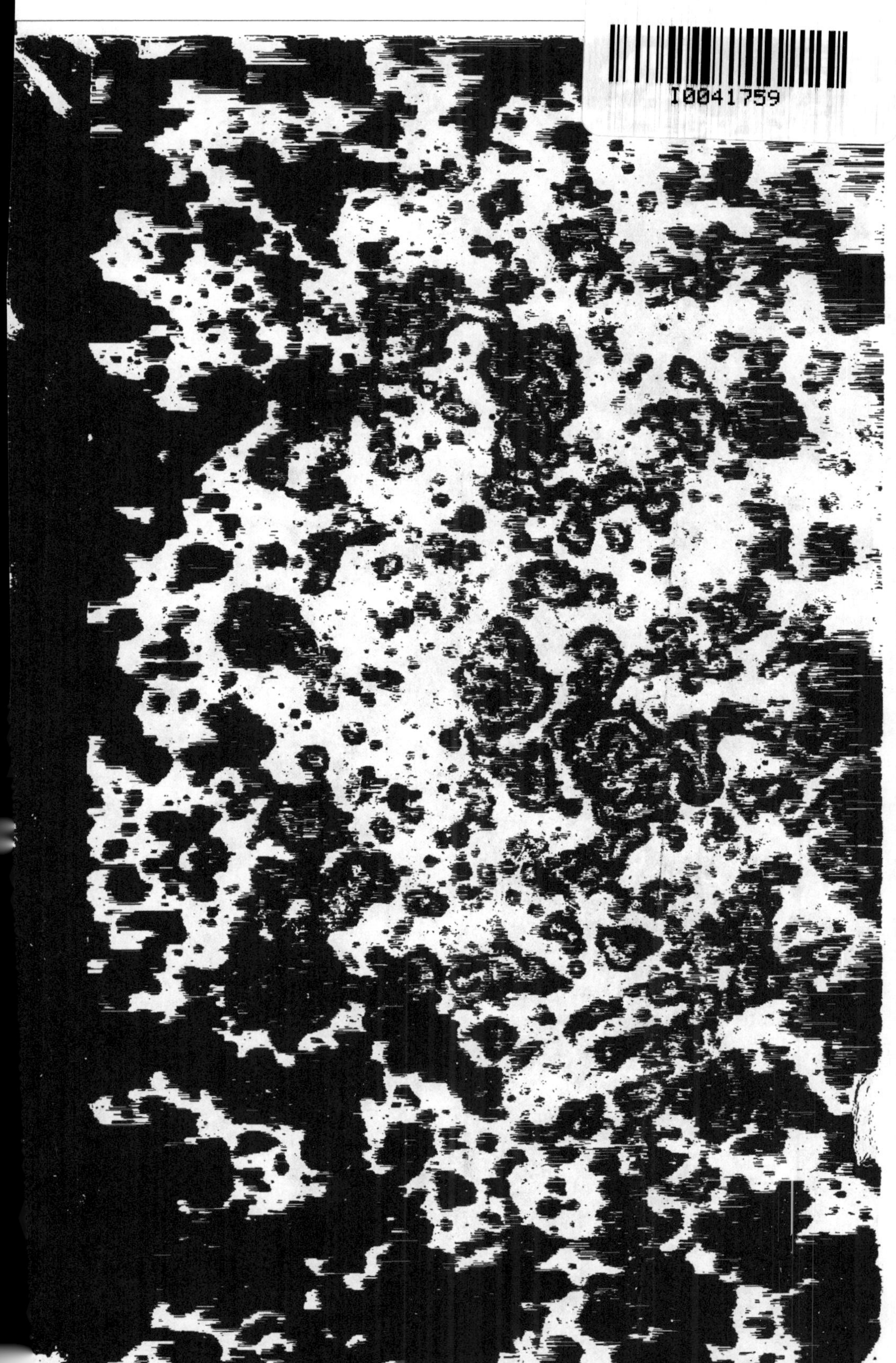
I0041759

CHAMBRE DE COMMERCE DE SAINT-ÉTIENNE.

解 物 萬

DESCRIPTION MÉTHODIQUE

DES

PRODUITS DIVERS

RECUEILLIS

DANS UN VOYAGE EN CHINE;

PAR ISIDORE HEDDE,

DÉLÉGUÉ DU MINISTÈRE DE L'AGRICULTURE ET DU COMMERCE,
DE 1843 A 1846,

ET EXPOSÉS PAR LA CHAMBRE DE COMMERCE DE SAINT-ÉTIENNE,
AUX FRAIS DE L'ADMINISTRATION MUNICIPALE
DE LA MÊME VILLE.

SAINT-ÉTIENNE,
IMPRIMERIE DE THÉOLIER AINÉ.

1848.

1850

A MES CONCITOYENS!

Voulez-vous acquérir des notions sur le mérite des institutions sociales et sur la valeur des connaissances humaines, comparez les produits des nations les plus anciennes, et des contrées les plus diverses et les plus éloignées. C'est dans l'Orient que l'on rencontre les éléments des plus vieilles civilisations et les substances les plus riches des règnes minéral et végétal. C'est principalement en Chine que l'on peut étudier tout ce qui intéresse le plus l'économie politique, industrielle et commerciale. Voulez-vous surtout connaître quelle a été l'influence de la SOIE sur les destinées de l'empire céleste, venez et étudiez les produits que j'en ai rapportés, et qui, parfaitement compris, peuvent devenir pour notre belle patrie la source de précieuses découvertes.

ISIDORE HEDDE.

AVANT-PROPOS.

Désigné par la Chambre de Commerce de Saint-Étienne au choix du Gouvernement, comme délégué chargé de l'étude des soies et soieries dans la mission en Chine, M. Hedde (1) a dû préalablement recueillir les renseignements et matériaux qui pouvaient l'aider à l'accomplissement de sa tâche. Dans ce but, il a visité successivement, avant son départ, les villes qui s'occupent de la production et de la fabrication de la soie en France. Lyon, Saint-Étienne, Saint-Chamond, Nîmes, Orange, Avignon, Ganges, Alais, Le Puy, Tours, etc., lui ont fourni les matériaux nécessaires.

Pendant son voyage et depuis son retour, M. Hedde a soumis au Gouvernement des rapports en réponse

(1) M. Hedde avait étudié la fabrication des étoffes de soie à Lyon, et avait été fabricant de rubans à Saint-Étienne.

aux instructions données, soit par le Ministre, soit par diverses chambres de commerce et chambres consultatives. Ces rapports ont été, en partie, insérés dans une publication mensuelle faite par le département du Commerce, section du Commerce extérieur, sous le titre d'*Avis divers*, et reproduits par la voie des journaux.

Convaincu de toute l'utilité dont pouvait être, pour les différentes industries et le commerce de France, la connaissance des produits rapportés par la Délégation commerciale, M. le Ministre de l'agriculture et du commerce en fit faire, en 1846, une exposition publique, à Paris, qui eut lieu dans le local de l'École supérieure pour l'instruction primaire, rue Neuve-Saint-Laurent. Cette exposition dura environ quatre mois, et fut close après un rapport circonstancié fait par une Commission nommée par le Ministre, à la tête de laquelle se trouvait M. Legentil, pair de France, président de la Chambre de Commerce de Paris, et composée des hommes les plus spéciaux dans les sciences, dans les arts, dans l'industrie et dans le commerce.

L'année suivante, la Chambre de Commerce de Lyon, dans le but de répandre dans la fabrique lyonnaise la connaissance des objets que M. Hedde avait rapportés comme délégué spécial de l'industrie des soies, en sollicita et en obtint du Ministre la remise momentanée. Elle en fit faire, à ses frais, une exposition également publique, qui dura à peu près le même temps que la précédente.

La Chambre de Commerce de Saint-Étienne pensant qu'il pouvait être non seulement avantageux à l'industrie rubanière, mais utile à toutes les branches du commerce de l'arrondissement de cette ville, de connaître et d'étudier les produits recueillis par M. Hedde, pendant le cours de sa mission, a sollicité et obtenu du Gouvernement la même faveur qui avait été accordée à la ville de Lyon.

La Chambre de Commerce de Saint-Étienne a jugé convenable d'en faire faire une exposition publique, et a prié M. Hedde d'en rédiger le catalogue, en y mentionnant également les objets qui, par des circonstances fortuites, n'ont pu en faire partie, mais dont la connaissance peut être d'un certain degré d'utilité.

La Chambre de Commerce a demandé à l'Administration municipale les fonds nécessaires pour subvenir aux frais de cette exposition. Ils ont été votés avec le plus grand empressement.

M. le Maire de Saint-Étienne, toujours jaloux de rechercher ce qui peut être utile et agréable à ses concitoyens, a bien voulu mettre à la disposition de la Chambre de Commerce la salle, *dite du Musée*, à l'Hôtel-de-Ville.

Le public y sera admis le dimanche et le lundi de chaque semaine, depuis onze heures jusqu'à quatre heures du soir; les mardis et jeudis seront réservés pour MM. les fabricants et chefs d'ateliers, auxquels des cartes particulières d'entrée seront adressées à domicile.

AVERTISSEMENT.

Le Catalogue est divisé en trois parties : la première comprend les objets concernant particulièrement les contrées successivement parcourues par M. Hedde pendant le cours de sa mission ; la deuxième, la description de l'industrie de la soie en Chine ; la troisième, les articles divers du Catalogue. Une table alphabétique, placée à la fin, indique les principaux objets qui y ont été mentionnés.

CATALOGUE DE L'EXPOSITION

FAITE PAR

LA CHAMBRE DE COMMERCE DE ST-ÉTIENNE.

PREMIÈRE PARTIE.

ORDRE DES CONTRÉES SUCCESSIVEMENT PARCOURUES PAR M. HEDDE.

BREST.

(Point de départ, 20 février 1844).

Numéros d'ordre.

1. Corvette à vapeur l'*Archimède*, portant en Chine des missionnaires catholiques et des délégués commerciaux. — Tempête dans le golfe de Gascogne. — Avant défoncé, cheminée abattue, embarcations et tambours enlevés, 25—26 février 1844.

Dessin de M. Trouilleux, de Saint-Étienne, d'après un croquis de M. le commandant Paris.

CADIX.

(1re Station, 2 mars 1844).

2. Métier à tisser la toile de coton et de lin.

On compte environ cent vingt métiers de ce genre propres à fabriquer le coutil pour pantalon et la toile pour serviettes.

3. Tissus de *Pita*, produit des filaments de l'*aloës Pita*,

cultivé dans les environs de cette ville et dans toute la presqu'île de Léon.

4. Tarif des douanes *Ley de Aduanes, aranceles e instruccion que rigen en la Peninsula e islas adyacentes, desde 1° de noviembre de 1841.*

5. Monnaies, poids et mesures. — Piastre divisée en 20 réaux de vellon.

La pièce de 5 francs de France passe pour 19 réaux de vellon. On emploie pour monnaie de compte le réal de plate, qui se divise en 34 maravedis de plate : 17 réaux de plate valent 32 réaux de vellon.

Vare divisée en 3 pieds, chaque pied de 12 pouces. Cette mesure est d'un millimètre plus petite que l'aune de Castille. Elle égale 847 millimètres.

Livre castillane égale 0,4445 kilogramme ; elle est divisée en 16 onces.

Renvoi au Rapport n° 3 de M. Hedde au Ministre du commerce.

SÉVILLE.

(Excursion, 4 mars 1844).

6. Soies et soieries de Séville.

	Centimètres.	Prix.
Caméléon, gros-de-Naples rayé uni bleu et blanc,	72	10 fr. le mètre.
Id. id. id. vert et blanc,	72	10 » id.
Id. id. id. maron et blanc,	72	10 » id.
Brocade, satin rayé à bandes façonnées, noir,	80	8 f. 60 c. id.
Id. *en oro y de Plata*, étoffes lamées,	80	11 f. 50 c. id.

Ces articles sortent de la fabrique de M. Manuel, de Castillo, dans laquelle ont lieu toutes les opérations avant et après le tissage, à part la teinture, qui se fait dans un local spécial. On compte à Séville quelques métiers à la Jacquard dont les mécaniques ont été envoyées de Lyon.

Trama y Figura : Ruban taffetas façonné n° 100 espagnol, largeur 65 millimètres, f. 19 75 les 34 vares.

Trama y Figura : Ruban taffetas façonné n° 120, largeur. 77 millim., f. 22 50 les 34 vares.

Medio Liston : Rubans taffetas uni, 18 millim., f. 2 85 les 28 mètres 3/4.

Liston : Ruban taffetas noir, 25 millim., f. 4 35.

Media Colonia : Ruban taffetas uni, 42 millim., f. 7 30

Ces rubans, vendus à Séville, sont de la fabrique de M. Jose M. de Tojar, à Grenade.

Randas : Franges noires en coton, soie et laine de Séville, dans le genre des articles de Tours ;

A 7 fils, 13 centimètres, f. 2 le mètre ;

A 22 fils, 13 centimètres, f. 4 le mètre.

On en fait depuis 3 fils.

Sarga : Serge de Malaga noir noir, 82 centimètres, f. 7 le mètre.

Les serges fabriquées à Séville sont un peu meilleur marché, mais elles n'ont pas autant de réputation.

Ambos : *Blondes*, ou dentelles noires d'Almagro pour mantilles, dans le genre de celles fabriquées au Puy.

Soie à coudre de Murcie.

1°	Couleurs fines. . . .		6 piastres la livre ;		
2°	Id.	ordinaires . .	5	id.	id. ;
3°	Id.	noir chargé .	4	id.	id.

Soie grège.

1re	qualité.	*Talaveyra de la Reyna.*
2me	id.	*La Carolina.*
3me	id.	*Valence.*
4me	id.	*Murcie.*
5me	id.	*Jaen.*
6me	id.	*Malaga.*
7me	id.	*Cordoue.*

Les grèges les plus belles employées à Séville valaient, en **1844**, de 14 à 15 piastres la livre catalane ; mais, les soies organsinées de Talaveyra, de Valence et de Grenade étaient plus élevées.

Pour tous les détails concernant les soies et soieries d'Espagne, voir le Rapport n° 3 de M. Hedde au Ministre du commerce.

7. *Notice sur la Fabrique de soieries de Séville.*

1° Sous la domination des rois maures, d'après M. le vicomte de Santarem : 6,000 métiers ;

2° En 1519, d'après M. Moreau de Jonnès, 16,000 métiers, et 130,000 individus occupés au travail de la soie ;

3° 1630, d'après divers renseignements recueillis par M. Hedde, 3,000 ;

4° 1800. . . . 2,400 métiers.

5° 1844. . . . 120 métiers.

8. *Annuaire de Séville* pour 1842.

1° Vue de la Salle des Ambassadeurs dans l'ancien palais des rois maures, construit au XIe siècle ;

2° Tour arabe, dite *la Giralda*, de la cathédrale ; elle a environ 120 mètres de hauteur ; on peut monter à cheval jusqu'au sommet ;

3° Coutumes des ouvriers et ouvrières de la fabrique de tabac. — Il y a journellement employé, dans cet établissement, 600 hommes et 3,000 femmes ;

4° Porte de la *Carne.*

SAINTE-CROIX-DE-TÉNÉRIFFE.

(2me Station, 11 mars 1844).

9. Feuilles de mûrier noir, *morus nigra*, épaisses, à grandes échancrures, légèrement duveteuses.

Ce mûrier, propre à la nourriture des vers à soie, a été probablement importé d'Espagne, lors des premiers temps de la colonisation.

10. Soie grège.

C'est sur le territoire de l'Orotava que se font les récoltes de soie.

11. Échantillons de soies et soieries.

Raso para sapatos y Chalecos, satin uni ; largeur 28 centimètres ; prix : 19 réaux la vare ;

Raso para sapatos y Chalecos, *Floriada* ; 28 centimètres, 19 réaux la vare ;

Patente, reps, 28 centimètres, 19 réaux la vare ;

Ces trois articles sont pour souliers et gilets : une vare fait trois mesures de souliers.

Sarga, lévantine, 52 centimètres, 13 réaux la vare ;

Ligas, jarretières ; la paire de 2 1/2 à 5 réaux de vellon ;

Cintas de ribete : Rubans taffetas noir pour border les souliers ; prix : 4 réaux de vellon les 16 vares ;

Seda para Coser : soie à coudre, toutes couleurs, 7 1/2 réaux de vellon, l'once.

Tous ces articles sont de la fabrique de Ste-Croix de l'île Palma.

Les poids, mesures et monnaies sont celles d'Espagne.

12. Échantillon de cochenille, produit de Ténériffe, remis par M. Bretillard, agent consulaire français aux Canaries.

Prix : 15 réaux de vellon la livre.

13. Carte des îles Canaries.

On compte sept îles principales.

14. Vue du pic de Ténériffe.

Le sommet est à 3,710 mètres au-dessus du niveau de la mer. On le voit, lorsque le temps est favorable, à 30 lieues en mer. La dernière éruption volcanique a eu lieu en 1814. Sur l'île voisine Lancerote, il y en a eu une plus récente en 1832.

15. Vue de Sainte-Croix.

Fort St-Christophe, où, en 1797, Nelson perdit le bras gauche ; vue de la Douane ; vue de l'église de Notre-Dame de la Conception, où sont déposés les deux drapeaux enlevés à Nelson.

16. Costumes des habitants des îles Canaries.

Pour tous les détails relatifs à ces possessions intéressantes des Espagnols, voir l'ouvrage descriptif de M. J. Berthelot.

GORÉE, SÉNÉGAL.

(3me Station, 17 mars 1844).

17. Vue du château de Gorée.

18. *Rabba*, métier de *Griot*, tisserand *yolof*, copie faite par M. le vicomte de Charlus, attaché à la mission de Chine.

19. Excursion au village du roi de Daccar, sur la Côte-Ferme.

Le tableau représente un *Griot* ou tisserand *Yolof* tissant un pagne. Sur le devant, sont deux esclaves égrainant et filant du coton. M. Hedde y est représenté tenant à la main des feuilles d'indigotier et de mil. Il est accompagné d'une Siguare et de sa fille; dans le lointain, un teinturier étend du coton teint à l'ombre d'un tamarinier et d'une boabab; à côté paraît un maure faisant préparer le *couscou*, principal aliment du pays. Cette aquarelle a été faite en 1844, au Sénegal, par M. Nouveaux, peintre du ministère de la marine et des colonies.

20. Pagne uni fabriqué sur le métier n° 18 précédent.

Ce tissu se compose de plusieurs laises de 11 centimètres chacune de largeur, formant une longueur 5 mètres sur 80 centimètres de largeur ; prix 10 fr.

21. Pagne façonné, fabriqué sur un métier à deux lisses ordinaires, avec addition de deux demi-lisses s'appliquant en sus ; ou, à défaut, d'une planchette et d'une verge formant envergeure derrière les lisses. Ce métier est appelé *rabba bissao*.

Voici la description faite par M. Natalis Rondot, délégué commercial, compte rendu de l'Académie de Reims, 1846.

22. Graines de la plante Mil.

Épi de Diarnac, du poids de 100 grammes, contenant 1,730 grains ;
Epi de Bassi, du poids de 100 grammes, contenant 3,600 grains ;
Epi de Ditign, du poids de 100 grammes, contenant 5,500 grains ;
Epi de Dougoup, du poids de 100 grammes, contenant 13,000 grains.

Ces différentes graines sont le produit des différentes variétés de la plante de Mil qui fournit une matière colorante rouge très-abondante.

Voir le rapport N° 2 de M. Hedde à M. le ministre du commerce, ainsi que les comptes-rendus des expériences faites à Lyon, Rouen et Mulhouse.

23. Racine de Mandragore, propre à teindre en jaune.

Cet arbre croît dans les îles Bissaou et Catchou.

24. Orseille des Mamelles. Lichen, propre à teindre en pourpre, qui croît sur deux collines volcaniques situées à la pointe du Cap-Vert.

Voir, au sujet de toutes les plantes tinctoriales, la flore de la Sénégambie, par M. Perrottet.

25. Air de musique yolof, remis par M. Moussa, nègre, curé de Gorée.

CAP DE BONNE-ESPÉRANCE.

(4me Station, 2 mai 1844; retour, 8 mars 1846).

26. Ville de Saint-James, à Sainte-Hélène, et de la colline dite *Ladder Hill*, sur la pente de laquelle a été pratiqué un plan incliné de 274 mètres de longueur, à doubles voies en fer, sur une pente de 39 à 41 degrès.

Voir le rapport N° 5 de M. Hedde au ministère du commerce.

27. Vue de False-Bay et de Simon's-Town, station militaire de la marine anglaise. Population, en 1844, environ 2,600 habitants.

On voit encore, dans les environs, de nombreux établissements qui y avaient été élevés, lorsque la pêche de la baleine était prospère dans ces parages.

28. Carte de la Colonie anglaise du cap de Bonne-Espérance, avec celles d'Albany et de Natal.

Vue de la ville du Cap. — On y comptait, en 1844, 98 jardins, 3,112 maisons et 21,840 habitants;

Vue de la Table. — Cette montagne, de formation primitive, s'élève à pic à une hauteur de plus de 1,100 mètres au-dessus de la ville du Cap;

Vue d'Élisabeth. — Cette ville, située sur la Baie d'Algoa, possédait environ 3,000 habitants en 1844;

Vue de Graham, en Albanie. — Cette ville, l'entrepôt de la frontière Est pour les productions de l'Afrique méridionale, avait, en 1844, plus de 6,000 habitants;

Vue de l'entrée de la Knysna. — Cette rivière, la seule de la colonie du Cap, navigable par des bâtiments de fort tonnage, traverse le district de George. C'est sur ses bords qu'on a remarqué le mûrier sauvage qui croît rapidement et garde ses feuilles pendant 10 à 11 mois de l'année.

29. Baie du Cap, avec les plans d'une jetée et d'un port intérieur par le lieutenant-colonel du génie C. C. Michell.

Les nombreux sinistres qui arrivent périodiquement chaque année, en vue de la ville du Cap, principalement pendant la mousson de Nord-Ouest, font vivement désirer l'exécution de ce projet.

30. Criquet-Voyageur, *Calliptamus italicus*, du Cap, dessin de grandeur naturelle, par le lieutenant-colonel du génie C. C. Michell.

Cet insecte a fait de grands ravages dans les colonies intérieures : on cite une année où toutes les récoltes ont été anéanties.

31. Méthode pour faire le vin de Constance, par M. H. H. Gird, docteur-médecin, membre de la Société d'agriculture du Cap.

Cette méthode consiste principalement dans les soins et choix des raisins. L'auteur recommande surtout leur écrasement au moyen de pilons de bois, ce qui évite la fermentation spontanée, effet ordinaire de la pression des pieds humains.

32. Règlement de la Société d'agriculture du Cap.

Liste des membres. Chaque année a lieu le grand concours pour les productions territoriales. Le 12 mars 1846, MM. Rondot et Hedde, comme membres correspondants de cette Société, ont assisté à une grande solennité, où, parmi des nombreux produits, figuraient des laines, des cocons et des soies filées.

33. Aérolite tombé le 13 mars 1838, à Cold-Bokkeveld district de Worcester, cap de Bonne-Espérance, recueilli et donné par M. Th. Maclear, directeur de l'Observatoire astronomique de Papendorf.

Analyse chimique.		
	Eau	6 50
	Souffre	4 24
	Silice	28 90
	Protoxide de fer	33 22
	Magnésie	19 20
	Alumine	5 22
	Chaux	1 64
	Oxide de Nickel	0 82
	Idem de Chromium	0 70
	Cobalt	trace
	Soda	Id.
		100 44

Pour les détails, voir les *Transactions philosophiques de Londres*, partie 1re, 1839.

34. Minerai de cuivre, cap de Bonne-Espérance, remis par M. le lieutenant-colonel Michell.

35. Minerai de cuivre *Adélaïde, Australie,* remis par le même.

36. Charbon de Port-Natal, cap de Bonne-Espérance, remis par le même.

37. Charbon de Drack-Berg Natal, remis par M. A. Steedman.

38. Obélisque élevé à sir John F.W. Herchell, à Feldhausen (cap de Bonne-Espérance), dessin et plan du colonel de génie Lewis.

Ce monument, dit l'inscription, a été élevé sur l'emplacement où avait été établi de 1834 à 1838, le télescope réflecteur de cet illustre astronome, qui, pendant son séjour dans la colonie, n'a pas seulement doté la science de précieuses découvertes, mais a largement servi la cause de la civilisation et de l'humanité.

39. Instrument employé à mesurer la force du vent; dessin du capitaine Wilmot, directeur de l'Observatoire magnétique et météorologique de Papendorf, pour la variation de l'aiguille aimantée.

40. *Annuaire du cap de Bonne-Espérance*, statistique, mouvement du commerce et de la navigation, population, etc., pour 1844.

41. *Voyage dans l'intérieur de l'Afrique méridionale*, avec des détails sur les missions françaises de la foi évangélique, par Andrew Steedmann, 1835.

42. *Description de la colonie du Cap,* par Chase; notices historiques et statistiques, depuis sa découverte en 1486, par le portugais B. Diaz, jusqu'en 1844.

43. Graines de plantes du cap de Bonne-Espérance.

N° 1.

Polygala speciosa.
Pittosparum viridiflorum.
Ericrisum tenuifolium.
Ceanothus Africanus.
Erythrina Caffra.
Asclepias arborescens.
Elichrysum maritimum.
Rhus Lucidus.
Aspalathus hystrix.
Eriocephalus racemosus.

Protea glabra.
Diosma alba.
Hamiltonia capensis.
Crassula ciliata.
Podalyria genistoïdes.
Liparia Sphœrica.
Protea Cynaroïdes.
Aloe flavispina.
Protea Lotta, ou Leucospermum Lottum.
Gardenia thumbergia.
Othonna pectinata.
Phlomis leonurus.
Erica pubescens major.
Id. Sebana rubra.
Id. tubiflora.
Id. Margaritacea.

N. 2.

Indigofera Cytisoides.
Aster sedunculatus.
Leucodendron argenteum.
Testudinaria Elephantipes (1).
Prockia rotundifolia.
Thesium spicatum.
Liparia villosa.
Lygophyllum Morgana.
Osteospermum spinosum.
Cephalaria attenuata.
Muraltia heriteria.
Rhamnus tetragona.
Arietea major.
Meleanthus minor.
Pelargonium capitatum.
Podalyria styracifolia.
Cytisus tomentosus.
Erodium maritimum.
Protea speciosa.
Plumbago Africana.
Osteospermum pisiferum.
Pelargonium glutinosum.
Arctotis dentata.
Erica Sebana Lutea.
Id. flexuosa.
Id. verticillata.
Id. ramentacea.

N° 3.

Mesembryanthemum cordatum.
Sideroxylon inerme.
Psoralea pinnata.
Protea melifera.
Diosma alba.
Cliffortia juniperina.
Brunia nodiflora.
Melianthus coccineus.
Restio tectorum.
Polygala cordifolia.
Elichrysum stæbelina.
Leucospermum conocarpum.
Stilbe pinaster.
Plectronia corymbosa.
Leucodendrum plumosum.
Tephrosia grandiflora.
Phylica plumosa.
Burchellia capensis.
Arduina acuminata.
Protea speciosa nigra.
Agapanthus major.
Gnaphalium grandiflorum.
Erica bruniades,
Id. multiflora.
Id. capitata.
Id. pubescens minor.

N° 4.

Sophora capensis.
Podalyria sericea.
Pelargonium betulinum.
Mystroxylon kubu.
Echium fruticosum.
Strelitzia alba, ou augusta(2).
Indigofera coriacea.
Id. (nouvelle espèce.)

(1) Cette plante singulière se distingue par la bizarrerie et la grosseur de sa souche, que l'on dirait sculptée. La graine est excessivement rare. Il serait à désirer qu'elle pût germer dans nos climats.

(2) Cette belle plante, de la famille des palmiers, se fait remarquer par la grandeur et l'élégance de son feuillage. La fleur se présente en forme de tête de paon. Elle est très-rare dans le commerce.

Arctotis grandiflora.
Elichrysum speciosissimum.
Sutherlandia frutescens.
Dolichos lignorus.
Melianthus major.
Psoralea aphylla.
Schotia tamarindifolia.
Agapanthus major.
Othonna athanasia.
Anemone capensis.
Ardiuna bispinosa.
Colutea fistulosa.
Sebæa albens.
Calendula tragus.
Erica nigrita.
Id. viscaria.
Id. baccans.
Id. canaliculata.

44. Ognons de fleurs du Cap.

N° 1.

Brunsvigia Josephinæ.
Id. multiflora.
Id. falcata.
Id. pumilla.
Amaryllis longifolia.
Id. revoluta.
Nerine undulata.
Nerine flexuosa.
Cyrtanthus obliquus.
Id. odorus.

N° 2.

Cyrtanthus collinus.
Diemunthus toxicarius.
Id. puniceus.
Diemunthus tigrinus.
Id. Albiflos.
Veltheimia viridifolia.
Gladiolus roseus.
Id. natalensis.
Id. præcox.
Id. galeatus.

N° 3.

Gladiolus trimaculata.
Id. gracilis.
Ixia conica.
Id. scillaris.
Id. columnaris.
Vallota purpurea major.
— — minor.
Babiana ringens.
Id. plicata.
Id. villosa.

N° 4.

Curculigo plicata.
Sparaxis tricolor.
Antholyza æthiopica.
Peissorhiza secunda.
Lachenalia pendula.
Id. tricolor.
Ferraria undulata.
Melantheum junceum.
Oxalis rosacea.
Moræa edulis.
Id. papilionacea.
Watsonia rosea.
Id. coccinea.

Ces objets, achetés chez M. Villet, marchand de graines au Cap, ont été distribués aux diverses sociétés d'agriculture de Lyon, Saint-Étienne, Tours, Angers, Nantes, Le Puy, Avignon, Nîmes, etc.

45. Graines de plantes du Cap, achetées chez Upjohn, jardinier à Rond-de-Bosch; 80 espèces différentes, distribuées aux diverses sociétés d'agriculture de France, savoir :

Watsone rosea.
Id. meriana.
Id. humilis.
Brunsvigna falcata.
Amyrillis revoluta.
Nerine sarneuses.
Gladiolus alata.
Id. gracilis.
Lachenela pendula.
Lappyrouse purpurea.
Ornithogalum bandatum.
Anemothica junca.

46. Ognons de fleurs du cap de Bonne-Espérance, achetés chez Joseph Upjohn, jardinier à Rond-de-Bosch; 40 espèces différentes distribuées aux diverses sociétés de France.

47. Graines de plantes diverses du Cap, envoyées en France, en 1844, par l'entremise de M. Cléret, officier à bord de la *Syrène*, et distribuées à plusieurs horticulteurs des départements du Rhône et de la Loire.

Plusieurs des graines et ognons ont été remis à MM. Olin, de Saint-Étienne, et Ad. Sénéclauze, de Bourg-Argental. Il est à regretter qu'une partie des plantes les plus rares, soit par leur nature à être semées aussitôt cueillies, soit par l'effet nuisible d'un transport par mer, n'aient pas donné le résultat désiré. Il faut espérer que les diverses sociétés de France, auxquelles M. Hedde a adressé des collections, feront connaître des résultats plus satisfaisants.

Pour des renseignements plus étendus sur la flore du Cap, renvoi aux ouvrages spéciaux de cette colonie, ainsi qu'au catalogue des plantes du cap Bonne-Espérance, rédigé par M. Natalis-Rondot, Annales de l'Académie de Reims.

48. Feuilles de mûriers de la pépinière de M. A. Steedman, négociant et membre de la Société du Cap:

1° Mûrier de Chine, importé de Ste-Hélène;
2° Mûrier noir, importé des îles du Cap-Vert;
3° Multicaule, importé de Bourbon.
Ces dessins sont dûs à M. Legrand, matelot à bord de l'*Alcmène*.

49. Ver à soie sauvage, qui vit sur l'arbre d'argent, *protea argentea*, et qui fournit une soie brillante et d'un aspect métallique.

Dessin de M. Steedman fils.
Voir la Notice faite par M. Chavane, négociant français à Rio-Janeiro.

50. *Flore du Cap*, par M. William Harvey, 1838.

51. Collection d'étoffes et de rubans de soie, qui conviennent à la vente et à la consommation du cap de Bonne-Espérance, remise par M. Téru, négociant français au Cap.

Voir le rapport n° 5 de M. Hedde, au ministre du commerce.

52. Chapeaux coniques en feuilles de latanier, portés par les cultivateurs et les pêcheurs du cap de Bonne-Espérance.

BOURBON.

(5me Station, 6 juin 1844).

53. Feuilles de mûrier, *morus australis*, variété qui vit à l'état sauvage sur tous les points de l'île Bourbon, ainsi qu'à Maurice et à Madagascar.

54. Feuilles de mûrier, *morus indica*, variété à peu près semblable à la précédente, mais plus nourrissante pour les vers à soie.

55. Feuilles de mûrier, *morus latifolia*, variété à feuilles très-larges.

56. Feuilles de mûrier, *morus multicaulis*, introduit à Bourbon par M. Perrottet, en 1839.

57. Feuilles de mûrier, *morus sinensis*, variété venue de graines apportées de Chine, en 1837, par M. Gaudichaud, membre de l'Institut.

58. Feuilles de mûrier, *morus philipinensis*, variété introduite, en 1837, par M. Le Vaillant, commandant la *Bonite*.

59. Feuilles de mûrier blanc, *morus alba*, variété apportée de France, en 1840, par M. Barbaroux, procureur-général à Bourbon.

60. Feuilles de mûrier rouge, *morus rubra*, variété apportée de la Nouvelle-Orléans.

61. Feuilles de mûrier de Constantinople, *morus Cons-*

tantinopolitana, variété envoyée, en 1820, du Jardin botanique de Toulon.

62. Feuilles du *phormium tenax*, plante textile de la Nouvelle-Zélande.

Cette collection et ces renseignements sont dus à M. Richard, directeur du Jardin botanique de Bourbon.

63. Échelle double ascensionnelle pour le service des magnaneries, employée dans l'établissement de M. Perrichon, à Salazie.

Ce dessin est dû à M. le vicomte de Charlus, attaché à la légation française en Chine.

64. Soie de Salazie; filature de M. Ed. Perrichon, grège d'environ 14/15 deniers. Prix fait en Europe : 16 fr. 25 c. le demi-kilogr.

Le bel établissement de M. Perrichon, à Salazie, est dirigé par Mlle Boëldieu, élève de M. Bourdon, qui a contribué à faire progresser une nouvelle richesse industrielle à Bourbon, celle de la soie.

Les renseignements qui concernent l'industrie séricicole de cette colonie nationale se trouvent mentionnés dans une Notice insérée au Rapport n° 9 de M. Hedde au Ministre du commerce.

65. Carte de l'île Bourbon.

La route de ceinture qui suit le contour de l'île a 213 kilomètres de développement. La superficie de toute l'île est de 231,550 hectares. Le plus haut point est le piton des neiges élevé à 3,150 mètres au-dessus de la mer. *Carte du territoire séricicole de Salazie*, comprenant plus de 4,000 hectares et une population d'environ 1,200 âmes. La magnanerie de M. Perrichon est située à 629 mètres au-dessus de la mer, celle de M. Carré est à 850 mètres et celle de M. Dubuisson est à 900 mètres.

66. Vue de l'éruption du piton de Fournaise, prise le 5 juin 1844, à dix heures du soir, à bord de l'*Archimède*.

67. Lave du piton de Fournaise, avec empreinte, remise par M. Mallat, agent colonial, qui visita le volcan le 10 juin 1844, au plus fort de l'éruption.

68. *Annuaire de Bourbon*, par M. J.-M. Voïart, secrétaire-archiviste du Conseil privé de la colonie.

Population totale de l'île évaluée, en 1843, à 107,627 individus. Renseignements historiques, statistiques et commerciaux. Détails sur les dépendances de Bourbon, îles Mayotte, Nos-Beh et Ste-Marie de Madagascar.

69. Métier malgache, employé par les habitants de Tamatarive, à Madagascar, pour le tissage des *rabanes* ou tissus de sagoutier.

Ce métier, remis à M. Hedde, par M. Bazoche, fils du gouverneur de Bourbon, mérite l'attention des personnes qui étudient la science du tissage chez les différents peuples. Il n'a ni battant, ni peigne; il a été déposé au Conservatoire des arts et métiers. En voir la description dans le Rapport n° 6 de M. Hedde au Ministre du commerce.

70. Branches de sagoutier, *sagus raffia*, dont les filaments servent au tissage des rabanes, produits des ouvriers malgaches.

71. Rabanes, ou produits des filaments du sagoutier.

Ces tissus se fabriquent en différentes dispositions : en écossais et couleurs changeantes. On s'en sert de nattes et pour l'ameublement de l'intérieur des appartements. On a fait observer, avec raison, qu'on pourrait les utiliser avec succès pour litières de vers à soie. Ce tissu peut se laver sans éprouver aucune altération. La pièce de 36 à 72 centimètres de largeur et de 4 mètres de longueur se vend sur les lieux 4 à 5 francs.

72. Soie de production et de teinture malgache, couleurs amaranthe et jonquille. Le flottage de cette soie avec envergeure, annonce un devidage à la tavelle, dans le genre des Chinois.

73. Lambas, vêtement en soie, offert par la reine des Hovas à M. de Rantoni, président de la Chambre de Commerce à Saint-Denis-de-Bourbon.

La description détaillée de ce tissu remarquable a été insérée dans le Rapport n° 6 de M. Hedde au Ministre du commerce.

74. *Bulletin officiel*, journal de Bourbon pour l'année 1843.

75. *Annales du Comité d'Agriculture de l'île Bourbon*, de 1839 à 1843.

TRINCOMALIE A CEYLAN.

(6me Station, 7 juillet 1844).

76. Vue de l'Arsenal maritime, sur le port intérieur à Trincomalie, station navale des forces britanniques dans les Indes orientales.

77. Inscription de Samy-Rock sur la partie N.-N.-E. du fort Frédéric, à la mémoire de la fille du gouverneur hollandais, qui, de désespoir, se précipita dans la mer, le 24 avril 1687.

78. Collection de pierres précieuses, recueillies dans différentes parties de Ceylan :

1° Rubis, variété de Coryndon Hyalin ;

2° Emeraude : dans cette variété sont des aigues-marines remarquables ;

3° Saphir, autre variété dans le genre de ceux que l'on trouve dans le ruisseau de Riou-Pezeliou, près d'Espailly (Haute-Loire) ;

4° Topaze ;

5° Amethiste ;

6° Grenat ;

7° Pierre de canelle ;

8° Hyacinthe, ou zircon orangé ;

9° Jargon, zircon incolore ;

10° Opale (*moon stone*, trouvée près de Trincomalie) ;

11° Chrysoberil, ou cymophane ;

12° Tourmaline ;

13° Œil de chat, variété de quartz chatoyant. Il s'est vendu, à Londres, un cube de cette pierre de 8 centimètres de côté, au prix de 450 l. (11,250 fr.). On trouve facilement et à bon marché à acheter de ces différentes espèces de pierres précieuses, mais on doit se tenir en garde contre les fraudes des marchands qui offrent des verroteries habilement travaillées.

79. *Annuaire de Ceylan pour* 1844.

Tableau chronologique de l'histoire du pays. Articles d'importation et d'exportation ; mouvement du commerce maritime ; monnaies, poids et mesures locales ; catalogue botanique, etc., etc.

Voir la description de l'industrie et du commerce de Ceylan, au Rapport n° 13 de M. Hedde au Ministre du commerce.

80. *Carte de Ceylan*. Surface de l'île : 63,320 kilom. carrés ; population : 1,443,062 habitants.

81. *Flore cingalaise,* par Griffin.

PONDICHÉRY.

(7me Station, 16 juillet 1844).

82. Feuilles de mûrier, *morus multicaulis,* importé par M. Perrottet.

83. Feuilles de mûrier, *morus Muttii, nob.*, cultivé à Poonah, dans l'établissement séricicole formé par l'italien *Mutti.*

84. Feuilles de mûrier, *morus alba,* obtenu de semences, ainsi que le multicaule, par M. Perrottet.

85. Feuilles de mûrier, *morus paradoxa, nob.*

86. Feuilles de mûrier, *morus indica*, le même qui est à Bourbon.

Cet herbier a été remis par M. Perrottet, directeur de l'établissement séricicole et du Jardin botanique de Pondichéry.

87. Soie grisâtre, provenant de la chenille qui se nourrit des feuilles de l'arbre appelé par les indigènes *Odier maron, Odina Wodier*, *R. Wight*, remise par M. Perrottet.

88. Industrie textile de Pondichéry. Teinturier, *Nil Caren ;* dévideuse, *Nil Caretchy.*

89. Doublage de la soie ; ouvrier *patenoulcara,* ouvrière *patenoulcaretchy.*

90. Ourdissage, *Patenoulcaren noul egeguiraut;*

91. Apprêt, *Patenoulcaren paou odourant;*

92. Tordage et piquage en peigne, *Patenoulcaren tarül paou paroucourau;*

93. Tissage, *Patenoulcaren tarül neïguirau* (chelet);

94. Rubanerie, *Patenaulcaren jalen neïroudou;*

95. Passementerie, *Patenoulcara nadah neïroudou.*

Voir la description de l'industrie textile de l'Inde, dans le rapport n° 10 au Ministre du commerce.

96. Professions diverses; mahométans hommes et femmes, *touloukain* et *touloukelchi.*

97. Indiens *Idayen* et *Iratchi,* habitant les environs de la ville.

98. Brames, *Bramin* et *Bramaneichi*, individus attachés au culte religieux.

99. Pélerins et marchands de fleurs, *taden* et *chatanitchi.*

100. Marchands d'essences, *arivikera*, hommes et femmes.

101. Hommes et femmes du peuple, *couchinikaren* et *tanikaritchi.*

Les vingt dessins précédents, représentant les différentes opérations de la fabrication des tissus et les costumes des principales classes professionnelles à Pondichéry, appartiennent à la Chambre de commerce de Lyon; ils avaient été envoyés, en 1844, de Pondichéry, par M. Hedde.

102. Vue de la rue d'Amancoil, où habitent les ouvriers en soie, à Pondichéry.

Manutentions, en plein air, relatives au tissage; professions diverses; pagode de Vichnou sur le premier plan. Le peintre a représenté M. E. Renard, délégué de l'industrie de Paris : dans le lointain est son palanquin porté par des Indiens. Cette aquarelle est due à M. Champier, premier prix de l'Ecole de St-Etienne. Les matériaux ont été fournis par M. Hedde.

103. Intérieur d'un atelier de soieries à Pondichéry.

Opération du tissage et de la teinture. Dans ce tableau sont représentés

MM. Perrottet et Hedde, tenant l'un et l'autre à la main des feuilles de multicaule et d'indigotier. Cette aquarelle a été faite par M. Baure, élève de M. Soulary, d'après des matériaux fournis par M. Hedde.

104. Substances tinctoriales de l'Inde ; fruit de l'arbre du *myrobolan*, qui remplace avantageusement la galle noire d'Alep. Prix : 10 à 12 fr. le kil.

105. *Tanikay*, autre espèce de myrobolan, mais plus cher.

106. Cadoucaïpou, fleur du myrobolan, que l'on mélange avec le fruit du même arbre, pour obtenir une belle couleur jonquille.

107. Chaya-ver (*aldenlandia umbellata*), une des substances de l'Orient les plus riches pour teindre en rouge.

En voici les prix, en 1844 :

Racines du Nord :	Poulou.	fr. 1 75 à 2 10 le kilogr.
	Pata-Paléon	
	Oudry.	0 80 à 0 90 »
Racines du Sud :	Tirou Kadchiour. . .	0 61 »
	Katou-Katou.	
	Cygaimodey	
	Ananda-Mangalon . .	
	Anakoile.	
	Tirou-Poundy	0 42 »
	Tolossa-Patanon . . .	
	Chetty-Pounlou . . .	

Ces substances ont été remises à M. Hedde, par M. Gallyot, auxiliaire de la pharmacie du gouvernement français à Pondichéry.

La Chambre de commerce de Lyon, à qui le Ministre du commerce avait envoyé ces échantillons précieux, les a soumis à une Commission spéciale qui a procédé à leur examen. Il est regrettable, malgré le savoir incontesté des expérimentateurs, que ces essais n'aient donné que des résultats insignifiants.

Renvoi aux Mémoires de M. D. Gonfreville, teinturier délégué, en 1835, par le gouvernement français dans l'Inde. Voir le *Technologiste*, année 1846.

108. Échantillons d'étoffes de soie et de rubans propres à la consommation de Pondichéry.

Renseignements insérés au Rapport n° 8 de M. Hedde au Ministre du commerce.

109. *Annuaire statistique des établissements français dans l'Inde.* Description de Pondichéry et de ses trois divisions. Notices sur Karical avec ses cinq grands districts, situés dans le Karnatic; sur Yanaon avec ses aldées ou villages indous, et la loge de Mazulipatam dans les circars septentrionaux; sur Mahé et la loge de Calicut sur la côte du Malabar; sur Chandernagor sur l'Ougly, au nord de Calcutta, avec les loges de Cassimbazar, Jongdia, Dacca, Balassore et le jardin de Goretty au Bengale. Mouvement commercial; monnaies, poids et mesures locales, etc., etc.

110. *Grammaire Telinga*, langue des peuples qui s'occupent de la production de la soie.

111. Pélerine de l'Inde en plumes naturelles et peintes, qui avait fait partie de l'Exposition de Lyon en 1847, et avait été communiquée par M. Bert, professeur de théorie de cette ville.

MADRAS.

(8me Relâche, 26 juillet 1844).

112. Feuilles de mûrier Dessy (*Kajlah* ou *indigène*), à petites échancrures et légèrement dentées;

113. Feuilles de mûrier, Ba dessy (*Sati* ou *étranger*), à plus grandes feuilles;

Ces deux variétés sont abondantes dans le territoire séricicole de Soonamooky, à l'ouest de la rivière de Bhaugratty. Les dessins sont extraits d'un rapport officiel fait à la compagnie des Indes orientales.

114. Soie sauvage *tussah* des forêts occidentales de Baneghur à Midnapore.

La description des différentes phases de cette production, depuis l'éclosion des vers jusqu'au filage de la soie, se trouve dans le rapport officiel cité au N° 115 précédent. Renvoi aux renseignements particuliers de M. Hedde.

115. Soie du Bengale.

PRIX A LONDRES LE 1er OCTOBRE 1846.

		importations ordinaires. shelings.	—	qualités supérieures. shelings.	
1°	Commercolly	non cotées	—	14 à 15	
2°	Gonatea	8/6 à 9/6	—	12 à 14	»
3°	Cossimbuzar	8/6 à 9/6	—	10 à 15	»
4°	Jungypore	7/6 à 9	—	9 à 10	»
5°	Malda	non cotées.			
6°	Rungpore	non cotées.			
7°	Radnagore.	8 à 9	—	10 à 11/6	»
8°	Bauleah	7/6 à 8/6	—	» —	»
9°	Surdah.	non cotées.			
10°	Hurripaul	8 à 9/6	—	9 à 10/6	»
11°	Santipore.	non cotées.			

Cette cote est due à M. Fleury Besson, courtier en soie, près la Bourse de Lyon.

116. Costume des ouvriers, au Bengale, dessin de M. Belnos, peintre à Calcutta.

117. Annuaire de Madras.

Renseignements historiques. La population de la ville est estimée à 600,000 âmes, et celle de la province à 18,184,603 habitants.

118. Annuaire de Calcutta et d'Agra.

Calcutta est la principale présidence des Indes orientales. C'est le siége du gouvernement général de la Compagnie anglaise, le grand entrepôt des richesses commerciales d'Angleterre.

En 1717, Calcutta n'était qu'un misérable village de quelques huttes de pêcheurs. On estime actuellement le nombre des maisons de la ville et des faubourgs à 57,706 et les habitants à 550,000, compris la population flottante. Celle de la province est évaluée à 70,000,000 d'âmes.

119. Vue d'une maison de plaisance Indienne.

Cette habitation singulière où se trouvent mêlés, dans la plus grande confusion, des styles d'architecture italienne, grecque, indoue et mahométane, est située sur le territoire du roi de Oude. D'énormes lions surmontent les remparts et les tours. La façade porte les armes de Lahore et de Constance. Au centre est une tombe; quatre rangs de grenadiers de grandeur naturelle, armes renversées, et placés dans des niches, font la garde. Au milieu de la voûte est une grande plaque portant cette inscription : « Ici repose Claude Martin, né à Lyon, 1735, arrivé dans les Indes simple soldat, et mort major-général à Lucknow, 1800. »

120. Annuaire de Bombay.

Renseignements historiques. La population est estimée à environ 200,000 âmes; c'est un mélange d'Indous, de Parsis, de Mahométans, de Juifs, de Portugais et d'Arméniens.

121. Prix courants, poids, mesures et monnaies pour les trois présidences de l'Inde, Calcutta, Madras et Bombay.

PRIX DE L'INDIGO EN JUILLET 1844.

	fr.	cent.	
1° Bleu surfin	14		le kil.
2° — Violet surfin . .	13		»
3° — Violet rouge surfin.	12	50	»
4° Bleu violet pourpré .	11	»	»
5° — Violet rouge fin. .	9	50	»
6° — Violet rouge moyen.	8	»	»
7° Violet rouge ordinaire .	7	»	»
8° Violet rouge cuivré. .	5	50	»

Cette cote est due à M. Gravier, représentant de MM. Amalric et Ce, ayant maison de commerce à Pondichéry et à Madras.

Les renseignements sur la fabrication de l'indigo du Bengale sont indiqués dans le Mémoire de M. Perrottet, et la manière de l'employer dans la teinture des toiles, dites Guinées, est longuement décrite dans un article inséré dans le Technologiste de 1846, de M. Gonfreville, ancien délégué du gouvernement français dans l'Inde.

122. Etat comparatif du commerce extérieur par mer dans le territoire de la présidence de Madras, pendant les années 1839-40, 1840-41, 1841-42.

Commerce général de Madras. Etat du commerce des soies et soieries.

Ces renseignements sont dus à M. le comte Bernard d'Harcour.

123. Houille sèche de Burdwan, dans la présidence du Bengale.

Cet échantillon est dû à M. Nicholson, capitaine d'un navire marchand anglais, qui l'offrait à Madras à 25 sh. la tonne.

124. Instrument propre à mesurer les distances.

Il est formé d'une roue à laquelle est fixée une aiguille indiquant le nombre de révolutions. Deux Indiens manœuvrent l'instrument au moyen d'une manette attachée au prolongement de l'axe.

125. Règlements de la société d'agriculture de Madras.

SINGAPORE.

(9me Relâche, 5 août 1844 ; voyage 8 mai 1845).

126 *Feuilles de mûrier, *morus sinensis*, du jardin de M. Almeida, négociant, consul général du Portugal.

127 **Kaen Soutra*, mouchoir soie brodé or, de fabrication Malaise.

128 **Kaen Soutra*, taffetas écossais, fabriqué avec des soies de Chine, au village Malais de *Tonjong-Payer*, résidence du Raja, près de la ville de Singapore. Largeur, 1 m. 10, longueur 2 m. poids 190 grammes, prix 4 dollars, soit 22 fr. et 86 fr. le kilogramme. On ne fait à Singapore, comme à Malaca, aucun tissu façonné.

Voir la description des appareils employés pour cette fabrication dans le rapport N° 16 de M. Hedde au ministre du commerce.

129 **Kaen Sonquete*, vêtement de soie chinée, fabrication Malaise.

Les endroits où se fabriquent les tissus façonnés de ce genre les plus riches, sont Palembang, dans l'île de Sumatra, Mintow dans celle de Banca et Macassar sur la côte ouest de Célèbes.

130 *Laise de pagne pour vêtement de même genre.

131 *Veste brochée or, de Bornéo.

132 *Pantalon de soie chinée, fabrication Malaise.

133 * Id. Id.

134 *Châle coton, lancé, fabrique d'Ecosse, acheté à Singapore, chez MM. Valte et Menechen, maison

* Les objets marqués d'une astérisque sont la propriété du gouvernement.

allemande, largeur 41 centimètres; longueur 2 m. 80 cent.; prix 1 dollar.

135. Annuaire des établissements britanniques du détroit de Malaca.

En 1844, la population de Poulo Pinang s'élevait à 40,163 habitants; celle de Malaca à 46,096, et celle de Singapore à 64,130. Cet établissement ne date que depuis 1819; il a présenté le plus grand et le plus rapide accroissement commercial, signalé dans les entreprises coloniales.

136. Statistique du commerce de Singapore de 1820 à 1844. Note sur les soies et soieries.

Renvoi au rapport N° 12 de M. Hedde au ministre du commerce.

137. Journaux et prix courants de Singapore, *Free Press*, etc.

138. Statistique des établissements britanniques dans le détroit de Malaca, par Newbolt.

Renseignements historiques, statistiques et commerciaux.

139. Carte de Singapore, par J. Turnball Thompson.

140. Anthracite de Poulo Louban, sur la côte Nord-Est de Borneo-propre.

C'est sur cette île que les Anglais ont établi une station pour le service de leurs bateaux à vapeur.

141 *Instruments d'agriculture, outils et armes des Malais.

1. *Tengala*, charrue, avec soc en fer, pour un buffle, valeur de 3 à 5 dollars.
2. id. id. pour deux id. id.

La charrue malaise est d'une force peu considérable. Celle des Chinois qui retourne la terre est meilleure. Celle du Bengale est encore inférieure à celle des Chinois et à celle de Klings, ou charrue de la côte de Coromandel.

3. *Sisir*. Herse de fer ou de bois, avec rang de dents.

Cet instrument est traîné par un buffle conduit par un homme, qui appuye au moyen d'une barre en bois d'un mètre de hauteur; prix : 1/2 dollar.

4. *Pingiling*. Rouleau de bois, divisé en cinq ou six lames qui sont quelquefois en fer et qui servent à couper et à arracher les herbes; prix : 3/4 dollar.

5. *Koui*, espèce de char sans roues, propre à porter le *paddy* (riz en paille) et traîné par un homme ou un buffle; prix : 3/4 à 1 dollar.

6. *Touai*, faucille à moissonner; prix : 1/4 dollar.

7. *Tchancol sisir*, rateau.

8. *Tadjak*, espèce de faulx, avec ou sans manche, propre à couper les buissons; prix : 1/4 dollar.

9. *Kappa*, houe pour enlever l'enveloppe des arbres; prix : 1/4 dollar.

10. *Hinsao*, hache des Birmans.

11. *Parang-Lading*, hache malaise, qui sert à couper le bois et les roseaux; elle devient souvent une arme dangereuse entre les mains des malfaiteurs; prix : 3/4 dollar.

12. *Lusong*, appareil pour le paddy.

13. *Lusong*; autre appareil.

14. *Bacoul*, panier pour porter le riz.

15. *Lusong*, mortier pour écraser le riz.

16. *Nizou*, panier à vaner.

17. *Kou kou cambine*, crochet, avec bout en fer, propre à tirer les paquets de paddy.

18. *Lading*, couteau à couper l'herbe et les broussailles.

Cet instrument a beaucoup de ressemblance avec ceux de Malabar et de Canara.

19. *Golok*, couteau pour peler le bois; prix : 1/4 dollar.

20. *Killewang*, autre couteau; prix : 1/4 dollar.

21. *Golok Bantat*, autre couteau; prix : 1/4 dollar.

22. *Parang Bonkok*, serpette pour tailler les arbres; prix : 1/4 dollar.

23. *Pisow raut*, couteau à dépecer.

24. *Pisow-Wali*, couteau pour couper les arbres à bétel et à poivre.

25. *Pisow Rumpadyi*, couteau ordinaire.

26. *Pasow*, instrument propre à enlever l'intérieur des noix de coco.

27. *Badjar*, instrument employé à remuer la terre en plantant le riz.

28. *Gali-loban*, vrille.

29. *Badeks*, couteau malais.

30 *Katoup parang*, instrument à fendre les rotins.

31. *Katchik*, couteau à couper le bétel.

32. *Tampaisiri*, boîte à contenir le bétel.

33. *Gobai*, moulin à écraser la noix de bétel.

34. *Kuttam*, coin à fendre le bois et les pierres.

35. *Sabai*, ciseaux pour couper la noix d'arcek.

36. *Kris*, poignard malais. A est un *kris* renfermé dans son étui, D est un *kris* à lame flamboyante, empoisonnée. Cet objet est une arme terrible dans la main des Malais; elle mérite une mention spéciale.

D'après Crawfurd, l'invention du kris est dû à *Makauto pati*, roi de Janggolo, au commencement du XIVe siècle. Toujours est-il que le premier qui en ait fabriqué à Malaca, est le *pandi* (forgeron) Sanguna, contemporain du sultan Mahomet Sha II.

Le *Bisi panur* ou fer damassé des lames de kris vient de Célebes et de Java. Il est obtenu d'un acier, produit de vieux clous, ou de fers tirés de l'île Billiton, que l'on mélange à la proportion d'un quart sur trois quarts de fers étrangers.

37. *Slighi*, trident pour la pêche.

38. *Tombac*, espèce de lance.

39. *Tampoulin*, lame ou dard, armes des *Orang laut*, indigènes du littoral, qui se livrent à la piraterie.

40. *Pantchia*, harpon pour la pêche.

41. *Limbing*, pique de combat.

Cette arme a quelquefois des dimensions considérables; elle est maniée par un homme, soutenu de deux autres guerriers placés derrière un bouclier.

42. *Sumpitan*, sarbacane, ou tube en fer à lancer des dards.

43. Armes à feu. A *Satengan*, ou fusil de Menang-Kabowe. B *Pemuros*, ou mousqueton de Tringanu.

Ce sont des armes lourdes et grossières; le canon extrêmement long est en fer tordu : la monture ne permet guères de viser. En général, les Malais tirent en appuyant le bout du canon sur un objet quelconque; ils ne placent jamais la crosse contre l'épaule; la bouche du canon représente des figures d'animaux, etc.

Pour les renseignements sur les armes, la quincaillerie, la ferronnerie des Malais, renvoi au Rapport n° 16 de M. Hedde au Ministre du commerce.

MANILLE.

(10me Relâche, 18 août 1844).
(2me Voyage, 21 février 1845).
(3me Voyage, 23 juin 1845).

142 *Feuilles d'Ylang-Ylang, *unona odorantissima* (P. B.), dont se nourrissent les vers à soie sauvages de Bocaué, province de Bulacan, à Luçon.

Communication de M. G. de Borjas y Tarrius, directeur des postes à Manille.

143 *Feuilles de mûrier multicaule, du jardin de l'Archevêché, à Manille.

144 *Feuilles de mûrier à formes diverses, rondes et lo-

bées, restes de la plantation faite à Sampaloc, en 1840, par M. J. Mallat, médecin en chef de l'hôpital à Manille.

145 * Feuilles de mûrier multicaule, cueillies sur les arbres plantés à Nactajan, habitation de M. Barrot, consul général à Manille.

Cette plantation avait été faite par M. L. Hébert, ancien délégué du gouvernement français en Chine, pour l'étude de la soie. M. Hébert est mort à Malte, à son retour en France, en 1839.

146. Feuilles de mûrier cueillies auprès du monument élevé à la mémoire d'Antonio Pineda, sur l'emplacement de l'ancien jardin de la Société Économique de Manille.

147. Feuilles d'ananas, *Bromelia* A., dont on emploie les filaments pour la fabrication de ces tissus fins et légers appelés *pigna*.

148. Feuilles de bananier, *musa textilis* L., dont les filaments forment la filasse appelée *abaca*.

149. Feuilles de choux des Moluques, *olus alba* R., arbre très-joli et très-commun sur les bords du Passig, à Manille. Les habitants les apprêtent comme des légumes.

150. Feuilles de *tahil*, (*broussonetia tinctoria* P. B.), dont le bois fournit une couleur jaune employée en teinture.

151. Feuilles de tabac des Philippines.

Cette plante est la production la plus riche de cette colonie espagnole. Elle subit une fabrication qui diffère de la nôtre principalement par les soins qu'on apporte à l'écrasement des nervures du tabac et au lissage de la feuille.

Les détails de cette fabrication se trouvent mentionnés au Rapport n° 21 de M. Hedde au Ministre du commerce.

152. Filaments de *pigna*.

Les feuilles d'ananas sont trempées dans l'eau, et quand elles sont assez ramollies, on en extrait la partie mucilagineuse; puis on fait sécher et l'on divise les brins. Ces filaments se vendent en écheveaux de 1/2 once, au prix de 1/2 à 3 réaux, suivant la finesse du brin. Voir le Rapport cité au n° précédent sur l'industrie agricole des Philippines.

153. Filasse d'Abaca.

Lorsque l'on a découpé des tranches de bananier, on en extrait la partie mucilagineuse, et puis on les fait sécher au soleil. On en sépare ensuite les brins que l'on divise suivant les grosseurs. Voir le Rapport cité au n° précédent sur l'industrie agricole des Philippines.

154 * Dessins expliquant l'industrie textile des Philippines.

1. Cueillette des feuilles d'ananas, dont on obtient des filaments propres à la fabrication de la *pigna*.
2. Découpage des tranches du tronc du bananier, qui produit la filasse d'abaca.
3. Extraction de la partie mucilagineuse des feuilles de l'ananas et des tranches de bananier.
4. Peignage de la filasse d'abaca.
5. Métiers à tisser la *pigna*, l'*abaca* et la soie aux Philippines.
6. Lustrage, au moyen d'une coquille porcelaine, fixée à l'extrémité d'une flèche.
7. Calandrage au rouleau et à la main.
8. Métier à broder les tissus de *pigna*.
9. Atelier de teinture pour la soie, le coton et l'abaca.
10. Dispositions diverses de tissus rayés de soie.
11. Id. id. de soie et abaca.
12. Id. id. de soie et pigna.

Ces douze dessins, mélange d'aquarelle et de gouache, ont été composés par un peintre tagal, Antonio D. Malantie; ils ont une vérité de ton et de physionomie remarquable.

155. Tableau à l'huile, par M. Peyronnet, peintre d'histoire à Lyon.

Ce tableau représente diverses opérations relatives à la fabrication de la pigna et de l'abaca. Dans le lointain, on aperçoit les derniers vestiges du jardin de la Société économique et la salle circulaire en tuf, dans laquelle les séances avaient lieu: le monument élevé à la mémoire du botaniste Antonio Pineda. Le vénérable doyen et président de cette Société, Don Inigo de Azaola, y est représenté accompagnant M. Hedde, pour lui indiquer quelques rejetons des mûriers plantés en 1782.

156. *Soutra na tapis sa abiilouln*. Industrie textile.

Aquarelle faite par M. Peyronnet, peintre d'histoire à Lyon, représentant l'industrie textile des Philippines. Le compositeur n'a pas oublié de faire figurer dans son tableau le trop regrettable père Blanco, mort en 1845, auteur de la *Flore des Philippines*, ouvrage où l'on trouve beaucoup de détails concernant les arts et l'industrie.

157 * *Nipis*, tissu uni en filaments de pigna, à un fil en dent ; largeur, 41 centimèt.; 64 fils au centimèt. (173 fils au pouce). Prix : 1 piastre la pièce de 4 mètres.

La première qualité de ces tissus remarquables est fabriquée dans la province de Camarines, et la deuxième dans celle de Bulacan. Leur exécution avec des peignes de canne, doit être considérée comme un problème, vu la réduction en chaîne et en trame. M. Hedde n'a pu se procurer de peignes employés à cet usage. Les filaments propres à cette fabrication étant très-chers, on se sert quelquefois à leur place, d'une certaine soie souple que l'on tire de Canton. On appelle alors ces tissus *jussi*.

158 * *Nipis*, tissu uni en filaments de pigna, brodé coton ; largeur, 40 centimètres. Prix : 1 piastre.

159 * Mouchoir en pigna brodé coton.

160 * Id. id.

161 * Id. id.

162 * Tissu pour chemise en pigna, broché coton.

163 * Id. id. id.

164 * Id. pigna unie.

165 * Mouchoir en pigna et soie, broché coton.

166 * Tissu pour chemise en pigna et soie, broché coton.

167 * Id. id. id.

168 * Laise en pigna, broché coton.

169 *Pagno para pescuezo*, mouchoir carré, pigna et soie, brodé coton, carré de 80 centimètres de côté. Prix : 4 dollars.

170 * *Pagno para pescuezo*, mouchoir carré, pigna et soie, brodé coton, carré de 94 centimètres de côté. Prix : 5 piastres.

171 * *Pagno para pescuezo*, mouchoir carré, pigna et

soie, brodé coton ; 90 centimètres de côté. Prix : 5 piastres.

Ces tissus sont brodés à Malate, village dépendant de Manille. On y compte environ 2,000 ouvriers et ouvrières tagales employés à ce travail. On a dernièrement brodé pour la reine d'Angleterre un châle-manteau du prix de 500 piastres.

172 * *Nipis*, tissu de pigna uni ; largeur, 37 centimètres, 60 fils au centimètre (162 fils au pouce). Prix : 1 piastre le mètre.

173 * *Nipis*, tissu de pigna uni ; largeur, 41 centimètres, 56 fils au centimètre (151 fils au pouce). Prix : 1 piastre le mètre.

174 * *Sinamaïe*, pièce de pigna et soie à rayures ; largeur, 36 centimètres ; poids, 11 grammes le mètre. Prix : 1 piastre le mètre.

175 * *Sinamaïe*, pièce de pigna et soie à rayures ; largeur, 36 centimètres ; poids, 11 grammes le mètre. Prix : 1 piastre le mètre.

176 * *Sinamaïe*, pièce de pigna et soie à rayures ; largeur, 36 centimètres ; poids, 11 grammes le mètre, Prix : 1 piastre le mètre.

177 * *Palinké*, tissu pigna, rayé soie, broché coton ; largeur, 46 centimètres ; poids, 20 grammes. Prix : 1 piastre le mètre.

178 * *Palinké*, tissu pigna, rayé soie, broché coton ; largeur, 46 centimètres ; poids, 20 grammes le mètre. Prix : 1 piastre le mètre.

179. Tissu pigna rayé soie, broché coton ; largeur, 40 centimètres.

180. Laise pigna, broché coton ; largeur, 40 centimètres. Prix : 1 piastre le mètre.

Les articles précédents sont fabriqués dans la province de Camarines et d'Ylocos ; les unis viennent de celle d'Yloylo.

181 * *Medrinaque cocido*, tissu décrué d'abaca *musa textilis*, à 1 fil en dent, 20 fils au centimètre (54 fils au pouce); largeur, 70 centimètres, Prix : 1 réal la vare (0 f. 80 c. le mètre).

182 * *Tinanpipi*, tissu d'abaca; largeur, 36 centimètres, 24 fils au centimètre (65 fils au pouce). Prix : 1/2 réal la vare (0 f. 40 c. le mètre).

183 * *Tinanpipi*, tissu d'abaca; largeur, 47 centimètres. Prix : 1/2 réal la vare (0 f. 40 c. le mètre).

184 * *Tinanpipi*, tissu d'abaca; largeur, 36 centimètres. Prix : 1/2 réal la vare (0 f. 40 c. le mètre).

185 * *Guinara*, tissu d'abaca; largeur, 47 centimètres. Prix : 2 réaux les dix vares (0 f. 16 c. le mètre).

186 * *Medrinaque tributo*, tissu d'abaca écru, 16 fils au centimètre (43 dents au pouce), 2 fils en dents; largeur, 94 centimètres. Prix : 1 réal la vare (0 f. 80 c. le mètre).

187 * *Sayas*, robe en soie rayée de Manille.

188 * *Tapiss*, en taffetas soie rayé, ou jupe de femme; largeur, 33 centimètres; longueur, 4 mètres 1/2. Prix : 3 piastres.

189 * *Tapiss*, en soie rayée et chinée; largeur, 35 centimètr.; longueur, 4 mètr. 1/2; poids, 130 gramm. Prix : 3 piastres.

Ce dernier article chiné est de la fabrique de Manille. Parmi tous les tissus rapportés de la Chine, on n'en remarquera aucun de ce genre. M. Hedde pense que le chiné n'est pas exécuté actuellement dans cette contrée. Roland de la Platière dit, avec raison, qu'on doit prendre ce mot au figuré, qu'il signifie un objet incertain, indéterminé.

190 * *Camisa*, corset à dispositions rayées et à manches brodées, de femme tagale, à Manille.

Les hommes portent la *camisa* qui est une véritable chemise en tissu rayé et broché de pigna et soie. Ils ont par-dessous des pantalons de même tissu.

191 * *Luto*, vêtement à masque et capuchon d'un tissu remarquable en soie.

Il est employé pour deuil, par les femmes de Manille, dans les cérémonies religieuses. Le procédé de lustrage est expliqué à la planche VI du n° 154 précédent.

192 * *Quinelas*, sandales diverses.

Les tagales dansent très-gracieusement avec cette chaussure qui ne reçoit que les deux premiers doigts de pied.

193. *Rosario*, scapulaire double, brodé en soie, et rosaire pendu à un chapelet de corail.

Cet objet, plus ou moins riche, et porté à l'extérieur, fait partie du costume des hommes et des femmes.

194 * Costumes des habitants des Philippines.

Cette collection est la copie d'un magnifique album donné à M. Renard, par M. de Lagrenée, et imité par des Chinois.

195 * Divers objets en paille de Manille.

1° Chapeaux pour Européens; 2° chapeaux en nattes quadrillées pour cochers tagals; 3° corbeilles; 4° boîtes, étuis, porte-cigarre, etc.

196. Cigarres de la fabrique de Manille.

Voir le n° 151 précédent.

197. Fragments de minéraux de diverses contrées de Luçon.

198. Échantillons divers de jayet grossier de la province de Bulacan.

199. Tuf du village de Mariquinas.

200. Stalactite et stalagmite, concrétion calcaire de la grotte de Saint-Matéo, échantillons choisis sur

les lieux par M. J. Itier, attaché à la mission de Chine.

201. Cabeza de Negro, ivoire végétal.

202. Minerais divers, 1° de fer, 2° de plomb, de la province de Bulacan.

203. Baticulin, *melingtonia quadripinnata*, bois propre à aiguiser.

Des renseignements sur les bois remarquables de Luçon ont été insérés dans le Rapport n° 21 de M. Hedde au Ministre du commerce. Ils sont dus à M. Th. Cortès, commandant du génie à Manille, qui a fait un travail très-étendu sur l'élasticité, la pesanteur et la dureté de tous les bois des îles Philippines.

204. *Tapa*, vêtement des Polynésiens, fait avec des écorces superposées.

Les arbres propres à cette manutention sont le *madoré* (*artocarpus incisus*), l'*aoa* (*ficus prolixa*), le *mati* (*ficus tinctoria*), l'auti (*broussonnetia papyrifera*).

Les substances tinctoriales employées à cet usage sont le *tiaïni* (*aleusites triloba*), le *mati* (*ficus tinctoria*), le *tou* (*cordia sebestena*), l'*aïto* (*casuarina equisetifolia*), l'*erea* (*curcuma longa*), et le *nono* (*morinda citrifolia*) : cette dernière, une des plus riches de l'Orient, pour teindre en rouge. Renvoi, pour les détails de cette singulière fabrication, à l'ouvrage de M. J.-A. Mœrenhout, consul général des Etats-Unis aux îles océaniennes. M. l'abbé Dubreuil de St-Etienne a envoyé au Musée de cette ville deux étoffes de ce genre, l'une unie et l'autre imprimée. Il a accompagné cet envoi de la planche même d'impression.

205 * Carte d'échantillons de dentelles de Saxe ; largeur de 1 à 13 centimètres; vendues à Manille au prix de 2 3/4 réaux le yard en moyenne.

206 * Carte d'échantillons de soie, laine et coton ; articles de carrossiers.

Cette collection est due à M. A. de Thune, négociant à Manille.

207. Carte d'échantillons divers de fabriques européennes, propres à la consommation des Philippines.

Communication de M. Van Solanen Petel, commissionnaire à Manille.

208. Carte d'échantillons divers, recueillis par M. Lagravère, commissionnaire à Manille.

209. Coton blanc de Manille.

210. Coton jaune, dit *coyote*, de même nature que le coton nankin.

211. Tarif des douanes, droits sur les soies et soieries.

212. Monnaies, poids et mesures.

Piastre, égale à f. 5,37, divisée en 8 réaux d'argent : chaque réal de 20 quartos de cuivre.

Vare des Philippines, égale, en 1843, à mètre 83 1/4. Cette mesure est variable ; elle dépend de la valeur faite par le bureau des poids et mesures de Manille. Les boutiquiers vendent également au yard, égal à 91 1/2 centimètres. Les poids employés sont ceux espagnols et anglais.

213. Mémoire sur le commerce et la navigation des Philippines et de Soulou, par D. R. Diaz-Arenas.

214. Statistique des îles Philippines, par Sinibaldo de Mas.

Renseignements historiques, agricoles et commerciaux sur cette colonie espagnole ; on y compte trente-deux provinces, compris les îles Mariannes et une population totale de plus de cinq millions d'habitants, sur une superficie d'environ 240,000 kilomètres carrés. M. J. Mallat a publié sur la même contrée un ouvrage très-complet et très-intéressant.

215. Guide des étrangers aux Philippines pour 1845.

216. Carte de l'archipel des Philippines, avec celui de Soulo, où est compris l'île Basilan, par J. Mallat.

217. Mémoires de la Société Économique de Manille.

Notices sur le mûrier des Philippines, depuis son introduction en Chine, en 1595, jusqu'aux dernières plantations faites en 1780.

218. *Flore des Philippines*, par le père D.-M. Blanco, dernière édition, revue et corrigée par M. D. Inigo de Azaola.

On trouve, dans cet ouvrage, écrit sans prétention, des renseignements fort intéressants sur l'agriculture, l'industrie et les arts. Les nombreuses matières tinctoriales de cette contrée y sont particulièrement indiquées.

JAVA. BATAVIA.

(Voyage, 26 mars 1845).

219. Mûrier sauvage, *bebe sahran*, *morus australis*.
Id. *bebe sahran*, *morus javanica*.
Id. *bebe sahran*, *morus indica*.

Ces trois variétés indigènes se trouvent sur les flancs escarpés du volcan *Gedé* à Java. Elles prouvent l'indigénéité du mûrier dans les contrées les plus sèches et les plus brûlantes de la ligne équinoxiale, problème jusqu'ici irrésolu. La couleur des feuilles est d'un vert très-foncé; elles sont petites et rudes au toucher : elles sont peu favorables à l'alimentation des vers.

Voir le Mémoire sur les moyens de déterminer la limite de la culture du mûrier, par M. de Gasparin.

220. Mûriers cultivés: multicaule, *morus multicaulis*, des plantations de Ghendric, département de Rembang, province de Samarang, établissement dirigé par M. Rollin Couquerque, ancien élève des bergeries de Sénar.

Mûrier de Chine, *morus sinensis*.
Id. à larges feuilles, *morus latifolia*.

Ces deux variétés apportées de Bourbon.

Mûrier à longues feuilles, *morus longifolia* N.
Id. à feuilles découpées, *morus lasciniata* N.

Ces deux variétés indigènes.

Mûrier de Maurice, *morus mauritania* L.
Id. à feuilles rudes, *morus rigida* H.

Ces deux variétés impropres à la nourriture des vers à soie, ainsi que les plantes suivantes :

Mûrier à papier (*broussonetia papyrifera*) H.
Djattic wolanda (*guazuma tomentosa*) H.
Waroe (*hibiscus tiliaceus*) H.

Cet herbier et ces renseignements ont été remis par M. Teyssmann, directeur du Jardin botanique de Buitenzorg.

221. Graines envoyées par M. Hedde à M. le Ministre de l'agriculture et du commerce.

1. Indigofera tinctoria, L.
2. Id. anil, L.
3. Id. hirsuta, L.
4. Gossypium indicum, LA.
5. Id. sanguineum, H.
6. Morus latifolia ?
7. Id. sinensis?
8. Abroma augusta, L.
9. Abelmoschus panduræformis, L.
10. Id. vitrifolius, W.
11. Id. viescanus, H.
12. Id. filcuneus, W.
13. Id. mutabilis, W.
14. Id. venustus, flore rubro simplici, W.
15. Id, id. flore albo simplici, W.
16. Id. id. flore albo pleno, W.
17. Id. pseudo abelmoschus, W.
18. Commersonia echinata, F.
19. Hibiscus callosus, B.
20. Id. phœnicus, B.
21. Id. sabdariffa, B.
22. Id. surattensis, B.
23. Id. sydney, S.
24. Isora cotylifolia, W.
25. Orthothecium javanense, H.
26. Id. hirsutum, H.
27. Pasitium tiliaceum, B.
28. Sida acuta, B.
29. Id. moutina, B.
30. Id. microphyla, B.
31. Id. retusa. B.
32. Id. rhombifolia, B.
33. Sponia orientalis, B.
34. Triumpheta, S.
35. Id. glandulosa, LA.
36. Id. oblonga, LA.
37. Vicenia umbellata, LA.
38. Thea viridis, LA.

Ces graines, remises par M. Teyssmann, ont été envoyées au Ministre du commerce avec de nombreux échantillons de filaments de la plupart de ces plantes. Pour les détails qui les concernent, renvoi au Rapport n° 19 de M. Hedde.

222. Graines de plantes diverses vivant à l'état sauvage et recueillies dans les diverses excursions de M. Hedde à Java et aux Philippines, remises à M. Neuman, directeur des serres au Jardin-des-Plantes à Paris.

223. Catalogue des plantes indigènes du Jardin botanique de Buitenzorg, résidence du gouverneur des Indes néerlandaises à Java, par J.-C. Hasskarl. 1844.

D'après cet ouvrage, les abréviations placées ci-dessus désignent :

L. Linnée.
LA. Lamarque.
W. Wallish.
H. Hasskarl.
F. Forster.
B. Blume.
S. Sprengel.
N. Norma.

224. Étuis en clous de girofle. Ouvrage javanais.

225. Dessin de la feuille du nopal, *opuntia tomentosa* slm., sur lequel vit l'insecte qui produit la cochenille, *coccus cacti*, L.

Les opérations usitées pour cette culture sont :

1° Labour.
2° Hersage.
3° Second labour.
4° Fumage.
5° Troisième labour.
6° Plantations.

226. Cochenille de Java, production de la nopalerie de Tijoloer, dirigée par M. Van den Bosch, fils du ministre hollandais qui a importé du Mexique cette culture à Java. Le prix, en 1844, était de florins 2,72 1/2 la livre néerlandaise ou kilogr.

Voici le résumé de l'éducation de cet insecte intéressant :

1re opération. Attachage des nids sur la feuille.
2e id. Éclosion.
3e id. Fécondation.

4e id. Récolte.
5e id. Étouffement.
6e id. Tamisage.
7e id. Emballage.

Pour tous les renseignements relatifs à la production de la cochenille à Java, voir le Rapport n° 19 de M. Hedde au Ministre du commerce.

227. Feuilles de *nila bidji* (*indigofera tinctoria*).
Id. de *tarum combang* (*indigofera anil*).

Ces deux variétés sont indigènes de Java. Voici comment en a lieu la culture, à Tijloudouk, magnifique indigoterie à peu de distance de Batavia :

1° Défonçage du terrain ;
2° Hersage ;
3° Second labour ;
4° Fumage ;
5° Troisième labour ;
6° Ensemencement pour la première variété et bouturage pour la deuxième ;
7° Arrosage ;
8° Sarclage ;
9° Récolte, ou coupe des branches qui doivent fournir l'indigo.

228. Gâteaux d'indigo, fabriqués dans le même établissement cité au n° 226 précédent.

Voici les opérations successives de cette fabrication :

1° Macération ;
2° Battage ;
3° Cuite ;
4° Filtrage ;
5° Pressage ;
6° Séchage.

La description de cette intéressante production est insérée, dans tous ses détails, au Rapport n° 19 de M. Hedde au Ministre du commerce.

229. Substance tinctoriale donnant une couleur pourpre, obtenue à Java, de la macération des feuilles de l'arbre appelé *inga bigemina*, remis par M. Dupuy, chef de l'indigoterie de Soudimara.

230 * Soie grège blanche de *Pondok-Gedé*. 20/25 deniers. Prix fait en Europe : 16 fr. 25 c. le demi-kilogr.

Ces deux échantillons ont été obtenus de Mme Van den Bosch, par les soins de M. Van Rees, directeur provisoire des cultures à Java.

231. *Batik latour bang*, mouchoir imprimé à la cire liquide.

Voici comment on opère :
1° Immersion du tissu dans l'eau de riz ;
2° Séchage au soleil ;
3° Calandrage au martinet ;
4° Traçage du dessin sur le tissu, au moyen d'un tube plein de cire liquide ;
5° Teinture ;
6° Lavage.

232. Instrument propre à l'impression dite *batik*. Cire employée à cet effet.

Ces objets ont été recueillis à Buitenzorg, dans l'atelier du malais Coulen, fermier chez le résident M. Van Hogendorp, auquel M. Hedde est redevable de nombreux services.

233. Tableau descriptif de l'industrie de Java.

Teinture, tordage, tissage, impression ou batik. Ce sont des compositions de Ronghin, peintre javanais.

234. Tableau de l'industrie de Java.

Culture du riz et du maïs, du café, de la canne à sucre, de l'indigo, de la cochenille, du poivre, du tabac, de la cannelle, de la girofle, de la noix muscade, du thé, du coton et de la soie.
Compositions de Ronghin, peintre javanais.

235. Collection d'échantillons d'étoffes et de rubans propres à la consommation de Java.

Communication de MM. Sanier, Surmond et Ce, commissionnaires à Batavia.
Voir le détail au Rapport n° 20 de M. Hedde au Ministre du commerce.

236 * Écharpe de soie, tissu quadrillé, fabrique de Glascow, très-recherchée à Batavia ; largeur, 14 centimètres ; longueur, 1 mètre 75 c. avec franges. Prix : 4 florins.

237 * Écharpe de soie, tissu quadrillé, fabrique de Glascow, très-recherchée à Batavia ; largeur, 25 centimètres ; longueur, 1 mètre 1/2 avec les franges. Prix : 8 florins.

238 * Écharpe gaze façonnée, fabrique de M. Dervieu, à

Lyon, très-recherchée à Java et aux Philippines. Prix d'achat à Batavia : 8 florins.

239. Carnet de 277 échantillons de tissus de laine, de soie et de coton de différentes fabriques étrangères qui conviennent à la consommation du Japon, indiquant les largeurs, longueurs et prix de vente à Nangasaki.

Communication officieuse de M. Fischer, ancien sous-directeur du comptoir hollandais au Japon.

240. Carnet de 40 échantillons de tissus soie et *ma* de fabrication japonaise, de même source que le précédent carnet.

Les explications qui concernent chacun de ces articles se trouvent détaillées au Rapport n° 40 de M. Hedde au Ministre du commerce.

241. Roche volcanique du mont Gedé, fragments divers de minéraux.

242. Tête énorme de crocodile, indigène à Java, squelettes de singes divers de la Malaisie.

Ces objets ont été remis par M. Hedde à M. le docteur Yvan.

JAVA. ANIER.

(Retour, 21 janvier 1846).

243. Insecte feuille, *phyllium viride,* qui vit sur le *salem*, espèce de myrtacée.

244. Oiseau du paradis, de la terre des Papous.

Cet oiseau, apporté de Java, a été monté par M. Durieu, naturaliste à Saint-Étienne.

245. *Manuel populaire pour la teinture des tissus par les Malais.*

Ce petit ouvrage a été remis par M. Helvig, résident hollandais à Anier. Quelques-unes de ces recettes ont été publiées par M. N. Rondot, dans les Annales de Reims, sous le titre de *Procédés de teinture des peuples de l'Asie et de l'Océanie.*

246. Vue du monument de lord L. Cathcart, mort à Anier en 1788, se rendant en Chine, comme ambassadeur de la Grande-Bretagne.

247. Pagne javanais coton, brodé soie; largeur, 75 cent.; longueur, 1 mèt. 60 cent. Prix : 1/2 dollar.

248. Pagne javanais coton, brodé soie; largeur, 70 cent.; longueur, 1 mèt. 40 cent. Prix : 1 1/2 dollar.

249. Mouchoir coton brodé soie, de fabrication et à l'usage des Malais.

250. Laise de pagne du même genre.

251 * Pantalon en coton brodé pour femme malaise.

252. *Annuaire de Java pour* 1845.

Renseignements historiques, statistiques et commerciaux. On estime la population de cette belle colonie à neuf millions d'habitants, et le mouvement commercial annuel à près de cent millions de florins.

253. Carte de Java et Madura.

Cette île est divisée en 23 provinces dont la superficie est estimée à 130,130 kilomètres carrés.

254. Archives des Indes néerlandaises, mémoires rédigés par la Société des Arts et Sciences de Batavia.

Cette Société, une des plus remarquables de l'univers par l'impulsion qu'elle a donné aux arts et aux sciences, a été instituée le 24 avril 1778. Elle a contribué au développement de la plus riche colonie qui existe, la plus belle conquête du génie civilisateur européen.

255. Monnaies, poids et mesures en usage dans les Indes néerlandaises.

Florin de 100 cents, ou 120 duttes : fr. 2, 12 1/2.

Aune d'Amsterdam m. 0, 60 0/4.
Livre Id. k. 0, 494
Pour tous les détails, renvoi au Rapport n° 18 de M. Hedde à M. le Ministre du commerce.

COCHINCHINE. TOURANE.

(Voyage, 31 mai 1845).

256. *Cay dau*, mûrier sauvage, *morus australis*, des collines à l'est de la baie de Tourane, appelées *tan shan*.

257. *Cay dau*, mûrier sauvage, *morus indica* L., de la plaine de Tourane.

258. *Cay dau*, mûrier cultivé, *morus sinensis*, des collines dites les Rochers de marbre, *none nuoc*, où se trouvent de magnifiques pagodes souterraines. Les feuilles, excellentes pour les vers à soie, sont cueillies et vendues sur le marché de *Fay-Fo*, ville importante, située à la distance d'une demi-journée de Tourane.

259. *Cay cham nhola*, indigotier de Tourane. Les indigènes en extraient l'indigo à la manière des Chinois.

260. Filaments de ma, *canabis indica* L. Cet échantillon a été acheté dans les habitations situées aux Rochers de marbre, et au moment même du teillage.

261. Hamac en cordes de ma, acheté chez un cultivateur des Rochers de marbre.

262. Métier en usage aux Rochers de marbre pour la fa-

brication du ma, du coton et de la soie. Dessin de M. Léon Raynaud de Lyon, d'après un croquis de M. Hedde.

263 * *Lua* grège jaune de *Fay-Fo* 30/35 deniers.

Cet article ne peut être coté d'une manière exacte, attendu que le pays en produit peu, et que celle qui vient à Touranc est apportée de contrées fort éloignées. L'échantillon est d'un guindrage très-irrégulier de 40 centimètres de diamètre.

264 *Tissu de ma écru; largeur, 22 centimètres. Prix : 1/2 dollar la pièce de 7 mètr. 1/4 (f. 0,35 le m.).

265 * *Tang ong*, taffetas façonné apprêté, imitation de moiré; largeur, 41 centim.; poids, 23 gramm. Prix : 2 doll. la pièce de 8 mètr. (f. 1,40 le mèt. et 60 fr. le kilogr.).

266 * *Gie thé*, sergé levantine écru; largeur, 42 centim.; poids, 200 gramm. Prix : 1 3/4 doll. la pièce de 7 mèt. 3/4 (f. 1,25 le mèt. et 50 f. le kilogr.).

267 * *Lua to*, gaze damassée; largeur, 50 centimèt.; longueur, 10 mèt.; poids, 140 gramm. Prix : 2 1/2 doll. (f. 1, 35 le mèt. de 14 gramm., et f. 98 le kilogr.

268 * *Lua la*, gaze rayée, à fil de tour; largeur, 75 cent.; longueur, 7 mèt. 1/2; poids, 425 gramm. Prix : 3 1/2 doll. (f. 2 55 le mèt. de 56 gramm., et f. 45 le kilogr.).

269. Gros cordonnet à deux branches. Prix : 1 kouan la flotte.

270 * Camisole en foulard écru, cerise, avec bordure de tissu gommé, imperméable, appelé *tia*, et fabriqué à Kim-Laon, village près de Hué-Fou, capitale de la Cochinchine.

271 * Pantalon en foulard, à deux couleurs, pour femme.

272 * Camisole en gaze, à fil de tour, pour homme.

273. Veste en *ma* à l'usage des Cochinchinois et même des Européens établis à Macao.

274. *Wang-loung*, pardessus en satin, gros bleu, avec médaillons sur la poitrine, sur le dos et sur les manches, représentant le dragon cochinchinois enlaçant le caractère *sheou*.

275. *Lo-ngo*, robe en soie, foulard violet, damassé, avec broderies sur le devant et tissu lancé or; papier façonné imitant le moiré. Ce vêtement est le pardessous du précédent.

276. *Hwa-shan*, pardessus en satin broché, gros bleu, avec médaillons, en soie, de couleurs différentes. Ce vêtement, pour femme, est porté par des personnes de distinction.

277. *Lo-ngo*, robe de gaze damassée, gros bleu, servant de pardessous au vêtement précédent.

Ces quatre derniers objets remarquables, apportés en France par le général Allard, ont été exposés à Lyon par M. Bert, professeur de théorie.

278. Vue de l'intérieur d'une pagode aux Rochers de marbre, par M. Butler, élève de marine, à bord de l'*Alcmène*.

Pour les renseignements sur le voyage en Cochinchine, consulter le *Chinese Repository*, vol. xv, page 113.

279. Collection de dessins sur papier de moelle d'arbre de Chine (1).

PLANTES ET FLEURS.

1. Espèce de gardenia et fleurs de francisca ;
2. Genre inconnu ;

(1) Papier de moelle *toung-tchi*, est, d'après un auteur anglais, la plante *solat*, des Indes orientales, espèce d'*œschynomene paludosa*.

3. Lys pomponia et espèce d'hibiscus altea ;
4. Hibiscus rosa sinensis ;
5. Malvacée ;
6. Fleur de magnolia avec amandier à fleurs doubles ;
7. Begonia et tige de tubéreuse ;
8. Orchidée avec cinéraire ;
9. Rose blanche avec fleur de grenadier ;
10. Malvacée.

OISEAUX ET ARBRES.

1. Oiseau de la famille des passereaux avec pêcher ;
2. Faisan argenté avec grenadier ;
3. Canard de Chine avec nénuphar et autre fleur aquatique ;
4. Espèce de bécassine à long bec, légèrement recourbé, et plante maréca-geuse ;
5. Oiseau de la famille des passereaux sur amandier ;
6. Autre de la même famille sur grenadier ;
7. Espèce de geai et rosier ;
8. Faisan à collier et grenadier ;
9. Poule d'eau, petite sultane de la Chine et rosier ;
10. Tourterelle et pêcher ;
11. Faisan doré et grenadier ;
11. Martin-pêcheur et pêcher ;

POISSONS ET LÉGUMES.

1. Raies et tubercule de topinambour ;
2. Percoïde et navets ;
3. Esturgeon et plante aquatique ;
4. Squale requin et pilote ;
5. Squale requin et poireaux ;
6. Turbot et celleri ;
7. Cyprins et celleri-rave ;
8. Pimeloïde et racines ;
9. Cyprin et espèce de caladium ;
10. Cyprin et plante d'assaisonnement pour la table,

CHATIMENTS.

1. Malfaiteur pris en flagrant délit.
2. Arrestation.
3. Jugement.
4. Conduite des criminels.
5. Cangue, ou collier en bois.
6. Compression des os des jambes.
7. Condamné conduit dans les rues, précédé de l'affiche du jugement.
8. Surveillance des prisonniers.
9. Magistrat visitant un prisonnier.

10. Supplice des adultères.

11. Supplice de la batte.

12. Strangulation. En Chine, le cordon, servant à ce supplice, est fait en soie. On l'appelle *kiaou*.

Cette collection a été envoyée, en 1838, au musée de Saint-Étienne, par un de ses enfants, Mgr Tabert, évêque d'Isauropolis, vicaire apostolique de Cochinchine.

280. Dictionnaire anamite-latin et latin-anamite, commencé par le célèbre évêque d'Adran, Mgr Pigneaux, vicaire apostolique de Cochinchine, et terminé par son successeur Mgr Tabert, de Saint-Étienne.

Communication de M. Couraly jeune, de Saint-Étienne.

281. *Documenta doctæ rationis.*

Documents divers sur l'histoire et la religion des Chinois et des Cochinchinois, par Mgr Tabert, de Saint-Étienne. Ouvrage communiqué par le P. D. Antonio Feliciani, préfet apostolique à Hong-Kong.

282. Carte de l'empire Anamite, comprenant le Ton-Kin, la Cochinchine proprement dite, le Tsiam-Pa, le Camboge et la partie contiguë du Lak-Lao, sur les confins du royaume de Siam, et s'étendant de 8 au 22° de latitude nord, avec une population évaluée à environ vingt millions d'habitants.

283. Monnaies, poids et mesures.

Le dong, monnaie de zinc, a une valeur variable ; il en faut 1,200 à 2,400 pour une piastre d'Espagne. Le can, ou livre, égale 624 grammes. Le tuoc, ou mesure pour les tissus, égale 0,65 mètre ; celui pour les bois, 0,53 mèt.

Toutes ces mesures sont extrêmement variables. Renvoi au Rapport n° 17 de M. Hedde au ministre du commerce.

284. Minéraux de Cochinchine. Marbre lamellaire de différentes parties des collines dites les Rochers de marbre. Minéraux divers, zinc, etc.

285. *Flore de la Cochinchine*, par le père Loureiro.

MACAO.

(Arrivée en Chine, 24 août 1844).

286. Macao, en chinois *Ngao-Men*, latitude nord 22° 12', longitude est 111° 10'. Vue prise de Notre-Dame-de-la-Guia. Praia grande, fort Saint-Pierre, maison du gouverneur, fort Bomparto.

287. Macao, vue prise de Notre-Dame-de-Penha. Ancienne maison de la Compagnie des Indes-Orientales, fort Saint-François, rade, etc.

288. Grotte du Camoëns.

C'est là, en 1650, que ce poëte vint composer sa célèbre épopée, *la Luisiade*.

Stances tirées du poëme portugais; inscription française du malheureux Rienzi; vers latins de J. Davis.

289. Carte topographique de Macao, par le capitaine portugais C.-A. Osorio.

L'enceinte des murailles de cette ville peut comprendre environ 120 hectares, avec une population portugaise de 6,000 individus et 20 à 25,000 chinois.

Ce plan a été obtenu par les soins de M. Lefévre de Bécour, consul de France en Chine.

290. Plan de la presqu'île de Macao et de ses environs, sur l'île de *Hiang-Shan*.

Vue des villages de Patané et de Mongha. *Kwan-Tcha*, porte et muraille chinoise; *Pe-Schan-Ling*, ville chinoise fortifiée; *Kap-Sha*, fort chinois; *Tsien-Shan*, ville murée, de 3 à 4,000 habitants, où réside le *kiun-min-fou*, magistrat chargé des affaires étrangères de Macao; port extérieur; port intérieur; île Verte; île du Prêtre, à l'extrémité de laquelle sont les moulins à eau et les pierres sonnantes.

291. Vue générale de la ville de Macao. Dessin sur papier de moelle de *solat*.

292. Costumes des Macaïstes, croquis de M. Éd. Renard, délégué de l'Industrie de Paris.

293 * ***Sarraça***, vêtement indien, porté par les femmes de Macao.

Cet échantillon, rapporté par M. Hedde, est déposé au ministère du commerce. Pour les renseignements, à cet égard, qui intéressent les manufactures de coton et de soie, renvoi au Rapport n° 24 de M. Hedde au ministre du commerce.

294 * Essai sur foulard français, imitation d'un sarraça, ou vêtement macaïste.

295. Description historique des établissements portugais en Chine, par S.-A. Lijndstedt.

CANTON.

(Arrivée, 18 octobre 1844 ; départ, 22 décembre 1845).

296. Canton, en chinois *Kwang-Tchou-Fou ;* latitude nord, 23° 7', et longitude est, 110° 54'.

Cette ville, le chef-lieu de la province du *Kwang-Toung*, est une des plus riches de l'empire Chinois. Elle est la cinquième en importance après Pékin. La population *intra muros* est évaluée à 500,000 âmes ; la population flottante à peu près au même nombre, qui vit sur 84,000 bateaux, et celle des faubourgs à près d'un million d'âmes, ce qui forme une agglomération de près de deux millions d'individus. Cette ville, située sur une belle rivière, est à environ 20 lieues de la mer. C'est le port marchand le plus considérable ouvert au commerce étranger (Ce plan est extrait du *Dictionnaire Géographique* de Mac' Culbok).

297. Panorama du faubourg ouest et de la cité de Canton sur la rive gauche du *Tchou-Kiang* ou rivière des Perles.

Dessin au trait de Ha-Loung, élève de Yeou-Kwa. Réduction à moitié des deux tableaux à l'huile, offerts au ministère de l'agriculture et du commerce par les quatre délégués commerciaux attachés à la mission de Chine.

298. Vue des factoreries de Canton pendant l'incendie du Consulat anglais, en 1843.

Ce dessin, sur papier de moelle de *solat*, est de Tin Kwa.

299. Vue des factoreries étrangères, *shi-san-hang.*

Cet emplacement, de 300 mètres de longueur sur 100 de largeur, contient les habitations des négociants étrangers. La maison consulaire américaine est la plus considérable. Le pavillon de cette nation se fait remarquer au milieu du jardin *respondentia* qui sépare les factoreries de la rivière.

300. *Kwang-Toung-Sang-Tching-Tou.* Plan chinois de la cité de Canton.

Voici l'indication des principaux points :

1. *Tchou-Kiang*, ou rivière des Perles.
2. *Ho-Tchu*, fort, communément appelé Folie-Hollandaise.
3. *Toung-Pao-Toi*, fort, communément appelé Folie-Française.
4. *Tcha-Hang*, manufacture de thé.
5. *Sha-Min*, quartier de femmes de mauvaise vie.
6. *She-Kouan*, douane du nord.
7. *Fa-Lan-Tse-Ki*, consulat français (*ki* signifie pavillon).
8. *Fa-Ki*, consulat américain.
9. *Hong-Mo-Ki*, consulat anglais (*hong-mo* est le nom généralement donné aux Anglais, qui signifie barbe rouge.
10. *Kouang-Ta*, mosquée mahométane. La Chine est le pays où existe la plus grande liberté de conscience; on y trouve des juifs, des mahométans et autres sectes religieuses; la foi catholique y était connue depuis le VIe siècle.
11. *Hwa-Ta*, pagode intérieure, tour octogone à neuf étages, appelée Tour ornée par opposition au nom de la précédente, qui signifie Tour sans ornement.
12. *Kounian-Shan*, montagne intérieure où se trouve le temple de Kouan-In, déesse de pardon et de miséricorde.
13. *Pe-Men*, porte du nord.
14. *Oun-Tan Lao*, grand temple des ancêtres. C'est dans les environs boisés et accidentés de cette partie extérieure de Canton qu'ont lieu les rendez-vous pour la promenade et les plaisirs.
15. *Tsong-Tou*, résidence du gouverneur général de la province.
16. *Tiin-Tz'-Ma-Tcou*, place pour l'exécution des condamnés. Là, devant une pagode élevée au dieu des châtiments, le coupable, la tête tournée vers le Nord, à genoux, en témoignage de soumission, subit l'arrêt de sa condamnation.
17. *Yu-Ying-Tang*, hôpital pour les enfants trouvés.
18. *Fa-Ti*, jardins renommés.
19. *Si-Pao-Toi*, fort occidental qui commande le canal intérieur.
20. *Ho-Hong-Tz'*, grand temple d'Honan.
21. *Kwan-Koun-Tchou*, grand arsenal maritime.

301 * *Kounian-Shan*. Vue de la colline boisée intérieure, près de la porte du Nord.

Ce tableau à l'huile, du peintre Yeou-Kwa, est déposé au ministère du commerce.

302 * Vue de la boutique de *Ha-Tchun*, dit *Talk-a-True*, marchand de curiosités dans *Physic-Street*. Dessin au trait de Yeou-Kwa.

303 * Vue de la boutique de *Ha-Shong*, dit le vieux Juif, marchand de curiosités dans *Old-China-Street*.

304 * Vue de *Whampou*, ou port de Canton, en chinois *Whang-Pou*.

C'est la station de tous les navires étrangers qui fréquentent le port de Canton. Elle est située à 16 kilomètres environ, en aval de cette ville. Là, eut lieu, le 24 septembre 1844, la signature du traité commercial conclu entre la France et la Chine, par l'entremise des plénipotentiaires de Lagrenée et Kying, et dont les ratifications ont été échangées à Macao le 25 août 1845.

Pour tous les renseignements concernant le port de Canton et le mouvement commercial, renvoi au Rapport n° 24 de M. Hedde au ministre du commerce.

305 * Carte du Kwang-Tong.

Cette province est divisée en cinq *taou*, arrondissements, dont les chefs cumulent des pouvoirs à la fois civils et militaires. Elle comprend cinq départements, *fou*, *ting* et *tchou*, et ces départements sont subdivisés en vingt-trois *hien*, districts.

La superficie est évaluée à 205,014 kilomètres carrés, et la population, en 1844, à 19,147,030 individus.

306 * Carte du département de Lien-Tchou, de la province du Kwang-Toung.

Ce plan synoptique indique les montagnes, les rivières, les villes et les hameaux, les costumes particuliers à la contrée, qui ont quelque analogie avec ceux de l'Écosse; il décrit les animaux et donne beaucoup de détails sur la figuration du sol et les usages du pays. Un texte descriptif indique les mœurs antiques et l'histoire de ce célèbre département.

307. Tableaux comparatifs du prix des tissus de soie sur le marché de Canton, en 1844 et 1845, en poids,

mesures et monnaies de Chine, de France et d'Angleterre.

Extraits du Rapport n° 25 de M. Hedde au ministre du commerce.

Le premier tableau indique la série des tissus de soie unie, et le deuxième celle des tissus façonnés.

Ces copies sont dues à M. Coussin, conservateur du musée de Saint-Étienne.

308 * *Hou-Men*, en anglais *bogue*, embouchure du Tigre. Dessin sur papier de moelle de *solat*.

Beaucoup de personnes confondent le *tchou-kiang*, ou rivière des perles, qui passe devant Canton, avec le *Tigre* qui est formé de deux principaux affluents, dont l'un vient de l'est et l'autre de l'ouest. Le Tigre est à Canton ce que la Gironde est à Bordeaux. Le Bogue est remarquable par ses forts qui, pendant deux fois, n'ont offert, malgré leurs 800 bouches à feu, aucune résistance au génie offensif des Européens.

309. Carte de la province du Kwang-Toung, avec le plan de la cité de Kwang-Tchou.

310. Carte coloriée de la province du Kwang-Toung, avec un texte explicatif pour toutes les particularités qui la concernent; remise par le Révérend M. Ball, missionnaire américain.

311. *Annuaire de Canton,* donnant des détails sur l'histoire, la statistique, le commerce, la navigation et l'industrie de cette célèbre cité, le Marseille de la Chine.

Cet ouvrage, en plusieurs volumes, n'a pas encore été traduit. La plupart des renseignements, connus sur ce sujet, ont été transmis à M. le ministre du commerce dans le Rapport N° 25 de M. Hedde.

312. Vieux grès rouge de Canton.

Echantillons divers de minéraux du Kwang-Toung.

313. Quatre-vingt-une espèces de graines de fleurs, fournies par Ha-Tchun, jardinier à *Fati*, près Canton, et envoyées à la Société d'Agriculture de Lyon.

Voici les noms de ces plantes, d'après M. J. Rodrigués, interprète au consulat hollandais à Canton :

1. Rose cannelle.

2. *Wou-kom-ko*, fleur jaune, à hampe élevée.
3. Malaxis.
4. *Pa-hing-tan*, fleur blanche à hampe élevée.
5. *Wei-hwa*, fleur blanche à haute tige (*sophora japonica*)?
6. *Tit-tchi-oé-tong*, fleur rose, à hampe moyenne.
7. *Ting-koun-moe*, fleur bleue, à tige herbacée.
8. Poinciana pulcherrima.
9. Impatiens balsamina, fleur rose.
10. Jasmin ordinaire à fleurs blanches, *jasminium officinale.*
11. Impatiens balsamina.
12. ?.
13. *Houn-shou-foun*, fleur rose, à tige herbacée.
14. *Pa-hoc-tong*, fleur blanche, à tige herbacée.
15. Hypericum monogynum, fleur jaune d'or.
16. Datura metel, fleur somnifére.
17. Petite pœonie, *pœonia albiflora.*
18. Cloche de nouvel an, *Enkianthus quinqueflora.*
19. Impatiens balsamina.
20. Gardenia florida à fleurs blanches.
21. *Hing-lo*, fleur verte, à hampe élevée.
22. Lawsonia blanc.
23. *Soui-fan*, fleur rose, à tige herbacée.
24. *Koung-fan-foun-sin*, fleur rose, à tige herbacée.
25. Begonia discolor.
26. Cockscomb, *celosia cristata*, blanc et rouge.
27. *Koung-fan-hing-tan*, fleur rose, à tige herbacée.
28. *Tchem-tchung*, fleur noire, à tige herbacée.
29. Cerus siliquastrum.
30. *Wong-wei*, fleur jaune, à hampe élevée.
31. Lawsonia purpurea.
32. Les sept sœurs?
33. Mussenda sinensis, à fleurs jaunes.
34. Cockscomb (*celosia cristata*), fleur blanche.
35. *Tchi-wei*, fleur rose, à hampe élevée.
36. *Hong-kom-tchoun*, fleur rose, à tige herbacée.
37. *Tchu-pa*, fleur verte, à hampe élevée.
38. Pécher à fleurs doubles.
39. Aglaia odorata.
40. Ipomea quamoclit, à fleurs bleues.
41. Ixorea coccinea.

42. *Lam-wei*, fleur bleue, à hampe élevée.
43. Primerose ?
44. Cockscomb, *celosia cristata*, à fleurs roses.
45. *Lai-tchun*, camellia jaune (1).
46. *Hong-fei-to*, fleur rose, à hampe élevée.
47. *Hong-sou-tiou*.
48. *Pa-tchi-mei*, fleur blanche, à hampe élevée.
49. *Kouei-koun*, fleur rose, à tige herbacée.
50. *Fa-tchiou*, fleur bleue, à tige herbacée.
51. Hibiscus okro.
52. *Tchan-tchiou*, fleur verte, à tige herbacée.
53. Olivier blanc, *olea flagrans*.
54. Chrysantheme.
55. *Lin-king*, fleur rose, à tige herbacée.
56. *Tchou-tchao-fou-young*, fleur rose, à hampe élevéo.
57. *Koug-fan-tcha*, fleur rose, à tige herbacée.
58. *Ko-laï-ko*, fleur rose, à tige herbacée.
59. Chrysanthéme à fleurs blanches.
60. *Fa-kaï*, fleur à couleurs changeantes, à tige herbacée.
61. Camellia panaché.
62. Lys tigré, *lilium tigrinum*.
63. *Tchoi-tcheu*, fleur rose, à tige herbacée.
64. *Siou-kouaï*, fleur caméléon, à tige herbacée.
65. Azalea indica.
66. Rose.
67. Tagetes patula.
68. Lychnis coronata.
69. *Fa-tcha*, fleur à couleurs changeantes et à tige basse.
70. Tournesol.
71. *Pin-pa*, fleur verte à tige herbacée.
72. Magnolia pumilla.
73. Rose de tous les mois.
74. Medlar, plante et fleur médicinale.
75. *Ti-tang*, liane à grandes feuilles et fleurs bleues.

(1) Un point de doute eût été peut-être nécessaire ; cette note y suppléera. M. Hedde ayant demandé des graines de camellias jaunes, a reçu celles-ci. Nous ignorons entièrement le résultat qu'elles ont donné. La Société d'Agriculture de Lyon donnera probablement, plus tard, quelques explications.

76. *Hong-kaï,* fleur rose à tige herbacée.
77. Pœonia moutan.
78. Geranium à feuilles de houe.
79. Mûrier du district de Shunti, *ma* de même provenance, *canabis indica.*
80. Mûrier du district de Namhoï, *ma* de même provenance, *urtica nivea.*
81. Mûrier du district de Hiang-lhan, *ma* de même provenance, ?

Pour la connaissance des diverses plantes de fleurs de Chine, renvoi à la partie botanique de la Chrestomathie du Révérend M. Bridgman, à la nomenclature du *Dictionnaire* de Wells Williams, aux notes de M. Natalis Rondot, insérées dans les *Annales de Reims,* ainsi qu'aux notices de M. Fortune, extraites du *Journal de la Société d'Agriculture de Londres.*

314. Quatre-vingts espèces de graines de fleurs diverses de Chine fournies par Ha-Pong, jardinier à Fati, et envoyées à divers horticulteurs des départements du Rhône et de la Loire.

315. Quatre-vingts espèces de graines de fleurs diverses de Chine fournies par Ha-Lun, jardinier à Fa-Ti, et envoyées à la Société Industrielle de Mulhouse.

316. Quatre-vingts espèces de graines de fleurs diverses de Chine fournies par Ha-Son, jardinier de Canton, et envoyées aux sociétés d'Angers et de Tours.

317. Quatre-vingts espèces de graines de fleurs diverses de Chine fournies par le même et remises à divers horticulteurs de Paris.

318. Douze variétés de graines potagères fournies à Canton par M. Natalis Rondot, et remises à différentes personnes, en France.

Voici les noms de ces plantes :

1. Tsing-tao, pois verts.
2. Hou-tao, haricots pour faire la soya.
3. Tchouk-tao, haricot bambou.
4. Louk-tao, pois de couleur naturellement verte.
5. Pak-tao, pois soya.

6. Tchouk-siou-tao, petits pois rouges.
7. Nam-pin-tao, gros pois du Kiang-Nam.
8. Mi-tsao, pois.
9. Yang-pin-tao, pois.
10. Hong-tao, pois rouges.
11. I-maï, orge perlé.
12. Shi-ma, sésame.

319. Collection de graines potagères, recueillies à Macao et Canton, et envoyées, à différentes époques, de Chine en France, par M. Hedde. Dans ce nombre était le chou *pé-tsaï*, qui sert à la fois de légume et de salade.

320. Dix variétés de riz, cultivés dans le Kwang-Tong et envoyés à la Société d'Agriculture du Puy.

321. Quatre variétés de graines de mûrier du Kwang-Tong, envoyées aux sociétés agricoles d'Avignon, de Nîmes, de Mende et du Puy.

322. Trois variétés de *ma* dont les filaments sont employés à la fabrication des cordes, du fil et des tissus; *canabis indica? urtica nivea? corchorus triumpheta?*

323. Charrue de Canton, à chausson et oreille ronde sur le côté, destinée à labourer les terrains légers.

Voici les pièces dont elle se compose :

1. Soc en fer, ou chausson adhérant à l'extrémité du manche de la charrue;
2. Premier couvercle en bois cintré;
3. 2e Id. faisant suite;
4. 3e Id. faisant suite;
5. Oreille et versoir en fer ou en bois, à volonté, placé dans l'ouverture du 3e couvercle et fixé près des oreillons, où passe une goupille plantée sur le manche de la charrue;
6. Sommier ou manche de la charrue;
7. Id. haie ou flèche;
8. Support de la haie;

9. Clavette qui maintient le support sur la haie;
10. Palonier, ou attelage avec ses cordes.

Ce modèle en terre, d'un vingtième de grandeur naturelle, a été confectionné par M. Mignot, de St-Etienne, sur les matériaux rapportés par M. Hedde.
Renvoi aux planches 1 et 2 du n° 141 précédent, ainsi qu'aux autres modèles chinois indiqués aux articles suivants de Tchang-Tchou, de Son-Tchou et outils divers d'agriculture.

TA-HWANG-KAOU, CANAL INTÉRIEUR.

(Excursion, 25 novembre 1844).

324. Shun-Ti, chef-lieu du district séricicole du territoire du Kwang-Toung. Latitude nord, 24° 49', et longitude est, 110° 29'.

C'est dans cette ville que les marchands de Canton se rendent pour s'approvisionner des soieries, dont les premières qualités portent les noms de *Long-Kong*, *Long-Shan* et *Lak-lao*, ainsi que pour les achats de foulards légers, communément appelés *Pongis*. Ce plan est extrait de la grande géographie chinoise.

325 *Long-Kong, en chinois *Long-Kiang*, village du district de Shun-Ti, où se produisent les premières qualités de soie du *Kwang-Toung*, soies qui rivalisent les plus belles matières du Tché-Kiang pour la blancheur, mais qui leur sont inférieures en régularité.

Ce tableau à l'huile de Yeou-Kwa, est déposé au ministère du commerce; il prouve que les Chinois savent parfaitement imiter le genre de la peinture européenne.

326. Description d'une excursion dans le Ta-Hwang-Kaou ou canal intérieur, par MM. Itier et Hedde, extraite du *Paris et London observer*, 8 novembre 1846.

327. Carte du Ta-Hwang-Kaou ou canal intérieur, appelé par les Anglais *Broadway river*; d'après Ja[s]. Horsburgh.

AMOY.

(Voyage, 16 novembre 1845).

328. Plan d'Amoy, en chinois *Hia-men*, en anglais *Emoui*, Latitude nord, 24° 22'; longitude est, 115° 56'.

Cette ville, qui fait partie du district de Tong-an, du département de Tsiouen-Tchou, est située sur une île aride. On estime sa population à plus de 200,000 habitants. L'enceinte murée n'en possède pas plus de 15,000. *Lam-Pou-Tou*, pagode remarquable; tombeau de *Ka-Shin-Gha*, fameux chef de pirates; fosse aux filles; cimetière des inondés, couvent de bonzesses; porte sculptée. Le port, principalement fréquenté par les jonques de Formose, est un de ceux ouverts au commerce étranger.

329. Vue générale d'Amoy. — Passe de Tang-An; île d'Amoy; fleuve de Tchang; île de Ko-Long-Sou; *Gho-Sou*, station de clippers, ou navires anglais fraudeurs d'opium.

Ce plan a été tracé d'après un croquis de M. Xavier Raymond, attaché à la mission de Chine.

330 * Indigotier de *Ko-Long-Sou*, petite île en face d'Amoy.

Cette plante vient à la hauteur de 30 à 40 centimètres; elle croît dans des terrains secs et est coupée, ras terre, vers le mois de juillet. Les branches sont portées dans de grandes cuves de bois, où elles sont macérées. Quand le produit a été transvasé et agité avec des bambous, on mélange un léger lait de chaux de coquille et puis on décante: telle est la fabrication de l'indigo liquide, faite par un habitant de Ko-Long-Sou.

331. Tableau du prix des tissus de soie, offerts sur le marché d'Amoy en 1845.

332. Tableau du mouvement des importations et exportations du commerce étranger à Amoy; renseignements fournis par M. de Lagrenée, ministre plénipotentiaire et chef de la mission commerciale en Chine.

TCHANG-TCHOU.

(Excursion, 19 novembre 1845).

333. Nan-Tai-Wou, tour carrée à sept étages, dont la construction date de la dynastie des *Ming*.

Elle est élevée sur le sommet d'une haute montagne qui domine toute la contrée. C'est de ce point que M. Xavier Raymond a tracé le N° 329 précédent.

334. Dessins divers :

Koué-Sou, pagode de 44 mètres de hauteur et à neuf étages, à l'embouchure de la rivière qui conduit à Tchang-Tchou.

Haï-Ting, ville murée de 4 kilomètres environ de circuit, pagode à deux étages.

Tchio-Bay, en chinois *Shi-Ma*, ville ouverte d'environ 1 kilom. 1/2 de longueur sur 1/2 kilom. de largeur, avec une petite citadelle carrée. Population : environ 100,000 habitants.

Bin-Sin, en chinois *Min-Tching*, ruines d'une ancienne ville détruite par le chef de pirates *Ko-Shin-Ga*.

Les trois premiers dessins ont été extraits de la grande géographie chinoise, et le dernier a été relevé sur les lieux mêmes par le Révérend M. Pohlman, missionnaire américain.

335. Tchang-Tchou.

Ce chef-lieu d'un département intérieur, foyer principal de l'industrie sérigène du Fokien, a été visité par M. de Lagrenée, ministre plénipotentiaire de France en Chine, et M. le contre-amiral Cécile, qui y furent précédés par les délégués commerciaux Renard, Rondot et Hedde. Ce plan est extrait de la grande géographie chinoise.

336. Tableau du prix des tissus de soie de la fabrique de Tchang-Tchou, en 1845.

337. Vue de Fou-Tchou-Fou, capitale de la province du

Fokien. Latitude nord, 26° 2'; longitude est, 117° 8'.

Cette ville murée est située à 3 ou 4 kilomètres de l'embouchure de la rivière Min. Elle a 12 à 15 kilomètres de circonférence ; sa population est estimée à 500,000 âmes. C'est le port le plus rapproché des districts, où se produisent les meilleures qualités de thé noir : il est ouvert au commerce étranger. Les Européens n'ont pas encore réussi à y établir des relations commerciales de quelque importance. Ce port n'a été visité par aucune personne de la dernière mission française.

338 * Vue du pont de Fou-Tchou-Fou.

Cette célèbre construction est d'une longueur de plus de 600 mètres. Le tableau, rapporté par M. Hedde, et déposé au ministère du commerce, donne une description du curieux spectacle que présentent les abords et le passage de ce pont qui forme la communication de la ville avec les faubourgs.

339. Carte nautique chinoise, représentant les îles Sou ou Pang-Hu, archipel des îles des Pêcheurs, à l'entrée du détroit de Formose.

Pour les renseignements, voir le *Chinese Repository*, tome XIV, p. 249.

340. Charrue de Tchang-Tchou, de grandeur naturelle et à oreille plate, montée par M. Revolier, charron à Saint-Étienne, avec les pièces rapportées par M. Hedde.

1. 1re partie en fer, ou pointe du soc de la charrue ;
2. 2e partie en bois, ou planchette qui peut se mettre en fer préférablement ;
3. 3e partie en fonte du soc, ou versoir pour retourner la terre ;
4. Deux oreillons, ou rondins de fer soudés sur le versoir ;
5. Arc-boutant ajusté aux oreillons par une goupille, et fixé à la réunion du support de la flèche sur le manche ;
6. Chausson en bois foré, propre à recevoir intérieurement le bout du manche et sur lequel est posée, avec sa cheville, la planchette ou 2e partie du soc;
7. Sommier ou partie inférieure du manche ;
8. Support de la haie ;
9. Haie ou flèche ;
19. Palonier ou attelage avec ses cordes ;
11. Clavette qui maintient le support sur la haie ;
12. Queue ou extrémité du manche de la charrue.

La longueur totale de cette charrue, depuis la pointe du fer de lance jusqu'au bout du manche, est de deux mètres.

Cette charrue n'est pas seulement intéressante par sa forme légère et la facilité qu'elle présente pour défricher des terrains pleins de racines ; mais elle offre dans a confection de ses deux pièces principales, le fer de lance et le versoir, la solution d'un probléme jusqu'ici irrésolu en métallurgie. C'est la soudure des deux oreillons ou rondins de fer sur le versoir en fonte, qui paraît être martelée.

Pour les autres formes de charrues employées en Chine, voir le n. 323 précédent ou charrue à chausson de Canton, la charrue du Kiang-Sou, en usage dans le nord de la Chine, ainsi que les charrues des Malais aux planches 1 et 2 du numéro 141 précédent.

NING-PO.

(Voyage, 12 octobre 1845).

341. Plan de Ning-Po.

Cette ville, chef-lieu d'un département de la province du Tché-Kiang, est en latitude Nord par 29° 55' et longitude Est 119° 06'. Elle est située sur un delta au confluent de deux rivières. La circonférence de ses murailles est évaluée à environ huit kilomètres, et sa population à près de 300,000 âmes. Cette ville, un des cinq ports ouverts au commerce étranger, n'a pas encore entamé des relations importantes avec les Européens. Pour tous les renseignements sur le commerce des soieries et principalement sur la fabrication des soies à coudre et des broderies qui y sont exécutées d'une manière remarquable, renvoi au Rapport n° 39 de M. Hedde, au ministre du commerce.

Ce plan est dû au très-regrettable M. R. Thom, consul de S. M. Britannique, l'un des sinologues les plus expérimentés, mort en 1846.

342. Vue du port de Ning-Po.

Pont de bateaux sur la *Ta-hia*, qui unit la ville avec le faubourg Est, où, au commencement du XVIe siècle, les Portugais avaient un établissement sous le nom de *Liampo*. On évalue à plus de 4,000 jonques ou bateaux ceux qui y sont stationnaires.

343. Tien-Foung-Ta, pagode des Vents célestes.

La construction de cette tour a près de 1,100 ans d'existence. C'est une pyramide de forme hexagone, bâtie en briques et d'environ 50 mètres d'élévation. Des rejetons de mûriers *King* se montrent à travers les crevasses jusqu'au sommet du monument.

344. Lac. Couvent de bonzesses. Jardins du Dr Tchang. Restaurateur chinois.

345. Tien-Tsung, temple des Enfants célestes.

Ce temple est situé à une journée de distance de Ning-Po. Il est ordinairement fréquenté par les étrangers. M. de Lagrenée l'a visité en 1845.

346. Entrée de la *Taï-Hia*, ou rivière de Ning-Po.

Château de Tching-Haï, ville murée, d'environ 40,000 habitants, dont les fortifications, regardées par les Chinois comme imprenables, ont offert peu de résistance aux attaques de la flotte anglaise. Café public ; monument auquel on attribue 800 ans d'existence. M. Natalis Rondot en a dessiné une vue sur les lieux mêmes.

347. Planche à imprimer les tissus, rapportée par M. Haussman, délégué de l'Industrie cotonière.

La méthode pour imprimer à Ning-Po, consiste à passer d'abord au pinceau la couleur ou les couleurs sur les parties du moule où elles doivent être posées, puis à y appliquer le tissu bien étendu, et afin de bien faire prendre le dessin, on frappe avec un bloc de bois sur toutes les saillies du relief. On imprime également à Ning-Po des tissus à réserve. Il en sera question plus loin à l'article Impression des soieries.

348. Tissu imprimé à plusieurs couleurs, avec une planche dans le genre de la précédente. Cette laise est employée pour devanture de lit.

349. Tableaux représentant l'industrie de Ning-Po :

1° *Tsé-mian-sieou-hwa*, broderie à sujets renversés.

Sur un cadre rectangulaire paraissent des fleurs contresemplées. Un livre, ou cahier ouvert, contient des soies propres à la broderie. On aperçoit l'aiguille et les ciseaux nécessaires à la brodeuse.

2° *Pin-sz'-sz'*, doublage de la soie.

Le tableau représente cinq petits guindres placés à terre ; les fils qui s'en déroulent passent dans le crochet supérieur d'une flèche, et sont enroulés ensemble sur un autre petit guindre, au moyen d'un pliage à la main posé sur un banc.

3° *Tchi-hwa-tchou-tz'*, tissage des rubans façonnés, basse lisse.

4° *Fang-mao-tchen*, métier, haute lisse, sur lequel se tissent à l'espoulin les tapis dits *mao tan*, en poil de chèvre, de chien et de vache.

5° *Tchi-kiun-niu*, tissage du taffetas.

Ce métier, dit de ceinture, diffère des autres modèles à une seule marche, en ce que le pas est fermé par un ratelier qui fait agir la moitié de la chaîne. Cette disposition rappelle le métier précédent.

6° *Yun-hwa*, bourre de soie.

Cette manutention est remarquable en ce que l'ouvrière tient la bourre avec la main gauche et la tord sur un fuseau mis en mouvement par une pédale, tandis qu'elle fait tourner avec la main droite le guindre, ou aspe, sur lequel le fil s'enroule.

7° *Lo-sz-niu*, dévidage de la soie à la tavelle à six branches.

8° *Ta-sien-sz*, tordage à la brosse, usité pour le cordonnet et autres soies qui exigent un tors forcé.

9° *Lo-sz-niu*, tracanage.

Trois guindres sont placés à terre : le fil de l'un passe dans le crochet supérieur d'une flèche et est enroulé sur un autre guindre.

10° *Sieou-hwa-hiai*, brodeuse de souliers.

11° *Yen-pou-sz*, teinture.

Auprès de trois cuves pleines d'indigo, un ouvrier teint une pièce d'étoffe. On aperçoit le support de traverse du chevillage, et un lissoir.

12° *Yin-pou-sz'*, impression sur tissu.

Sur une table est placée la planche à imprimer. Un ouvrier y applique sa toile. A côté sont des pinceaux, un vase à couleur, une batte en bois pour l'impression et un bâti garni de trois laises imprimées. Renvoi au n° 347 précédent.

13° *Tching-mian-sieou-hwa*, broderie des sujets droits.

Le cadre employé dans cette circonstance est un carré long. C'est la seule différence qui le distingue du tableau 1 précédent.

14° *Miao-hwa*, dessinateur.

15° Ouvrier apportant des provisions.

16° Ouvrière allant à la promenade.

17° *Pie-y-sien*, mettage en main de la soie floche à broder.

18° *Tsieou-shay-sien*, séparation en aiguillées de la soie floche à broder.

350. Tableau comparatif du prix des tissus de soie à Ning-Po et Tchin-Haï, en poids, mesures et monnaies de Chine, de France et d'Angleterre.

351. Documents du consulat anglais à Ning-Po. Mouvement du commerce étranger pour 1845; renseignements communiqués par M. de Lagrenée, ministre plénipotentiaire, chef de la légation française en Chine.

352. Calcaire et minéraux divers de Ning-Po et de Tchin-Haï.

353. Tapis, *mao-tchen*, en dialecte de Ning-Po *mao-tan*; renvoi au tableau 4 du n° 349.

Ce tissu est fabriqué dans le genre des *Ke-Sz*, soieries brochées, espoulinées, à la façon des Gobelins et dont il sera question plus loin à l'article spécial. Renvoi d'ailleurs comme objet de l'industrie lainière aux rapports de M. Natalis Rondot, insérés dans les documents sur le commerce extérieur.

SHANG-HAI.

(Voyage, 27 octobre 1845).

354. Wam-Pou, rivière de Shang-Haï, qui porte ce nom en amont. On l'appelle Wou-Song en aval.

Ce dessin est la vue du port devant le *Hian-Ken-Pan*, quartier neuf, ou factoreries habitées par les étrangers.

On évalue à environ 6000 jonques ou bateaux, les stationnaires de ce port.

355. Plan de Shang-Haï. Latitude nord 31 ° 16', longitude est 119° 12'.

C'est le port le plus élevé en latitude de ceux ouverts au commerce étranger. Sa position favorable entre les deux grands foyers manufacturiers de Sou-Tchou et de Nankin ; sa proximité du grand canal impérial qui unit Hang-Tchou, autre grand centre des manufactures de soieries avec la capitale de l'Empire chinois, Pékin, doivent faire de Shang-Haï l'entrepôt principal du commerce étranger, d'une part, pour la vente des lainages et cotons, et, de l'autre, pour l'achat des soies grèges et des thés verts.

On évalue à près de 6 kilomètres la circonférence des murailles de Shang-Haï, et sa population, la banlieue comprise, à 250,000 âmes.

356. Vue du *Dju-Wong-Meo*, jardin à thé, lieu de réunion, de promenades et de plaisirs. Un jardin, une pièce d'eau, des cafés et au-dessous des galeries de boutiques parfaitement garnies, forment un vrai petit Palais-Royal que l'étranger ne manque pas d'aller visiter.

357. Tableau comparatif du prix des soies grèges et des tissus de soie sur le marché de Shang-Haï :

Grèges de Ou-tchou,		première qualité	*tsi-li*	vulgairement	tsatli ;
id.	id.	deuxième qualité	*yun-hwa*	id.	yunfa
id.	id.	troisième qualité	*ta-tsan*	id.	taysaam.

Taffetas *tcheou*	première qualité de Hang-Tchou ;
	deuxième qualité de Kia-Shing.
Crêpe *tseou-sha*	première qualité de Ou-Tchou ;
	deuxième qualité Kia-Shing.
Sergé 2 lie le 3 *Ning-tcheou*	première qualité de Hang-Tchou, tramé cuit ;
	deuxième qualité de Sou-Tchou, tramé souple.
Gros de Naples ondé, *sien-tseou*,	première qualité de Hang-Tchou, tramé cuit ;
	deuxième qualité de Sou-Tchou, tramé souple.
Satin 5 lisses *ling*	première qualité de Hang-Tchou ;
	deuxième qualité de Kia-Shing.
Satin 8 lisses *twan*	première qualité de Nan-King.

Damas	id.	*hwa-twan*	id.	id.
Lampas	id.	*ta-hwa-twan*	id.	id.
Velours uni,		*sou-tsien-jong*	id.	id.
id.	façonné,	*hwa-tsien-jong*	id.	id.
id.	coupé, frisé, sans pareil,	*si-pa-sheou-tao-tchwang-jong*		id.

Rubans de toutes sortes *pien-tai* de Sou-Tchou; tissu broché espouliné, *Ké-sz.*

Tous ces articles, à part les rubans, présentent une différence de près de 40 0/0 au-dessous des prix des marchés français.

358. Layeterie de Shang-Haï.

On fait dans cette ville des malles en cuir, qui joignent à la légèreté l'avantage de la solidité; celles unies blanches, dans le genre du modèle, coûtent 4 piastres, celles noir gauffré, un peu moins grandes, 3 piastres, et les plus petites rouges avec dessins dorés, 2 piastres seulement.

Ces objets ont attiré la curiosité des visiteurs à la dernière exposition à Lyon.

359. Vue de Hang-Tchou, chef-lieu d'un grand département manufacturier en soieries, et capitale de la province du Tché-Kiang.

Cette ville, l'ancienne *Kin-Sai* de Marco Polo, est située par 30°20, de latitude nord et 117° 48' de longitude est. C'est une des extrémités du grand canal impérial, dont l'autre est Pékin. Hang-Tchou n'est plus l'orgueilleuse Métropole de la Chine du XVIIe siècle, avec son circuit de 100 milles, sa population de 1,600,000 maisons et ses 12,000 ponts, mais c'est encore une des plus riches, des plus manufacturières et des plus grandes de la Chine moderne, et qui n'a de rivale que Nankin et surtout Sou-tchou. On estime sa population actuelle à 4,000,000 d'habitants. Les beaux foulards, les sergés satinés et surtout les gros de Naples ondés, tramés cuit, viennent de Hang-Tchou.

360. Plan de Ou-Tchou, chef-lieu d'un département de la province du Tché-Kiang, d'où viennent les premières qualités de soie de Chine, savoir les *tsi-li*, les *yun-hwa* et les *ta-tsan*. Latitude nord 30° 53', longitude est 171° 36'

C'est près de cette ville que se trouve *Nan-Tsin*, l'entrepôt de toutes les soies de Chine que, par corruption, l'on a appelé *Nankin*. Les plus belles qualités de crêpes viennent de Ou-Tchou.

361. Vue de Tcha-Pou, du district de Ping-Hu, du département de Kia-Shing, de la province du Tché-Kiang.

Cette ville en latitude Nord 30°27' et longitude Est 123°30' est le seul port de Chine ouvert au commerce japonais. C'est près de cette ville que, le 26 mai 1842, pendant la guerre des Anglais, 200 Tartares ont arrêté, pendant toute une journée et en rase campagne, les efforts de toute l'armée anglaise.

362. Plan de Kia-Shing, chef-lieu d'un département de la province du Tché-Kiang, qui fabrique beaucoup de soieries. Les crêpes en qualités secondaires, les foulards et les satins cinq lisses viennent de cette ville. Latitude nord 30° 53', longitude est 118° 13'.

363. Vue de Nanking, ou Kiang-Ning-Fou, chef-lieu d'un département et capitale de la grande province du Kiang-Nam.

Cette ville, à cheval sur le grand fleuve bleu, qui porte là le nom de Yang-Tse-Kiang, est située par 32°5' de latitude nord et 116°27' de longitude est. Elle a beaucoup perdu de son antique splendeur ; mais elle a conservé ses fabriques de soieries, principalement de satins 8 lisses et de damas, ainsi que de velours. C'est dans cette ville que se fabriquent les velours coupés, frisés, sans pareils, qui ont tant surpris notre fabrique de soieries.

SOU-TCHOU (1).

(Excursion, 30 octobre 1845).

364. *Ta-Toung-Men,* grande porte de l'orient à Shang-Haï ; *san-pan,* barque de voyage ; repas des voyageurs ; adieux du père Gotland ; costume chinois du père Languillat.

365. *Wham-Pou*, rivière de Shang-Haï, en amont de cette ville ; Loung-Hwa, tour à sept étages ; canal intérieur.

(1) En haut, disent les Chinois, est le Ciel, et en bas *Sou* et *Hang*, c'est-à-dire *Sou-Tchou* et *Hang-Tchou*. Cette première ville surtout, peut être regardée comme exceptionnelle, car elle possède tout ce qui peut surprendre et charmer les sens :

366. *Zié-Kia* (*Kang-Tien*), village sur la droite du canal où se trouve le tombeau de Shu, le célèbre *Ko-Lao*, protecteur des missionnaires catholiques.

367. *Oun-Dio* (*Kang-Tien*), bourg peu considérable, où se trouve une passerelle, mais où a lieu une grande affluence de commerçants.

368. *Tsi-Po* (*Tsi-Pin*), petite ville du district de Tsing-Pou, département de Song-Kiang.

369. *Wan-Dam* (*Hoang-Tang*), séminaire de jeunes Chinois, dirigé par le père Bruyère de Tence. Toilette de M. Hedde. Examen en latin des jeunes disciples. Intérieur d'une cuisine et d'un réfectoire à l'usage des missionnaires catholiques.

370. *Leu-Hou-Tsain* (*Lao-Hia-Tchin*), tombeau remarquable, avec bois de sapins et de bambous, au pied de collines granitiques. Pont cintré en pierres, avec bas-relief.

371. *Tsin-Pou-Hien* (*Tsing-Pou*), ville murée d'environ 2,800 à 3,000 mètres de circonférence ; chef-lieu de district. Grande fête baladoire devant la porte nord du faubourg.

372. *Yang-Zue-Hue* (*Yang-Tseu-Yu*), chrétienté conte-

nature du sol, douceur du climat, réunion des plaisirs, des lettres, des sciences et des beaux-arts. Le goût qui règne dans ses produits, les modes qu'elle dicte à toute la nation, les beautés qu'elle élève et fournit au reste de l'empire, rendent Sou-Tchou le siége de tout ce qui est à la fois aimable, élégant, délicat, gracieux, artistique et admirable. Cette cité, l'antique Thinée, capitale du pays des thés et des soies, n'est pas seulement la reine des arts et de la mode, c'est le foyer industriel le plus actif, l'entrepôt commercial le plus important de la Chine intérieure ; c'est, en un mot, le paradis terrestre, si l'on en croit les poétes, les historiens et les géographes du céleste empire.

nant 2,800 Chinois convertis. *Kong-Sou,* chapelle chinoise. Malades qui attendent les derniers sacrements. Convoi des morts qui ont succombé dans le trajet. Cérémonie nuptiale de cinq jeunes couples. Bénédiction du père Languillat; prédication de ce missionnaire. Chants des Chinois et Chinoises. Processions.

Les neuf numéros précédents sont des croquis et extraits du journal quotidien de M. Hedde. Ils seront insérés dans la relation complète qui doit être prochainement publiée.

373. *Yaou-ki*, métier à une seule marche, employé pour le tissage du ma en été, du coton en hiver et de la soie pour les vêtements de toilette.

374. *Kwan-Sei-Hien* (Kwan-Shan), ville murée, de 10 à 12 kilomètres de circonférence. Tour à cinq étages. Portique sculpté à deux étages. Teinturerie du chinois *Lao*. Pont cintré à une seule arche. Jonque servant d'habitation. Pagode à neuf étages.

375. Porte triomphale de *Kwan-Shan-Hien*.

Cette toile gouachée, de 2 mètres de largeur sur 75 centimètres de hauteur, est due à M. James Voisin, de Saint-Étienne. Elle a été faite sur les croquis pris sur les lieux par M. Hedde.

Aux deux côtés du tableau sont les deux plantes les plus intéressantes de la Chine, sous le rapport industriel : le mûrier *king* (*morus sinensis*), qui produit la plus belle soie du monde, et le *ma-shou* (*urtica nivea*), dont on extrait des filaments pour la fabrication de cette toile fine, appelée la batiste de la Chine.

Dans l'intérieur du tableau sont des champs de riz, des cultures de thé *tcha-shou* (*thea viridis*), des cotoniers à fleurs blanches *mien-hwa-shou* (*gossypium herbaceum*), des cotoniers à fleurs jaunes *tz'-mien-hwa-shou*, etc., ainsi que d'autres plantes industrielles intéressantes, telles le *tien-tching* (*isatis indigotica*), qui produit l'indigo liquide, et le *kao-hwa*, plante de l'ordre des juglandées dont les cônes servent à teindre en noir.

Un bateau couvert de fleurs, un radeau chargé de *mou-yu-kong*, cormorants, oiseaux dressés pour la pêche, circulent sur le canal qui longe le portique. Sur la rive droite on a représenté M. Hedde en costume chinois.

Dans le lointain on aperçoit un tombeau ainsi qu'un autre monument, ou groupe composé d'un bonze, d'un cheval et d'un autre animal posé sur un socle et figuré au repos.

Cette composition décore l'entrée extérieure du musée chinois, de Saint-Étienne.

C'est pour cette raison qu'on a remplacé les caractères rouges qu'elle porte par ceux-ci :

萬
絲
麻
華
貨
物
解

c'est-à-dire *Wan-sz-ma-hwa-ho-voe-Kiay* (1) : Exposition de dix mille objets de soie, de *ma* et autres objets précieux de la Chine.

(1) Les caractères chinois qui ont servi à la composition de ce catalogue ont été gravés sur fer par M. Faudrin, sculpteur d'armes à Saint-Étienne.

376. Entrée de la porte sud-est, Fong-Men, à Sou-Tchou.

Ce tableau, de 3 mètres de largeur sur 3 de hauteur, a été gouaché sur toile par M. James Voisin, de Saint-Étienne, d'après les croquis pris sur les lieux par M. Hedde ; il représente le canal qui conduit à *Fong-Men*, à travers la partie sud du faubourg-est de Sou-Tchou ; d'un côté des boutiques, corps-de-garde, cafés où l'on monte avec des échelles, et quai qui conduit à l'entrée de la ville; de l'autre, des fours à chaux, poteries, fabrique de jarres, théâtre populaire, etc., etc.

Ici des bateaux pour le transport du thé. On aperçoit sur les caisses le caractère *tcha* qui désigne ce produit. Là des barques chargées de balles de soie, sur lesquelles on lit les caractères *tsi-li*, *ta-tsan* et *yun-hwa* , qualités principales des matières de *Ou-Tchou*, département du Tché-Kiang, qui les produit. Plus loin, une barque chargée de filaments de *ma*, dont le caractère se lit également sur l'enveloppe , d'autres bateaux contenant des porcelaines et autres marchandises.

M. Hedde, dans son costume chinois, tel qu'il l'avait lors de sa visite à Sou-Tchou, se trouve placé au premier plan, sous le pont de *Sin-Tsao*, dont le nom, en caractères rouges, se lit sur les pierres de granit qui le composent.

De chaque côté du canal sont des maisons, des pavillons et autres habitations dans lesquelles on aperçoit des métiers à tisser les étoffes et les rubans de soie ; le *yaou-ki*, métier de ceinture , propre à fabriquer le *tcheou* ou foulard ; le *ke-sz-tchi-ki*, employé pour le tissage de cette étoffe espoulinée appelée *ke-sz*, spéciale à la ville de Sou-Tchou ; le *tsang-ki* ou métier à banc pour tisser les rubans; les *ta-pien-tchi-ki* et les *ta-taï-tchi-ki* ou métiers à cordons et lacets, ces derniers, surtout, que l'on aperçoit en mouvement de tous côtés, jusque dans les bateaux et dans un grand nombre de maisons qui avoisinent la muraille de la cité.

Les végétaux de la contrée se trouvent représentés dans ce tableau. Parmi les principaux sont le mûrier *king* et le *ma*, l'arbre *ko* (*broussenetia papyrifera*), l'arbre à cire (*stillingia sebifera*), le bananier (*musa sinensis*), les bambous, les saules, les tuyas, les cyprès, les pins et autres qui croissent en même temps dans cette contrée, surnommée avec raison le paradis de la Chine.

Dans le lointain, les deux entrées de Sou-Tchou par Fong-Men ; celle du canal, sur laquelle est inscrit le nom de SOU-TCHOU, et celle des piétons, sur laquelle on lit *Fong-Men*. Au-dessus des remparts, on aperçoit les deux tours de *Kaé-Huen* et *Shoi-Kwan*, le grenier d'abondance de *Fong-Lo-Tsan*, et plus loin encore *Pe-Tseu*, la fameuse pagode du nord, à neuf étages.

Cette composition remarquable a été fidèlement reproduite par M. ***, de Saint-Étienne, qui, seul, a reçu de M. Hedde l'autorisation de l'exécuter sur ruban broché à plusieurs navettes.

377 * Kou-Sou (Sou-Tchou) (1). Plan mathématique de

---

(1) Marco Polo est le premier européen qui ait fait connaître Sou-Tchou. Ce vénitien lui donne le nom de *Sin-Gui*, et la représente comme une très-grande ville, populeuse et possédant de brillantes industries, principalement de soie.

Les missionnaires envoyés auprès de Kang-Hi, par Louis XIV, donnent des déla cité intérieure; 1/9415me; latitude, 31° 13' nord; longitude, 118° 9' est.

Cette ville est, sans contredit, la plus grande cité du monde. Sa surface représente à peu près un parallélogramme dont le plus grand côté, celui de l'est, est de 9,058 mètres, et le plus petit, celui du sud, de 5,624. La superficie est donc d'environ 51 kilomètres carrés.

La population en est énorme. Le *Toï-tsing-y-tong-shi*, ou Géographie universelle de la Chine, l'évalue, d'après un recensement fait en 1727, pour la partie *intramuros*, à 5,555,584 habitants. Actuellement, elle est estimée à cinq millions d'âmes. Ce plan a été fait par ordre du gouverneur de la province, en 1744, sous l'empereur *Kien-Long*. Voici ce qu'il rapporte, d'après la légende traduite par le révérend M. Young, missionnaire à Amoy :

« Quoiqu'il y ait eu autrefois des plans de la cité, de ses faubourgs, de ses montagnes et de ses rivières, on ne peut s'y fier, parce qu'ils sont dressés d'après les anciennes méthodes, et, par conséquent, ils sont incomplets.

» Aussitôt après mon arrivée, j'examinai ces plans, et je les trouvai si défectueux, qu'il était impossible de s'y reconnaître. La carte que j'ai fait faire indique minutieusement toutes les fortifications, les rivières et les canaux qui sillonnent la cité, les temples et les établissements publics qui en font l'ornement, les rues innombrables, les terrasses et les parterres, le mélange confus des champs et des jardins.

» Toutes les fois que les affaires publiques m'en laissaient le loisir, j'aimais à examiner tout ce que cette cité renferme de curieux et à noter soigneusement mes observations. Ayant donc rassemblé tous les matériaux nécessaires, j'ai fait faire, par un des meilleurs artistes, le plan de cette populeuse et antique cité, ainsi que celui des environs, ce qui a été exécuté de la manière la plus claire. Ainsi, en jetant les yeux sur ce plan, on peut facilement saisir l'ensemble de la ville entière et avoir, par conséquent, une idée exacte de toutes les parties différentes qui la composent. »

Les ponts, qui facilitent la circulation dans cette ville canalisée, doivent être très-nombreux. La statistique du département (*Sou-tchou-fou-tchi*), porte ce nombre à 1,149, savoir : ponts en pierre, 400; dits à balustrades rouges, 390; autres non dénommés, 359.

---

tails intéressants sur cette ville. Ils donnent à son enceinte une étendue de quatre lieues.

En 1664, l'ambassade de Hoorn; en 1793, lord Macarthney; en 1794, le chef hollandais Vam Braam; enfin, en 1816, lord Amserht, traversèrent successivement Sou-Tchou, mais seulement le long des remparts qui séparent la cité intérieure de la ville ouest extérieure.

M. Hedde est le premier européen de ce siècle qui ait pénétré dans cette ville et qui ait donné des détails circonstanciés sur son étendue, sa population, son commerce, ses arts et son industrie.

姑蘇城圖

PLAN DE KOU-SOU,

Partie intérieure Murée de la ville de Sou-tchou (蘇州).

Murailles
Canaux
Champs
Rues
Ponts
Arbres
Eminences
Tours
Palais

Mesure Métrique.

Yard Anglais.

Mesures Chinoises.

378. *Sou-tching-we-tou.* Plan mathématique de la partie extérieure ouest de Sou-Tchou, 1/9415e.

Cette partie est la principale des quatre villes extérieures qui environnent la cité murée. Elle en est séparée par le grand canal impérial *Ta-Yu-Ho.* Cette partie, appelée *Tchang*, est le siége des principales fabriques de Sou-Tchou, surtout de celles de soie, et d'un grand commerce en tous genres. La longueur de ce faubourg, depuis la porte Tchang-Men jusqu'à l'extrémité de *Hou-Keou-Shan*, est de 8,040 mètres. En supposant chacune des trois autres villes extérieures égales en longueur et formant une circonférence parfaite, on aurait un rayon de 10,852 mètres, ce qui ferait une superficie totale de 369 kilomètres carrés. La population est, dit-on, énorme. M. Hedde n'a rapporté à cet égard que des ouï-dires. On ne peut tarder d'être prochainement fixé sur ce point. Les renseignements officiels obtenus par les divers agents envoyés par le gouvernement français ne manqueront pas d'être bientôt connus.

379. Kou-Sou (1). Plan de la ville de Sou-Tchou intérieure, réduit à 1/37660e, par M. Rauls, d'Issengeaux, frère de la doctrine chrétienne à Saint-Étienne, et gravé sur pierre par M. Gérard.

Voici les principaux monuments de cette ville extraordinaire :

1. Résidence du juge provincial,
2. *Kio-Lao*, prison.
3. Grenier d'abondance de l'ouest.
4. Résidence du gouverneur de la ville.
5. Palais du gouverneur de la province.
6. Résidence du directeur des douanes.
7. *Ka-Lieun-Tseu*, temple boudhiste.
8. *Seu-Kwan-Tseu*, temple boudhiste.
9. Salle pour l'examen des lettrés.
10. Pagode de bonzes boudhistes.
11. Couvent de bonzesses boudhistes.
12. Résidence du magistrat administrateur du district de Tchang-Tchou.
13. *Tchi-Tsao-Fou*, résidence du directeur du commerce et des manufactures.
14. *Hwa-Yuen*, jardin.
15. *Tchi-Tsao-Nan-Kou*, manufactures impériales de soieries du sud,
16. Résidence du commandant militaire.
17. *La-Ta-Tseu*, pagode à double tour.

(1) *Kou-Sou* est probablement le nom de la cité intérieure. On entend par ville de *Sou-Tchou* la totalité de l'agglomération formée par la cité et les quatre faubourgs ou villes extérieures.

18. Résidence du magistrat administrateur du district *Hiuen*.
19. Palais du gouverneur du district de *Tchang-Tchou*.
20. Résidence du magistrat administrateur du district de *Hou*.
21. Résidence du trésorier de la province.
22. *Paou-Sou-Kou*, hôtel de la Monnaie.
23. *Pe-Tseu*, grande pagode du nord.
24. Champ de manœuvre pour les officiers.
25. Greniers d'abondance de l'est.
26. Résidence du magistrat chargé de la surveillance des greniers.
27. *Tchi-Tsao-Pé-Kou*, manufactures impériales du nord.
28. *Hiuen-Meo-Kwan*, pagode.
29. Temple de *Meng-Tz*.
30. Temple du génie d'Orient.
31. Temple du génie d'Occident.
32. Grand débarcadère.
33. Pont de dix mille ans.
34. Pont volant.

CIRCUIT DE LA CITÉ.

		Pou.	Mètres.
A	De *Tchang-Men*, porte occidentale, à *Su-Men*,	2830	4301
B	De *Su-Men*, autre porte de l'occident, à *Pan-Men*,	1780	2706
C	De *Pan-Men*, porte sud-ouest, au coin sud-est,	3700	5614
D	Du coin sud-est des remparts, à *Fong-Men*,	1300	1976
E	De *Fong-Men*, porte orientale, à *Lou-Men*,	3780	5744
F	De *Lou-Men*, autre porte orientale, au coin nord-est,	880	1338
G	Du coin nord-est à *Tsi-Men*,	1630	2478
H	De *Tsi-Men*, porte septentrionale, à *Shing-Tang*,	1930	2934
I	Du fossé *Shing-Tang* au coin nord-ouest,	950	1444
K	Du coin nord-ouest à *Tchang-Men*,	1100	1672
		19880	30217

RAPPORT DES MESURES.

	Pied.	Pouces.
1 pou de Sou-Tchou = mètre 1, 52 = yard 1	1	11 1/4
1 li id. = id. 548 = id. 600		

380. Sou-tching-we-tou. Plan mathématique de la partie extérieure de la ville de Sou-Tchou, réduit au quart de la grandeur du n° 378 précédent, par M. Ad. Comte, de Lyon.

Voici la légende explicative qui l'accompagne, traduction de M. Florent, membre de la Société asiatique.

A *Tchang-Men*, porte occidentale ;
B *Su-Men*, autre porte occidentale ;

C Maison-Rouge recouverte en tuiles jaunes, servant de rendez-vous de plaisirs et de lieu de délassement;
D Pont de dix mille ans;
E Résidence du magistrat chargé de la surveillance des subsistances;
F Jardin occidental;
G Pagode du dieu des richesses;
H Tombeau;
J Pagode des ancêtres;
K Tour élevée;
L *Hou-Keou-Shan*, montagne du *Nez du Tigre*;
M Tombeau;
N Pont de *Kao-Pan*;
O Pavillon du sud.

DISTANCES DE TCHANG-MEN A OU-KIOU-SHAN.

		Pou.	Mètres.
1.	De *Tchang-Men* à *Tou-Sin-Kiao*	280	425
2.	De *Tou-Sing-Kiao* à *Shan-Tang-Kiao*	270	410
3.	De *Shan-Tang-Kiao* à *Toung-Kouei-Kiao*	340	517
4.	De *Toung-Kouei-Kiao* à *Sin-Kiao*	620	942
5.	De *Sin-Kiao* à *Pé-Mou-Kiao*	150	228
6.	De *Pé-Mou-Kiao* à *Mao-Kia-Kiao*	190	289
7.	De *Mao-Kia-Kiao* à *Toung-Kiao*	560	851
8.	De *Toung-Kiao* à *Pan-Tang-Kiao*	360	547
9.	De *Pan-Tang Kiao* à *Hi-Hien-Tseu*	590	897
10.	De *Hi-Hien-Tseu* à *Po-Tsi-Kiao*	110	167
11.	De *Po-Tsi-Kiao* à *Ou-Jen-Mou*	270	410
12.	De *Ou-Jen-Mou* à *Tchen-Tcho-Kiao*	640	973
13.	De *Tchen-Tcho-Kiao* à *Teou-Shan-Kiao*	340	517
14.	De *Teou-Shan-Kiao* à *Ou-Kiou-Shan*	570	860
	Total:	5290	8040

DISTANCES DE TCHANG-MEN A FONG-KIAO.

		Pou.	Mètres.
15.	De *Tchang-Men* à *Tou-Sing-Kiao*	280	425
16.	De *Tou-Sing-Kiao* à *Pou-Ngen-Kia*	300	456
17.	De *Pou-Ngen-Kiao* à *Ling-Kia-Kiao*	280	274
18.	De *Ling-Kia-Kiao* à *Hi-Tseu-Hang-Kiao*	230	350
19.	De *Hi-Tseu-Hang-Kiao* à *Shang-Tsin-Kiao*	360	395
20.	De *Shang-Tsin-Kiao* à *Wan-Toi-Kiao*	370	562
21.	De *Wan-Toi-Kiao* à *Toung-King-Kiao*	380	578
22.	De *Toung-King-Kiao* à *Pei-Hien-Kiao*	900	1368
23.	De *Pei-Hien-Kiao* à *Hia-Hing Kiao*	50	76
24.	De *Hia-Hing-Kiao* à *Ma-Pou-Kiao*	650	988
25.	De *Ma-Pou-Kiao* à *Lei-Fong-Kiao*	400	608
26.	De *Lei-Fong-Kiao* à *Ki-Shoui-Kiao*	590	897
27.	De *Ki-Shoui-Kiao* à *Fong-Kiao*	310	471
	Total:	4900	7448

DISTANCES DE LEI-FOUG-KIA A TEOU-SHAN-MEN.

		Pou.	Mètres.
28.	De *Lei-Fong-Kiao* (n° 25) à *Ghi-Kia-Kiao*	970	1474
29.	De *Ghi-Kio-Kiao* à *She-Fong-Tcheou*	760	1855
30.	De *She-Fong-Tcheou* à *Li-Kia-Kiao*.	1200	1824
31.	De *Li-Kia-Kiao* à *Teou-Shan-Kiao*	640	973
	Total :	3570	5426

DISTANCES.

		Pou.	Mètres.
32.	De *Pou-Ngan-Kiao* (16) à *Tsi-Shen-Kiao*	920	1400
33.	De *Tsi-Shen-Kiao* à *Taï-Ping-Kiao*	550	840
34.	De *Taï Ping-Kiao* à *San-Pan-Kiao*.	580	880
35.	De *San-Pan-Kiao* à *Toung-Hoe-Kiao*.	990	1500
36.	De *Toung-Hoe-Kiao* à *Pien-Hi-Kiao*	100	150
	Total :	3140	4770

DISTANCES.

		Pou.	Mètres.
37.	De *Fong-Kiao* à *Tchang-Hi-Kiao*	250	380
38.	De *Tchang-Hi-Kiao* à *Kia-Pou-Kiao*	950	1440
	Total :	1200	1820

381. *Fou-Shio*, palais pour l'examen des lettrés. Visite de M. Hedde, accompagné par le prêtre chinois Sem.

382. Nonnerie où l'on apprend toutes sortes d'arts d'agrément. Description de salles d'études. *Kwan-yn*, sainte-vierge chinoise. Boudoir. Passe-temps de jeunes filles.

383. Hôtel de la Monnaie. Vue de l'atelier où se fondent les *li*, petites pièces de toutenague, et les *saï-ci*, lingots d'argent.

384. *Tsang-ki*, métier à banc pour fabriquer les rubans.

Ce dessin est la représentation exacte du modèle tout monté et de grandeur naturelle, dont la description détaillée sera mentionnée plus loin à l'article spécial, dans la seconde partie du catalogue.

385. *Ké-sz-ki,* métier à espoulins et dans le genre des Gobelins.

Ce dessin a été fait par M. Joanny Maisiat, de Lyon, d'après les renseignements fournis par M. Hedde.

386. Porte et pont de *Tchang*, faubourg ouest, partie la plus riche, la plus animée et la plus commerçante de Sou-Tchou. Pont de dix mille ans.

387. Tour de *Hou-Keou-Shan*, d'où la vue domine d'une part toute la ville et ses faubourgs, et de l'autre les campagnes environnantes à l'ouest, dans la direction du grand lac *Taï-Hou*.

388. Jardin occidental. Grottes. Iles de pierres flottantes. Montagnes artificielles. Arbres nains figurant des pagodes et des animaux. Rochers de marbres et fontaines à dessins fantastiques. Fleurs singulières. Maison de plaisir et de délassement.

Les croquis des trois numéros précédents ont été faits sur les lieux par M. Hedde. Ils seront insérés, ainsi que les précédents croquis, dans la relation qui doit être prochainement publiée.

389. *Y-si-to-he-té-kwan-sou-tchi-tsaou-kou*. Aquarelle représentant la visite de M. Hedde dans un atelier de la grande fabrique impériale du nord, à Sou-Tchou.

Voici les différentes parties de cette brillante composition de M. Nouveaux, peintre du ministère de la marine et des colonies :

A droite, le *tsang-ki*, métier à banc pour fabriquer les rubans ; derrière, un enfant tenant à la main un *niu-kia-taï*, ruban à franges pour attache de pieds de femmes. A gauche, le *yaou-ki*, métier de ceinture, monté par une femme qui tisse du foulard. Sur le dossier on lit le caractère *pi-fou*, c'est-à-dire dossier en peau. Dans le fond de l'appartement le *tchi-ke-sz'-ki*, ou métier propre à fabriquer ces tissus espoulinés à la manière des Gobelins. A côté est M. Hedde, en costume chinois, recevant des explications des surveillants de l'établissement. Sur les murailles et les boiseries des caractères symboliques et des sentences. A droite, le caractère *lao* signifiant « travail » ; à gauche celui de *fou*, « bonheur. » L'enseigne de la boutique *kiao-yun-pao* « enseigne des beaux nuages, tissus damassés à fil de tour » *loung-foung-fou* « des dragons, des phénix et des chauves-souris, rubans à dessins fantastique. *Lo*, nom de famille du chef de l'atelier, *tae-pien-pou*, magasins de rubans, *tchcou-twa-pou*, magasin de soieries. *Hoa-King*, chaîne florissante, nom de boutique. Des tableaux avec des noms de fleurs décorent l'appartement *kien-hwa*, chrysenthame *mei-hwa* abricotier, *lien-hwa* nénuphar, *hong-hwa* carthame, etc., etc., enfin le millésime *y-sz'* 1845 est l'année où a eu lieu cette visite mémorable.

390. Points de vue du département de Sou-Tchou.

1er TABLEAU.

1er Dessin. — Les sons de la flûte sur les bords de la rivière *Tsang-Lang*.

Les *mei* (premiers hommes) de *Kou-Sou*, ont une origine très-reculée. Les étoiles paraissent et brillent malgré la clarté de la lune. Ce coin de la rivière *Tsang-Lang*, pendant mille automnes, sera toujours naturellement pur.

2e Dessin. — Les deux tours de *Hoei-Ting* pénétrant jusqu'au sein des mers.

Quand on cherche des lieux mystérieux et pittoresques, les routes s'éloignent et les eaux se montrent. Au couvent célèbre appelé *Hoei-Ting*, s'élève, depuis longues années, un temple boudhique ; ses deux tours sont droites comme deux hauts bambous. C'est dans le pays de *Ou* l'édifice que célèbrent le plus les lettrés.

3e Dessin. — Collége de la ville départementale de *Kou-Sou*.

Les empereurs et les rois révèrent le très-saint homme (Confucius). Ici, pour mille automnes, l'étude est à sa source. L'enceinte de ce palais a 10,000 *jin* de hauteur ; il y règne un calme pur, et rarement on y entend des cris bruyants.

391. 2e TABLEAU.

4e Dessin. — Les barrières du rivage s'ouvrent le matin.

Les portes, rigoureusement fermées, ne sont pas encore ouvertes ; les marchands et les étrangers sont tous dans l'attente. Les rayons rouges du soleil commencent à paraître et les bateaux arrivent de toutes parts (1).

(1) Les textes ont été traduits par M. Stanislas Julien, membre de l'Institut. On y a fait quelques changements indispensables et l'on a supprimé le reste, qui est de même genre et ne peut être guère compris que des personnes habituées au style des poëtes chinois.

5e Dessin. — Retraite au pied des rochers. Pins et saules, *ko-shang-sz-tien*.

6e Dessin. — Porte de forteresse. Bac de passage pour les voyageurs.

392. 3e TABLEAU.

7e Dessin. — Pont à escaliers, donnant entrée dans un temple. Ile au milieu de la rivière.

8e Dessin. — Retraite au milieu des rochers. Bonzes se faisant porter dans des chaises.

9e Dessin. — Marche de nuit. Voyageurs portés sur des mules et gravissant le sentier escarpé et couvert de neige qui conduit à la pagode.

393. 4e TABLEAU.

10e Dessin. — Contrée submergée par les eaux. La pagode est élevée au-dessus du danger.

11e Dessin. — Retraite au milieu des rochers fantastiques et au bord des eaux.

12e Dessin. —Tour au milieu des sapins et sur le bord des eaux.

394. 5e TABLEAU.

13e Dessin. — Pavillon au milieu des eaux et au pied des montagnes.

14e Dessin. — Pagode sur la montagne. Pins, tuyas, etc.

15e Dessin. — Rivière. Bateaux. Port.

395. 6e TABLEAU.

16e Dessin. — Pagode aux deux ponts cintrés. Monument sur le bord de l'eau.

17e Dessin. — Pagode et tour à cinq étages. Pins et cyprès.

18e Dessin. — Entrée de la forteresse. Les bateaux viennent apporter des provisions.

396. Charrue du *Kiang-Sou.*

Elle se compose :

1° D'un soc en bois creusé, en forme de huit alongé ;

2° D'un fer de lance légèrement incliné et posé sur l'extrémité du soc ;

3° D'un versoir fixé d'une part sur le fer de lance, et, de l'autre, sur la partie supérieure de la moitié du soc ;

4° D'un manche fixé sur deux goupilles en bois dans l'ouverture d'une partie du huit :

5° D'une cheville placée à la moitié du manche et servant à faciliter le maniement de la charrue ;

6° D'une haie ou flèche, fixée au milieu du manche sur une goupille en bois ;

7° D'un support de la haie ;

8° D'un palonier ou attelage garni de ses cordes.

Ce modèle en bois, d'un vingtième de grandeur naturelle, a été fait par M. Mignot de St-Etienne, d'après les matériaux rapportés par M. Hedde.

Renvoi aux modèles précédents, planches 1 et 2 du n° 141 et n°s 300 et 340, ainsi qu'aux n^os^ spéciaux, outils d'agriculture.

397. Tableaux gravés sur pierre, représentant un épisode du règne de l'empereur *Taou-Kwang*, l'insurrection de Jeanghir, prince tartare, prétendant être l'un des descendants de Gengis-Kan.

1er tableau, bataille de Kompashio ;
2e » baitaille de Hogapata (*wa pa tih*) ;
3e » combat de *Yang-hol-pa-ta* ;
4e » combat de *Holping* ;
5e » bataille de Sha Kang ;
6e » bataille de Sha pon tour ;
7e » siége de Yun ki shan ;
8e » prise de Jeanghir ;
9e » grand banquet impérial ;
10e » supplice de Jeanghir.

Ces curieuses gravures sur pierre, rapportées de Sou-Tchou par M. Hedde, font actuellement partie de la collection particulière de S. A. R. Mgr le comte de Paris.

Pour les renseignements concernant cet épisode intéressant de l'histoire contemporaine de la Chine, voir le *Chinese repository*, vol. IV, V et IX, la *Chrestomathie chinoise* de Bridgman, page 424, ainsi que l'ouvrage de Davis, sur les Chinois, t. 1er.

398. Vue du grand canal impérial.

Ce travail, une des plus gigantesques créations de la main de l'homme, prend naissance à *Hang-tchou* et entre dans le département de *Kia-shing*. A partir de *Siou-shoni* il passe au sud du district de *Shin-tse'* dans le village de Ping-Wang et s'appelle *Han-tang-ho*, ainsi que *Shang-tang-ho*. Il mêle ses eaux à celles de la rivière *Ti-tang-ho* et prend le nom de *Kwang-tang-ho*. Il coule au nord-est et arrive à l'est de la ville du district de *Wou-Kiang*. Il s'appelle alors *Pe-tang-ho*, ou *Kou-tang-ho*. Delà il arrive à *Kia-pou* et entre dans les limites du district de *Tchang-tchio*. Plus loin, au nord-ouest, il passe dans les frontières du district de *Wou-hien* et forme le *Siu-Kiang*, ou canal du midi. C'est sous ce nom, ainsi que sous celui de *Su-su-Kiang*, qu'il longe toute la partie des remparts de Sou-Tchou, après avoir parcouru un espace de 200 li environ au milieu de contrées principalement remarquables par la production des soies.

De *Sou-Tchou* le grand canal passe à *Tchang-tchou* sous le nom *Yun-liang-ho*, rivière pour le transport de subsistances, puis à *Tching-kiang*, où il communique avec le *Yang-tse'-Kiang* (ailleurs fleuve bleu), à quelques milles au-dessous de Nanking.

Plus loin, vers le nord, il traverse le *Hwang-ho*, fleuve jaune, et se dirige à travers les limites de la province du *Kiang-Sou*, pour entrer dans celle du *Shang-tong* qu'il abandonne après avoir passé *Lin-tching*. Il parcourt alors la province du Tchili sous le nom de *Yu-ho* (fleuve impérial) et arrive à *Tien-tsin*, port situé à l'embouchure du *Pé-ho*, rivière qui conduit à Pékin.

C'est ainsi que le grand canal impérial traverse la partie la plus riche et la plus populeuse de la Chine dans un parcours total de plus de 2000 *li*.

399. Grand lac, ou Taï-Hou.

Ce grand lac est à environ 40 li, vingt kilomètres de distance à l'ouest de Sou-Tchou. Sa superficie est de 36,000 king, environ 2,210 kilomètes carrés. Il possède 72 montagnes, ou îles qui sont des rendez-vous de plaisirs et des habitations de plaisance des négociants aisés de cette ville. Ce lac contourne trois départements savoir : Sou-Tchou, Hou-Tchou et Hang-Tchou.

Les dessins et renseignements relatifs à ces deux derniers numéros sont extraits de la description de Sou-Tchou dont M. Hedde doit la communication et la traduction à l'obligeance de M. Stanislas Julien, membre de l'Institut.

400. Magnanerie de *Wou-Kiang*. Pépinière de mûriers *king*, prairies de mûriers *lou*, étagères, corbeilles, tour perfectionné pour le filage des soies, etc.

Croquis de M. Hedde, pris sur les lieux. Pour les autres renseignements déjà publiés et concernant le voyage de M. Hedde à Sou-Tchou, renvoi au *Chinese repository*. vol. XIV, page 584 et suivantes de l'année 1845.

401. Sou-Tchou-Fou-Tou. Carte du département de Sou-Tchou.

Ce département est presque un quadrilatère d'environ 150 li de côté. Il s'étend au midi le long du grand canal jusqu'au département de Kia-Shing, de la province du Tché-Kiang. Ses limites à l'est sont les départements de Taï-tsang et Song-Kiang, et celles au nord et à l'ouest le département de Tchang-Tchou. Sa superficie représente plus de 7000 kilomètres carrés. Il contient dix districts dont deux principalement producteurs de soie, Tchin-Tsé et Wou-Kiang, parties les plus riches de la province et par conséquent de toute la Chine.

402 * Plan du Kiang-Sou.

Cette province est une des deux divisions de la grande circonscription, dite le Kiang-Nam, dont NanKing est le chef-lieu. Elle comprend une superficie de 101,198 kilomètres carrés, avec une population totale de 37;843,501 habitants et spécifique de 340 habitants par kilomètre carré, c'est-à-dire plus de cinq fois celle de la France. C'est la province la plus riche et la plus agréable de tout l'empire chinois.

Ce plan, très-curieux et très-détaillé, avait été fait pour les opérations de la guerre contre les Anglais en 1842. Il a été obtenu par les soins du docteur Lockhart, et rapporté par M. Hedde. Il est déposé au ministère du Commerce.

TCHOU-SHAN (CHUSAN).

(Voyage, 3 octobre 1845).

403. Marine. La *Cléopâtre*, frégate de 50 canons, commandée par M. le contre-amiral Cécile, et portant la légation de France en Chine, au mouillage entre l'île du Thé et celle de la Cloche.

404. Plan du *Taou-Tou*, cantonnement anglais de 1842 à 1846. 1. Caserne du 98me régiment anglais. 2. *Tong-Tong-Pou*, quartier chinois. 3. Maison habitée par M. de Lagrenée, pendant le séjour de la légation française à Chusan.

405. Plan de *Ting-Haï*, réduction 1/10 000me. Latitude nord 30°, longitude est, 119° 41'.

Cette ville principale de l'île Chusan est le chef-lieu d'un district du département de *Ning-po*, province du *Tche-Kiang*. Ses murailles ont environ 10 li de circonférence, soit environ 5 kilomètres. On y compte 2000 à 3000 maisons. Sa population était, avant l'arrivée des Anglais, de plus de 5000 familles. Elle n'était plus que de moitié en 1845, beaucoup d'habitants aisés s'étant retirés sur le continent. Cette ville est à environ 2 kilomètres de la rade. Voici quelques-uns des principaux points :

A *Kouei-sin-ko*, pagode à deux étages;

B *Fang-pi-Fong*, monument pyramidal, en granit, élevé depuis deux siècles, à la mémoire d'un magistrat bienfaiteur du pays.

C Colline Caméronienne, sur laquelle était campé, en 1842, le 26e régiment écossais qui y perdit 500 hommes, en quelques jours, par suite des maladies.

D Pagode transformée en théâtre. C'est là qu'en 1845 la légation française assista à une représentation donnée par les soldats du 98e régiment anglais. La pièce jouée était *La Rose de la vallée d'Ettricht*.

E Pagode du dieu des cités, remarquable par ses idoles gigantesques. Le dieu *Boudha* sur un lotus et *Kwan-Yn* ou la déesse de miséricorde, à cheval sur un dauphin au milieu d'une tempête, sont des pièces remarquables. Ce temple servait, en 1845, de caserne aux cipayes du 42e régiment de Madras.

406. Carte de *Tchou-Shan* (Chusan).

C'est l'île la plus grande de tout l'Archipel qui porte ce nom; sa circonférence est de 82 1/2 kilomètres; sa plus grande largeur est de 16 kilomètres, et sa plus petite de 10 environ. On y compte 47,000 maisons qui, à 7 1/2 personnes chaque, représentent plus de 300,000 habitants, répartis dans 18 *tchwang*, ou cantons. Deux ports excellents, outre celui de Chusan proprement dit, et appelés *Sin-Koug* et *Shin-kia-men*, facilitent le commerce des jonques, marchandes du pays.

407. Catalogue des plantes de Chusan en état de floraison en juillet, août et septembre, d'après la notice du D. Cantor, chirurgien au 26me régiment anglais, insérée dans le *Chinese Repository*, vol. 1er, page 437. Le plus grand nombre de ces plantes n'a pas été parfaitement vérifié.

408. Description de quelques plantes de Chusan, d'après M. Fortune, jardinier voyageur anglais.

1. Urticée à la fois sauvage et cultivée qui fournit des filaments propres à faire des cordes et des tissuss. Voir le n° 410 suivant.

2. Palmier (latanier ?) dont les habitants de la campagne emploient les feuilles à la confection de certains chapeaux (voir le n° 52 précédent) et vêtements pour se garantir de la pluie.

3. *Brassica sinensis*, choux dont on extrait de l'huile.

4. *Glycine sinensis*, belle liane qui se montre sur les buissons et les arbres.

5. *Ficus nitida*, espèce de Banyan qui environne les tours et les pagodes.

6. Arbre à cire, *stilingia-sebifera*, qui se distingue par son feuillage vert et rouge et dont les fruits à trois balles rondes fournissent cette cire végétale dont on fait tant d'usage en Chine.

7. Diverses variétés d'*Azéalea* qui croissent sur le penchant des collines.

8. Le camphrier, *laurus camphora*, espèce entièrement différente du camphrier de la Malaisie qui est le *Dryobalanops camphora*.

9. Thé verd, *Thea viridis*, dont la même variété produit dans le Fokien le thé noir. La différence de couleur ne provenant, dit-on, que de la préparation.

10. *Cuninghania sinensis*, espèce de pin.

11. Cyprés.

12. Genevrier, ces trois arbres employés à produire des arbres nains.

13. Arbousier, *hiang-mei*, fruit d'un arbre dont la couleur et le goût tiennent de la fraise.

14. Citroniers à fruits nains *Kum-Kwat*, dont à Canton on fait d'excellentes conserves.

Dans cette rapide nomenclature ne sont pas compris les *longan* et *li tchi* (dimocarpus) les saules et les diverses variétés de bambous jaunes et noirs, qui sont les arbres les plus communs de la contrée. Il serait bien à désirer qu'un botaniste s'occupât enfin de faire une nomenclature des principaux végétaux de la Chine. Il n'y a aucune contrée qui offre si largement tant de matériaux nouveaux à l'étude et à la science.

409. Mûrier de Ting-Haï, dessin de Ta-Nien.

Cette variété, qui vient à l'état d'arbre, porte le nom de *king*. Sa feuille en fer de lance est large et épaisse, dentée en forme de scie, et ne porte jamais de lobes ou d'échancrures que l'on rencontre dans les autres variétés. Desséchée, la surface est lisse et sa couleur est un verd foncé, à aspect métallique. Le revers est d'une couleur verdâtre, beaucoup plus claire et d'une surface légèrement raboteuse. Son fruit est rond, un peu oblong. La couleur, suivant l'âge, varie du rose clair au violacé noirâtre. La feuille est excellente pour les vers à soie. C'est le mûrier le plus commun de la province du *Tché-Kiang*.

410. Plante de *ma* (*urtica nivea*), dessin de *Ta-Nien*.

Cette plante intéressante n'avait pas été signalée avant le voyage de la délégation commerciale en Chine, cependant, depuis une extrémité de cette contrée à l'autre, elle fournit à l'industrie les plus précieux filaments. Elle s'élève à la hauteur de un à deux mètres et se distingue facilement à Chusan, soit à l'état sauvage, soit à l'état cultivé, à ses rameaux droits que le vent agite et balance gracieusement, laissant apercevoir d'un côté un verd bouteille très-foncé, et de l'autre un duvet d'argent métallique.

411. Plan de Pou-Tou, île de l'archipel de Chusan, célèbre par ses temples boudhiques, où l'on compte plus de 1,200 moines voués au célibat.

Il n'est pas permis aux femmes de pénétrer dans cet asile, dont les règlements et la conduite ont beaucoup de rapport avec nos frères de la Trappe. Mme de Lagrenée est la première européenne qui ait enfreint cette coutume.

412. *Némésis*, bateau à vapeur anglais qui a porté la légation française de Chusan à Shang-Haï, et *vice versa*. Vue prise au cap de Bonne-Espérance pendant une tempête qui mit ce navire en danger.

413. Noria, machine employée pour l'irrigation des risières.

Cet appareil est formé d'une chaîne continue de pallettes qui agissent dans un conduit en bois. Il est mis en mouvement par une ou deux manivelles tournées par des hommes ou par un manége de buffle.

Voici les dimensions de cet appareil, mu par deux hommes :

Mètres 3 longueur totale,
0, 80, hauteur,
0, 40, largeur du chenal,
0, 20, hauteur dudit
0, 20, distance des palettes,
0, 20, diamètre du moyeu.

On sait qu'une pompe moyenne de 42 millimètres de diamètre donne, à 6 mètres de profondeur, 1 litre par seconde, soit mètres cubes, 28 8/10mes dans une journée de 8 heures. On a calculé que la machine chinoise, mue par deux individus, ne donnerait pas plus de 11 à 12 mètres cubes d'eau dans le même temps ; mais on fait observer avec raison qu'elle peut recevoir des perfectionnements et a, même dans l'état, une application immédiate pour certaine circonstance, telle que le dessèchement des marais, où l'on est obligé d'employer la machine à draguer.

Ce modèle, au 10e de grandeur naturelle, a été confectionné par les soins de M. Atkinson, lieutenant au 42e régiment de Madras, en garnison à Ting-haï.

HIANG-KIANG (HONG-KONG).

414. Vue de Victoria, ville principale de *Hong-Kong*. Latitude nord 22° 16' 20", longitude est 111° 50' 24".

Cette ville est le siége du gouvernement britannique en Chine. C'est une des villes les plus extraordinaires qui aient été élevés. Qu'on se figure la pente escarpée d'une montagne abrupte, entrecoupée de quelques ravins. Çà et là quelques blocs de granit noircis par les eaux et au bas desquels les flots viennent se briser. C'est là, sur un espace d'environ cinq kilomètres de longueur, que la persévérance britannique, malgré des chaleurs atroces et des fièvres continues, a improvisé en deux ou trois ans une ville contenant plus de 2000 maisons, où l'on trouve une rue qui ne le cède en rien aux plus belles de Paris et de Londres. C'est la ville de compte du commerce anglais. Sa population est estimée à 25,000 habitants, dont 20,000 sont Chinois.

415. Tableau de la navigation et du commerce d'importation et d'exportation de Hong-Kong en 1844 et 1845. Renseignements remis par M. Ch. Gutzlaff.

416. Carte de *Hong-Kong*.

Cette île faisait partie du district de *Sin-an*, de la province du Kwang-toung. Elle fut militairement occupée, en 1841, par les Anglais, et elle leur fut définitivement cédée l'année suivante par le gouvernement chinois. Sa circonférence est estimée à 45 kilomètres; sa plus grande étendue de l'est à l'ouest étant de 14 kilomètres 1/2. Sa population, à part celle de Victoria, se compose seulement de misérables pêcheurs.

417. Tableau indiquant l'étendue des dix-huit provinces de la Chine proprement dite, la population, les terres labourables et revenus jusqu'à la fin de 1844, non compris la Tartarie, les provinces tributaires et les colonies.

Superficie de 18 provinces	5,361,040 kilomètres carrés.
Population	367,032,907 individus.
Revenus impériaux sur le territoire	242,912,184 francs.

Revenus des 18 provinces. . . . . . . 280,144,408 francs.
Autres droits impériaux en argent et en nature. 44,554,632 id.

Ce tableau, extrêmement détaillé, est dû à l'obligeance de M. Ch. Gutzlaff, secrétaire du gouvernement britannique de Hong-Kong.

418. Nomenclature des plantes de Hong-Kong, indiquées par M. Fortune, jardinier voyageur anglais.

1. *Pinus Sinensis*, espèce de sapin qui végète assez misérablement sur les collines escarpées. On le trouve sur toute la côte de Chine.

2. *Lagerstrœmia*, deux ou trois variétés à fleurs rouges, blanches et pourpres qui végètent dans les bas fonds ;

3. *Ixora Coccinea*, dont les fleurs écarlates se montrent à profusion dans les fentes de rochers ;

4. *Chirita Sinensis*, plantes à fleurs veloutées, d'un beau lilas ;

5. *Azalea*, différentes espèces qui couvrent les coteaux au-dessus d'environ 300 mètres du niveau de la mer ;

6. *Polyspora axillaris* ;

7. *Enkianthus reticulatus*, une des plus belles plantes de Chine ;

8. *Arundina-sinensis* ;

9. *Spathoglitis* fortunit ;

10. *Mangifera*, manquier très-rare ;

11. *Wang-pi* (Cookia punctata) ;

12. *Pumeloes* (citron) ;

13. Oranges de différentes espèces. Les oranges appelées *mandarines* et *coulis* sont réputés les meilleures variétés.

419. Catalogue de toutes les plantes, jusqu'ici connues, de la Chine, indiquant les noms indigènes, d'après le *Pan-Tsao*, le *Sam-Tsai*, le *Eul-Ya* et autres ouvrages spéciaux, ainsi que les termes botaniques, d'après les ouvrages de Loureiro, Bridgman, Morrison, Medhurt et Wells Willams, et les notices de Dr Abel, Dr Cantor et M. Fortune.

ROCHEFORT.

(Retour, 14 mai 1846).

420. Marine. *Alcmène*, corvette de 24 canons, commandée par le capitaine de vaisseau Fornier-Duplan, et ramenant en France les malades de la station française en Chine et les délégués commerciaux.

Ce dessin, fait par M. Trouilleux de St-Etienne, sur un croquis de M. Massiot, élève de marine, représente la grosse mer sur la côte de Saintonge, au moment où l'on hisse à bord un pilote dont le bateau n'a pu accoster le navire.

PARIS.

(Septembre 1846).

421. Vue de l'Exposition générale des produits rapportés par les délégués commerciaux attachés à la mission de Chine, insérée dans l'*Illustration* du 26 août 1846.

Ces délégués étaient MM. Natalis Rondot, pour les laines et vins; Auguste Haussman, pour les cotons; Edouard Renard, pour les articles divers de l'industrie de Paris, houilles, armes et quincaillerie; Isidore Hedde, pour les soies.

Les détails relatifs à cette exposition ont été insérés dans la plupart des journaux quotidiens de la capitale, de juillet à octobre 1846. On doit consulter, à cet égard, les différentes revues périodiques, notamment le *Journal des Economistes*, du mois d'août 1846; celui d'*Agriculture-pratique*, de juillet et août de la même année; les *Annales des Sociétés séricicoles et de Géographie*, dont la dernière principalement a inséré un rapport spécial sur cette exposition. M. Berthelot, au nom de la commission du prix d'Orléans, en a donné lecture, en séance générale, à la suite de laquelle une médaille a été décernée à chacun des quatre délégués commerciaux, sur le prix fondé par S. A. R. Mgr le duc d'Orléans.

Ce dessin sur bois est de M. Ed. Renard, de Paris.

LYON.

(13 juillet 1847).

422. Exposition des produits de l'Inde et de la Chine, rapportés par M. Isidore Hedde, délégué du ministère de l'agriculture et du commerce, de 1843 à 1846, faite par la Chambre de commerce de Lyon.

Ces produits étaient distribués sur les parois de la grande salle, *dite de Minéralogie*, au Palais des Arts et du Commerce. Ils occupaient les six travées transversales et la grande galerie parallèle à la rue Saint-Pierre, dans un espace de 35 mètres de longueur sur 10 de largeur. On a calculé que cette longueur et cette largeur, combinées avec la hauteur du plafond, ne faisaient pas moins de 500 mètres carrés de surface, tapissés par plus de 10,000 objets groupés dans 2,033 numéros.

Voici les divisions de cette exposition :

1re travée, sciences naturelles, mûrier, etc. ;
2e « soies écrues, fils divers, etc. ;
3e « métiers, ustensiles et outils, etc. ;
4e « plans et cartes, etc. ;
5e « dessins, etc. ;
6e « costumes et vêtements, etc. ;
Grande galerie des tissus, etc.

Voir la description détaillée, faite par M. *** (*Casanova*), dans le *Courrier de Lyon* des 28 juillet, 5, 12, 25, 29 août et 18 septembre 1847.

Ce plan est dû à M. Monnot fils, de Lyon.

SAINT-ÉTIENNE.

(1er mars 1848).

423. Exposition des produits de l'Inde et de la Chine, recueillis par M. Hedde pendant le cours de ses voyages, faite par la Chambre de commerce de

Saint-Étienne, aux frais de l'administration municipale de la même ville.

Ce plan se divise en 28 parties, savoir :

1° Les deux grandes parois est et ouest tapissées de dessins ;

2° Les dix arceaux, ou portes et croisées garnies de tissus, de vêtements et de tapis ;

3° Les huit piliers d'arcades, ou petits placards garnis de tissus et broderies ;

4° Les trois casiers couverts d'objets divers et garnis à l'intérieur de soies et de dessins expliquant l'industrie serigène de la Chine ;

5° Les deux tables couvertes de livres et de métiers;

6° Les deux statues chinoises habillées ;

7° Le plafond tendu de tissus.

On a calculé que les objets exposés à St-Etienne, malgré l'exiguité de la salle, présentent autant de surface occupée que dans le vaste local de Lyon, c'est-à-dire 500 mètres carrés (renvoi à la légende). Mais on doit faire observer que dans l'estimation de la superficie des parois de la salle de minéralogie, au Palais St-Pierre, on n'avait pas tenu compte du contour des nombreux casiers qu'elle contenait, tandis que la surface de ceux de St-Etienne a été comptée.

Ce plan est dû à M. Coussin, conservateur du Musée à St-Etienne.

424. Vues diverses de l'exposition de St-Etienne, daguéréotipées par M. ***, dessinateur de la fabrique de rubans de cette ville.

1° Vue prise du nord;
2° » du sud ;
3° » de l'est ;
4° » de l'ouest.

FIN DE LA PREMIÈRE PARTIE.

CHAMBRE DE COMMERCE DE SAINT-ÉTIENNE.

CATALOGUE

DES

PRODUITS DE L'INDUSTRIE SÉRIGÈNE

DE LA CHINE.

萬絲華物解

EXPOSITION

DES PRODUITS

DE L'INDUSTRIE SÉRIGÈNE

EN CHINE,

Recueillis par M. Isidore HEDDE,

DÉLÉGUÉ DU MINISTÈRE DE L'AGRICULTURE ET DU COMMERCE, DE 1843 A 1846,

FAITE PAR LA CHAMBRE DE COMMERCE,

AUX FRAIS DE L'ADMINISTRATION MUNICIPALE DE SAINT-ÉTIENNE.

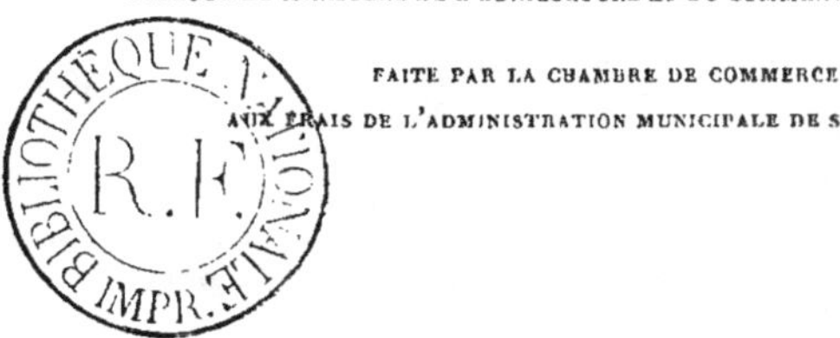

SAINT-ÉTIENNE,

IMPRIMERIE DE THÉOLIER AINÉ.

1848.

1850

La soie a fait, depuis plus de quatre mille ans, la richesse de la Chine; elle offre donc un vaste champ à l'observation et à l'étude.

OBSERVATIONS PRÉLIMINAIRES.

Dans la première partie de ce Catalogue, on a mentionné les articles particuliers aux contrées successivement parcourues par M. Hedde. Dans cette deuxième partie, on désignera les objets exclusivement relatifs à la production et à la fabrication de la soie en Chine.

Ces articles formeront quatre grandes catégories : la production de la soie, la teinture, les appareils de fabrication et la description des tissus. Ils seront, en outre, classés autant que possible dans l'ordre suivant :

1. Graines de mûriers.
2. Mûriers sauvages et cultivés.
3. Instruments propres à la culture.
4. Graines de vers à soie.
5. Vers à soie.
6. Cocons.

7. Chrysalides.
8. Papillons.
9. Appareils employés à l'éducation des vers à soie.
10. Filature.
11. Soies grèges.
12. Soies ouvrées.
13. Appareils pour le moulinage et l'ouvraison.
14. Soies teintes.
15. Teinture chinoise.
16. Essais comparatifs de teinture.
17. Dévidage.
18. Ourdissage.
19. Cannetage.
20. Appareils et métiers employés dans la fabrication des tissus unis et façonnés de soie en Chine.
21. Tissus unis et façonnés dans l'ordre suivant :
    1. Foulards écrus.
    2. Foulards teints.
    3. Taffetas.
    4. Popeline coton, popeline laine.
    5. Gros de Naples.
    6. Sergés.
    7. Satin cinq lisses et satin huit lisses.
    8. Damas cinq lisses et damas huit lisses.
    9. Lampas.
    10. Drap d'or uni et façonné.
    11. Velours uni, façonné, deux corps et sans pareil.
    12. Crèpe de Chine et du Japon uni et façonné.
    13. Gazes et étoffes damassées à fil de tour.
    14. Impressions et peintures sur tissus de Chine et du Japon.
    15. Étoffes lancées et brochées à plusieurs navettes.
    16. Tissus comparatifs.
    17. Tissus de soie avec applications.
    18. Broderies.

22. Dessins, mise en carte.
23. Rubans, lacets, passementerie.
24. Collection de tous les tissus de Chine et du Japon.
25. Apprêt des chaînes et tissus de soie.
26. Pliage.
27. Vêtements de soie.
28. Emballage.
29. Vente.
30. Récapitulation, dessins expliquant l'industrie entière de la soie en Chine.

Les observations qui accompagneront ces articles ont été extraites, en partie, des rapports adressés par M. Hedde à M. le ministre du commerce; elles serviront de préliminaires au travail complet accompagné de dessins que ce délégué prépare sur l'industrie de la soie en Chine.

絲 物

CATALOGUE

DES

PRODUITS DE L'INDUSTRIE SÉRIGÈNE EN CHINE.

DEUXIÈME PARTIE.

PRODUCTION DE LA SOIE.

425. *Sang-tchong*, graines de mûrier :

1. De Macao, procurées par M. Rodriguès, interprète du consulat hollandais;

2. De Shun-Te, procurées par Lun-Fong, commissionnaire chinois, à Canton;

3. De Canton, procurées par Ha-Tchun, gardien du jardin américain de Canton;

4. D'Amoy, procurées par le Révérend M. Pohleman, missionnaire américain;

5. De Tchang-Tchou, procurées par *Lo-Kaï*, gouverneur de cette ville;

6. De *Tchio-Bay*, procurées par Ly, administrateur de cette ville;

7. De Ning-Po, procurées par le regrettable M. Thom, ancien consul anglais de cette ville;

8. De Chusan, procurées par le prêtre catholique chinois *Tchou*;

9. De Wan-Dam, procurées par le P. Bruyère, de Tence, directeur du séminaire catholique chinois du Kiang-Sou;

10. De Sou-Tchou, procurées par le prêtre catholique chinois *Tchen*;

11. De Shang-Haï, procurées par M. Hering Ton, associé de M. Voolcott, consul américain dans cette ville.

On obtient facilement ces graines au prix de 1 à 2 dollars, le catti, dans le nord, et de 3 à 4 dollars, le catti, à Canton et Macao. M. Hedde a eu soin de joindre de ces graines à chaque caisse et à chaque envoi qu'il a fait en France. Il en a également distribué lui-même, dès son arrivée, aux principales Sociétés du royaume.

Voici différentes indications à cet égard :

La graine nouvelle est la meilleure; l'ancienne réussit rarement. Les semis doivent être généralement abrités du midi. Dans certaines localités on les fait tremper, pendant un jour, dans un lait de cendres de branches de mûrier, puis on les lave, on en sépare celles qui ne sont pas saines et qui surnagent, on les fait sécher au soleil avant de les semer.

Dans le *Kiang-Sou* et le *Tché-Kiang* les semis ont lieu au printemps; mais dans le *Kwang-Toung* et le *Fo-Kien*, où l'on fait peu de semis, les plantations ont lieu par boutures.

L'ouvrage intitulé *Tsi-Min-Yao-Shou*, recommande, pour avoir de bonnes graines, de ne prendre que le milieu de la mûre noire. Le *Wou-Pen-Sin-Shou* indique, pour avoir de bons semis, une méthode qui, à peu près, est connue en Europe : On fait tremper, dans l'eau de riz, les deux bouts d'une grosse corde de paille, dans l'intérieur desquels on insère une dizaine de graines de mûres, et on la couche dans le sillon d'un carré de millet. On la recouvre ensuite d'une légère couche de terre que l'on a soin d'arroser en cas de sécheresse. Vers le mois de novembre, on coupe millets et mûriers que l'on brûle sur place, et l'on en recouvre la cendre avec du fumier pour donner aux plantes la chaleur nécessaire pendant l'hiver. Au printemps, on enlève le fumier pour laisser à la plante l'air et le jour qui lui sont nécessaires.

Cette méthode est pratiquée dans le nord de la Chine.

Arbres dont les feuilles servent à l'alimentation des vers à soie.

426. Hwa-tsiao, en japonais *fjusansio*, est ce que nous appelons le fagarier du Japon, *fagara horrida* de Thumbert.

On présume que l'arbre tché, si renommé pour la nourriture des vers à soie jaunes, est une variété du fagarier.

Ce dessin est de M. Grobon, de Lyon, d'après une esquisse prise sur la flore japonaise donnée, en 1787, à un anglais par le médecin de l'Empereur à Jeddo. Communication officieuse de M. Desnoyers, bibliothécaire du Jardin-des-Plantes à Paris.

WOU-KIOU.

427. Le *Wou-kiou*, qui nourrit les *tien-tsan*, ou vers sauvages de *Lo-Fao* dans la province de Canton,

est un arbre dont les feuilles produisent, d'après Medhurst, une teinture noire. Ses feuilles expriment une huile excellente à brûler, qui a, en outre, la propriété de teindre les cheveux gris en noir.

YANG-TAO.

428. Le *Yang-tao* est une espèce de peuplier qui se trouve dans les mêmes contrées que le précédent. Voir le n° 434 suivant.

M. Hedde avait rapporté en France un plant du *wou-kiou* et un plant de *yang-tao*. Ces deux arbres ont péri dans le trajet de Rochefort à Paris.

Il ne faut pas confondre le *wou-kiou* avec le *wo-kiu* que Rémusat et Mudhurst identifient à la chicorée ou laitue sauvage, et qui, d'après les notes de M. Biot, serait ainsi que la plante *fan* favorables à l'alimentation des vers à soie. Il doit cependant y avoir, en Chine, comme chez nous, des plantes qui peuvent suppléer au défaut des mûriers. On peut voir à ce sujet les notices sur les expériences de M. Mathieu Bonafous à l'égard de *Maclura-Aurantiaca*.

HIANG-TCHUN.

429. Le *hiang-tchun* est, suivant le P. d'Incarville, le frêne odorant qui sert à la nourriture des vers sauvages de la province du *Shan-Tong*. Le dessin représente une tige avec ses boutons, des feuilles, des fleurs et des graines.

TCHEOU-TCHUN.

430. Le *tchou-tchun* est, d'après la même autorité précédente, le frêne puant, qui sert également à la nourriture des vers sauvages du nord de la Chine. Le dessin représente une tige avec ses feuilles et ses fleurs.

HOU-TSIAO.

431. Le *hou-tsiao* ou fagarier, est probablement le même que celui désigné dans la flore japonaise, sous le nom de *hwa-tsiao*, n° 426 ; il est facile de le reconnaître à la forme des feuilles et des fruits. La différence de nom vient probablement d'une faute de prononciation ou d'orthographe.

432. Fagarier chargé de ses fruits.

Ce dessin, comme les trois précédents, est extrait des manuscrits de la Bibliothèque royale, remis par le P. d'Incarville.

TCHÉ-SHOU.

433. Le *tché-shou*, ou arbre *tché*, est très-renommé en Chine pour la nourriture des vers dits campagnards. C'est un petit arbre à feuilles petites, âpres au toucher et de figure ronde qui se termine en pointe ; les branches sont épineuses, ce qui lui a fait donner quelquefois le nom de *tze-sang*, mûrier à épines. Le fruit appelé *kia* ressemble au *poivre*.

Les feuilles de l'arbre *tché* naissent alternes et nombreuses. La tige est élancée est droite. Les feuilles sont épaisses. Il faut laisser un intervalle d'un an pour la cueillette des feuilles, autrement elles auraient des propriétés nuisibles pour les vers.

L'arbre *tché* croît partout dans le nord. Son bois est dur et solide. Son écorce est couverte de raies fines, serrées et qui portent un grand nombre d'épines blanches. Les feuilles ressemblent à celles du mûrier, mais elles sont plus petites et plus minces. Leur couleur est d'un jaune pâle, l'extrémité est triangulaire. Elles sont excellentes pour la nourriture des vers à soie. Il y a une variété d'arbre *tché* qui s'appelle *nou-tché*.

Ces dernières notes et le dessin, extraits de l'*Encyclopédie impériale d'Agriculture chinoise*, sont dûs à l'obligeance de M. Stanislas Julien, membre de l'Institut.

M. Hedde avait rapporté en France un plant d'arbre *tché* qui lui avait été procuré par M. Danicour, missionnaire à Chusan; il a péri avec beaucoup d'autres plantes intéressantes dans le trajet de Rochefort à Paris.

On donne le même nom de *tché* à un véritable mûrier qui ne porte pas de fruits. C'est le *nan-sang* ou mûrier mâle. Ses feuilles sont excellentes pour la nourriture des vers à soie domestiques.

Renvoi au Mémoire du P. d'Entrecolle, rapporté par Duhalde.

434 * Mûriers sauvages.

On appelle, suivant les localités, *yé-sang*, *yen-sang*, *neou-pi-sang*, et *shan-sang*, tous mûriers produits de graines.

Cependant on donne quelquefois ces noms à d'autres arbres tels que le *tché-shou*, le *wou-kiou*, le *yang-tao*, et autres arbres qui nourrissent des vers à soie sauvages.

Les échantillons rapportés par M. Hedde, proviennent des environs de Canton, des montagnes qui sont au sud-ouest et qu'on appelle *Lo-Fao*. Ces feuilles sont remarquables par leur couleur vert foncé, leur forme effilée et leurs échancrures irrégulières. Elles sont généralement petites, lancéolées et légèrement dentées. Leurs découpures variées leur ont fait donner le nom de *hwa-sang*, c'est-à-dire découpées comme les fleurs, et *ki-sang*, c'est-à-dire, mûrier des poules, par la raison que leur fruit est recherché par elles. Ces espèces sont impropres à la nourriture des vers à soie, mais on utilise le bois pour en faire des arcs et pour le charronage.

435 *Dessins de Sun-Kwa de Canton, sur papier de moëlle d'arbre.

1° *Song-hip*, feuilles de mûrier; *song-tchaie*, fruits ou mûres, *song-ngan*,, carpelles et graines.

2° *Lun-song*, jeune mûrier. Des mûres et graines répandues sur le sol indiquent que, malgré sa jeunesse, cette plante a déjà donné des fruits.

3° *Fa-song*, mûrier portant des mûres nouvelles. Ces mûres sont d'un blanc verdâtre.

4° *Yao-tsaï-song*, mûrier portant des fruits en état de maturité. Les fruits blancs ont pris une couleur rose. On remarque des fruits de différents âges, depuis le premier, lorsque les mûres sont d'un bleu verdâtre, jusqu'à l'état de maturité, quand les fruits ont acquis une couleur rose violacée.

5° *Ki-sang-song*, mûriers avec adhérence de plante étrangère. On remarque le tronc principal du mûrier portant une branche avec des feuilles semblables à celles des arbustes précédents, et sur lequel s'est adhérée une plante étrangère portant des branches sinueuses avec feuilles lisses, unies et verdâtres, dans le genre du citronnier et avec bouquets floraux : en Chine, ces feuilles sont employées en médecine.

6° *Lou-song*, souche de mûrier vieux, avec rejetons garnis de ses feuilles.

Étant privé des caractères, on a dû conserver les noms cantonais, de crainte de commettre quelque erreur.

436 *Dessins de *Yeou-Kwa*, de Canton, sur papier de moëlle d'arbre.

1° *Sang*, mûrier avec ses feuilles et ses fruits.

Les feuilles, d'un beau vert, ont une forme de cœur; les bords sont légèrement dentés en forme de scie; elles paraissent légèrement plissées; elles ont plusieurs tiges; le fruit est oblong, d'une couleur rose violacée : tous ces caractères ont de l'analogie avec ceux du multicaule.

2° *Seng-ki-sang*, c'est-à-dire, mûrier avec adhérence de plante étrangère.

Sur un tronc de mûrier s'élève une branche forte d'une plante étrangère, avec feuilles petites, ovales, alternes, et qui paraissent lisses. Au point de jonction de la plante parasite avec le tronc du mûrier, se trouve un bourrelet, tel qu'on le remarque dans le gui du chêne.

5° *Sang-ki*, mûrier des poules, autre mûrier dont le tronc a été complètement envahi par une plante ou arbre parasite. Les feuilles, composées et lancéolées, paraissent lisses, elles ont quelque analogie avec celles du *maclura aurantiaca*, le tronc et les branches paraissent lisses, quoique ayant quelques aspérités.

4° *Fou-sang*, autre mûrier, avec adhérence de plante étrangère, dans le genre de la précédente, mais possédant des fleurs blanches, ressemblant à celles de l'*illicium floridanum*. On remarque un rejeton qui indique que le tronc principal appartient à l'espèce mûrier.

Des caractères chinois accompagnaient les planches; on a pu en donner la véritable prononciation et trouver le sens qui leur est attaché.

437 * Dessin de *Yeou-Kwa*, de Canton, sur papier de moëlle d'arbre.

1° *San-sang*, jeune mûrier, âgé d'un an, hauteur 1 1/3 mètre, du district de *Shun-té*, ainsi que de celui Nan-haï, près de Canton. Plus l'arbre est jeune, meilleure est la feuille pour les vers à soie.

2° *Kao-sang*, mûrier âgé de deux ans, en pleine production de feuilles, de fruits et de graines.

Ces deux variétés n'ont pas besoin d'être arrosées et fournissent une excellente nourriture aux vers à soie.

3° *Loou-song*, mûrier âgé de 7 à 10 ans, ne produit plus de fruits. A cet âge on arrache la souche et l'on plante de nouvelles boutures.

Ces trois derniers dessins font partie d'un album rapporté par M. Hedde, et qui représente les plantes les plus intéressantes de la Chine au point de vue industriel, il est actuellement déposé au ministère de l'agriculture et du commerce.

A défaut des caractères chinois, on a désigné les noms cantonnais fournis à M. Hedde sur les lieux.

438 * Dessin sur papier de moëlle d'arbre, par *Tin-Kwa* de Canton.

9. *Nun-sang-shou,* pourrette, ou jeune mûrier.

10. *Tsé-sang-hip*, feuilles de mûrier détachées de la tige principale.

11. *Kié-sang-tseu*, mûriers, ou fruits du mûrier. Le dessin représente deux tiges principales, garnies de leurs feuilles et de plusieurs fruits à différents âges, depuis la couleur vert clair jusqu'au carmin foncé.

12. *Lao-sang-shou-teou* , vieille souche de mûrier : on aperçoit les rejetons qui ont été coupés et ceux qui naissent et commencent à se garnir de feuilles.

439. Instruments pour la cueillette des feuilles et pour la taille des mûriers.

1° *Sang-tsien.* Dans les provinces du *Tché-Kiang* et dans celles où l'on a apporté des perfectionnements aux instruments de sériciculture, on fait usage de ciseaux sécateurs qu'on emploie, soit pour la cueillette des feuilles, soit pour la taille des mûriers.

2° *Sang-keou.* Quand les mûriers sont trop élevés, on se sert d'une serpe *sang-keou*, à lame recourbée et tranchante, d'une longueur de 5 à 6 tsun (20 centimètres environ), emmanchée d'un bois de 2 tchi 8 tsun de longueur (1 mètre environ).

3° *Sang-kun.* Quand les branches sont trop fortes, on fait usage, pour les couper, d'une scie d'un tchi de longueur (37 centimètres).

Chacun de ces instruments est du prix de 2 maces (1 1/2 franc). On les fabrique à Tong-Yang, du district et département de Kia-Shing, où l'on fabrique les meilleurs outils de ce genre, propres à la production de la soie.

4° *Sang-li,* panier en bambou, employé à Shunti pour la cueillette des feuilles. Ce modèle est d'un 10e de grandeur naturelle.

5° *Sang-lung*, panier élevé en bambou pour la cueillette des feuilles ; on s'en sert particulièrement dans le midi de la Chine.

6° *Sang-kia*, hache-feuille. Cet appareil est en forme de V. La main gauche fournit les feuilles que l'on coupe en abaissant la lame avec la main droite. Cet instrument n'est en usage que dans le nord de la Chine. Ce procédé est très-expéditif.

7° *Sang-tao*, couteau ordinaire employé pour les

feuilles de mûrier à donner aux jeunes vers. Ce modèle est d'un 10e de grandeur naturelle.

8° *Tsié-sang-tao*, couteau à greffer.

Ce couteau en fer est long de 5 tsun (16 1/2 centimètres environ).

D'après les ouvrages qui traitent de la culture des mûriers, on connaît en Chine six sortes de greffes, savoir :

1° Greffe en fente, *pi-tsié-fa* ou *shin-tsié* ;
2° Greffe sur racine, *ken-tsié* ;
3° Greffe sur écorce, *pi-tsié* ;
4° Greffe sur branches, *tchi-tsié* ;
5° Greffe en écusson, *yé-mien-tsié* ;
6° Greffe en flûte, *ta-tsié*.

La greffe d'échange, *houan-tsié*, n'est pas comprise dans cette nomenclature ; elle s'applique à l'opération par laquelle on greffe le mûrier sur l'arbre *ko*.

La forme du couteau à greffer est la même que celle du hache-feuille employé dans toute la Chine.

440. Instruments propres à détruire les insectes nuisibles à la végétation des mûriers.

1° *Kwa-sang-pa*. Il arrive souvent que les fissures de l'écorce des mûriers donnent asile à un grand nombre d'insectes appelés *sang-nieou*, qui mangent l'épiderme et y pratiquent des nids où leurs œufs éclosent. On se sert, pour les détruire, d'un râcloir dans le genre du dessin exécuté par M. H.

2° *Pen-tong*. Souvent les insectes destructeurs s'enfoncent si avant dans l'intérieur de l'arbre, qu'il n'est plus possible de les en extraire avec le râcloir. Alors on emploie une espèce de seringue, avec laquelle on injecte de l'huile de l'arbre *toung* (bignonia *tomentosa*) ; ce qui fait périr l'insecte. Voir à cet égard le résumé des principaux traités chinois, traduits par M. Stanislas Julien.

D'autres insectes, espèces de vers appelés *hiang-ka-djong* à *Tso-pou-pan*, percent l'arbre jusqu'à la moëlle. On les détruit au moyen d'un fil d'archal recourbé, qui sert à saisir l'insecte et à le retirer.

Renvoi aux planches du *Eull-Ya* qui décrivent les insectes destructeurs des mûriers, notamment le *lang-shi-sang* et le *tien-nieou*, ce dernier à longues anthènes et au corps tacheté de mouches blanches.

441. *Sang-hie*, herbier.

On donne généralement le nom de *kia-sang* aux mûriers cultivés.

Voici les principaux échantillons recueillis par M. Hedde :

1. *Sang*, mûrier de Macao. Fruits rougeâtres, feuilles minces et effilées, légèrement dentées, du jardin de *Sha-Lan-Tsai*, échantillons obtenus par les soins de M. Combelle, missionnaire lazariste.

2. *Sang*, mûriers de Macao à fruits noirs oblongs, feuilles minces et effilées, légèrement dentées, du jardin de St-Joseph, échantillons obtenus par les soins de M. Libois, procureur-général des missions étrangères.

3. *Sang*, mûrier de Macao, à fruits noirs et gros, feuilles fortement dentées, de l'île Verte; échantillons obtenus par les soins de Mgr Matta.

4. *Sang*, mûrier de Macao à fruits noirs et feuilles moyennes, du jardin de M. William.

5. *Sang*, mûrier de Canton, à feuilles minces, lancéolées et légèrement dentées, cueillies dans une

excursion faite par MM. Itier, Hedde et autres étrangers, autour des murailles, à l'ouest de Canton.

On donne, dans le pays, différents noms à ce mûrier, tels que celui de *tche-sang*, mûrier à feuilles aigues; *tché-sang*, mûrier à graines, etc.

6. *Sang*, mûrier d'Amoy, à feuilles rondes, plissées et épaisses, cueillies dans le jardin du consul anglais, gérant, M. Sulivan.

7. *Sang*, mûrier de *Ko-Long-Sou*, mêmes caractères que le précédent, feuilles cueillies près de l'Indigoterie.

8. *Sang*, mûriers de *Tchio-Bay*, mêmes caractères, feuilles cueillies près de la Citadelle.

9. *Sang*, mûrier de *Tchang-Tcheou*, mêmes caractères, feuilles cueillies sur la colline appelée *Kai-Kwan-Shan*, qui domine la ville.

10. *Sang*, mûrier de *Lam-Po-Taï*, mêmes caractères, feuilles cueillies sur les rochers au-dessus du cimetière.

Ces mûriers sont quelquefois appelés *kin-sang* et *hwang-sang*, parce que les feuilles sont couvertes d'une pellicule jaunâtre; mais leur caractère général, c'est qu'elles sont rondes, plissées, et que les tiges sont plus nombreuses que dans les autres variétés. La ressemblance de ces cinq échantillons, pris dans différentes localités, a fait supposer à M. Hedde que le Fokien était la patrie naturelle de cette espèce, ou variété, connue sous le nom de Multicaule.

11. *King*, mûrier à feuilles fortes et d'un aspect métallique, cueillies au bas et au sommet de la tour de Ning-Po.

12. *King*, mûrier à feuilles fortes et même aspect que le précédent, cueillies sur la colline appelée par les Anglais : *Cameronian-Hill*, à Chusan.

13. *King,* mûrier aux mêmes caractères, feuilles cueillies à *Mon-Zi*, habitation de Mgr de Bezy, près de Shang-Haï.

Voir le n° 409 précédent, à l'article mûrier de Ting-Haï.

14. *Lou*, mûrier à feuilles rondes et minces, cueillies à *Sio-Wan-Dam* près de Sou-Tchou, dans le jardin du *Kong-Sou* et par les soins du Père Languillat.

15. *Lou*, mûrier aux mêmes caractères, feuilles cueillies dans une pépinière dans l'intérieur de Sou-Tchou, par le prêtre chinois Sem.

16. *Lou,* mûrier aux mêmes caractères, feuilles cueillies à la porte de la magnanerie de *Sin-So-Tchio*, faubourg Est de Sou-Tchou.

Les auteurs chinois, qui ont traité des mûriers, distinguent plusieurs variétés. Des deux types de mûriers, appelés *lou* et *king*, ont été produits le *tiao-sang*, né de boutures, le *pé-sang*, mûrier blanc, le *tsé-tang-sang*, mûrier à branches roses, et le *toen-eul-ting-sang* ou le mûrier à peau noire. Le *ti-sang* est un produit spécial des boutures du mûrier *lou*.

La poussée de la feuille est énorme, surtout dans le midi de la Chine. Un éducateur de *Lak-Lao* disait à M. Hedde que, dans l'étendue d'un *mau*, il semait un *shing* de graines. Il en obtenait 10,000 pourrettes qui se réduisaient au nombre de 8,000. Après six à sept mois, la récolte annuelle était de 17 *piculs* de feuilles, qui donnaient 8 à 10 *cattis* de soie filée. Ce dernier produit, surtout, paraîtra extraordinaire; mais il sera donné plus tard d'autres exemples de la facilité qui existe en Chine dans la production de la soie; ils seront mentionnés dans les mémoires des sériciculteurs et des éducateurs du Kwang-Tong, du Fokien, du Tché-Kiang et du Kiang-Sou, qui seront publiés prochainement.

442. Pépinière *Sang-Shou.*

1. Mûrier de Macao, remis par M. l'abbé Guillet, de Saint-Étienne, procureur général des missions lazaristes, en Chine.

2. Mûrier de Canton, remis par Ha-Tchun, jardinier de *Fa-Ti.*

3. Mûrier d'Amoy, remis par l'amiral chinois, sur la demande du révérend M. Pohleman.

4. Mûrier de Tchio-Bay, remis par Ly, gouverneur de cette ville.

5. Mûrier de Tchang-Tcheou, remis, par l'officier préposé par le gouverneur de cette ville, à la garde de M. Hedde.

6. Mûrier de Wan-Dam, remis par le P. Bruyère, de Tence.

7. Mûrier de Sou-Tchou, remis par le père *Sem,* prêtre catholique, auquel M. Hedde avait été recommandé dans cette ville.

8. Mûrier de Chusan, rapporté d'une excursion faite par MM. Renard et Hedde à la Maison des Fleurs (*Flower House*), près de Chusan. Voir le N° 409 précédent, à l'article mûrier de *Ting-Haï.*

9. Mûrier de Shang-Haï, remis par le père Gotland.

10. Mûrier de Ning-Po, remis par le prêtre chinois Wang.

11. Mûrier de *Tso-Pou-Pan,* village dépendant de Haï-Hien, département de Kia-Shing.

12. Mûrier de *Ou-Tchou,* de la province du *Tché-Kiang.*

Ces deux derniers procurés par le père Danicour.

Tous ces mûriers ont été rapportés en France dans une serre, dont la confection a été due à l'obligeante sollicitude de M. le contre-amiral Cécile, et qui a été mise à bord de l'*Alcmène*, par l'intervention officieuse de M. Duran, négociant français à Macao.

Ces arbres sont arrivés en parfaite conservation à Rochefort. Ils avaient résisté à toutes les chances d'une longue navigation. Leur végétation active avait garni de feuilles et de rejetons les parois vitrées de leur habitation et ombrageait d'autres plantes industrielles qui pouvaient doter le pays de nouvelles richesses. Le transport par terre, de Rochefort à Paris, a été funeste aux unes et aux autres. Néanmoins, par les soins minutieux de M. Neuman, directeur des serres au Jardin des Plantes à Paris, on est parvenu à sauver la plupart des mûriers. M. Aubert, directeur du jardin de Neuilly, a même pu s'en procurer des boutures. Il faut espérer que, grâce à la sollicitude de ces zélés botanistes, ces espèces ne seront pas perdues pour la science et pour le pays.

443. *Sang-fen*. Farine.

On fait, dans plusieurs localités, de la farine pour donner aux vers, soit dans les temps de disette, soit pour alimenter les jeunes vers après la première mue.

Cette farine est faite de diverses manières.

1° Avec des feuilles de mûriers. La cueillette se fait à la fin de l'automne, avant que les feuilles jaunissent. On les fait sécher au soleil, on les bat, on les brise en petits fragments, on les conserve pendant l'hiver dans des jarres dont l'ouverture est soigneusement fermée. Au printemps, on réduit ces feuilles brisées en farine qui sert à alimenter les vers. Telle est la recette employée dans le district de *Haï-Hien*, département de *Kia-Shing*. L'échantillon a été rapporté à M. Hedde par le courrier qu'il y avait envoyé, sous les auspices de M. Danicour, missionnaire à Chusan.

Les autres recettes indiquées dans les livres chinois, sont des farines de pois appelés *lo-teou* (*Dolichos*), de riz mondé et de mélanges de feuilles de mûrier avec diverses substances.

Plusieurs sériciculteurs d'Indre-et-Loire, notamment M. Champoiseau, de Tours, ont fait des essais qui ne peuvent manquer d'avoir d'heureux résultats.

Renvoi aux traductions des ouvrages chinois par M. Stanislas Julien, et aux notes de M. Biot.

444. *Tsan-tchong*, graines de ver à soie.

Tien-tsan-tchong, graines du ver sauvage qui vit sur le *wou-kiou*. Voir le N° 427.

Ces graines, recueillies d'un *pavonia major* remis à M. Hedde par Lin-Hin, de Canton, ont été envoyées à la Société d'Avignon ; il n'y a eu aucun résultat.

Ces graines, d'un blond rosé, avaient 1 1/4 millim. de diamètre ; elles étaient légèrement ovales.

445. *Yé-tsan*, vers sauvages de *Shan-Tong*.

Les *yé-tsan*, ou vers sauvages du nord de la Chine, vivent, d'après le Père d'Incarville, sur le frêne, sur le chêne et sur le fagarier. Voir les N^os^ précédents 426 à 433. Ces insectes fournissent une soie grisâtre très-recherchée pour la fabrication de certains articles de nos manufactures, principalement de passementerie de Paris.

Le dessin sur moelle d'arbre, planche 4 de l'Album 2, représente un de ces papillons. Le Père du Halde signale des espèces qui ne font pas de cocons, mais lâchent leur soie d'arbre en arbre comme les araignées.

446. *Yé-tsan*, vers sauvages du *Kwei-Tchou*.

Les *yé-tsan* du *Kwei-Tchou* se nourrissent des feuilles du chêne.

Le dessin, sur moelle d'arbre, est un spécimen de ces papillons qui donnent une soie jaunâtre que l'on aura l'occasion de remarquer dans différents tissus de cette Exposition, notamment au *tao-sha*, gaze à fil de tour pour tamis.

447. *Lo-fao-hi*, grand paon des montagnes de *Lo-Fao*, au sud-ouest de Canton.

Ces papillons *pavonia major* de la troisième famille des Lépidoptères, de la seconde division des Bombycites du sous-genre de la Phalène attacus de Linnée, Saturnia, Shrank, sont très-connus. Le dessin a été fait en Chine par l'application sur le papier de l'insecte même. Il est vu par dessus.

448. *Lo-fao-hi*, grand paon de *Lo-Fao*, au sud-ouest de Canton.

Le même que le précédent. L'insecte vu par dessous.

449. *Tien-tsan*, vers célestes. Grand paon de l'intérieur de la Chine. Le dessin, sur papier de moelle d'arbre, représente un de ces insectes sur une branche de l'arbre qui le nourrit.

450. *Tien-tsan*, vers célestes. Grand paon de l'intérieur de la Chine. Même variété que le précédent. L'insecte vu d'un côté différent.

La manière dont ces insectes vivent a été longuement expliquée par le père d'Incarville, qui avait accompagné ses descriptions de planches coloriées. Ces dessins sont actuellement entre les mains de M. le comte de Lasterye. M. Mathieu Bonafous, de Turin, possède également un très-bel album de dessins chinois provenant, dit-on, de la même source.

451. *Tché-tsan*, vers de l'arbre *tché*.

Les vers campagnards du Sse-Tchuen se nourrissent principalement des feuilles de l'arbre *tché*. Voir N° 433. On les fait éclore dans l'intérieur des maisons, et puis on les porte dehors, où ils vivent en plein air, mais avec certaines précautions. C'est avec la soie des cocons de ces vers que l'on fait les taffetas appelés *kien-tcheou*, qui sont décrits aux planches N°s 122 à 135 suivantes du grand album de Sun-Kwa.

452. Dessins comparatifs de papillons sauvages du département de la Loire, fournis par M. Garden, membre de la Société d'histoire naturelle de St-Etienne, et dessinés par M. Mignot, de la même ville, sur papier de moëlle d'arbre de Chine, avec des couleurs rapportées de cette contrée par M. Hedde.

Famille des Lépidoptères ;

Division des Bombycites ;

Deuxième sous-genre *Lasyocampe*.

1. Bombyx du trèfle, papillon femelle ;
2. « « mâle.

Ces insectes produisent une coque semblable à celle du ver qui s'alimente avec les feuilles du mûrier, *bombyx mori*, mais leur soie étant plus dure ne peut pas se dévider aussi facilement. Ces observations doivent s'appliquer également aux papillons du même sous-genre et des mêmes contrées, qui vivent sur le chêne, et à ceux qui vivent sur la ronce : *bombyx quercûs*, *bombyx rubi*.

Premier sous-genre *Saturnia*.

3. *Bombyx pavonia media*, papillon femelle. Le papillon mâle se présente exactement de même. Ce papillon, qui vit sur le genêt, produit une soie grisâtre, dont le brin ne paraît pas facile au dévidage.

4. *Bombyx pavonia major*, papillon mâle. Le papillon femelle se présente exactement de même.

Le *bombyx pavonia minor* est le plus petit des trois papillons du même sous-genre *Saturnia*. Sa forme est absolument la même, mais sa couleur est un peu plus rougeâtre.

5. Papillon mâle, bombyx de la ronce, *bombyx rubi*, ainsi désigné par M. Garden, malgré la dénomination de *bombyx quercûs* donnée par plusieurs auteurs. M. Garden ayant élevé, à plusieurs reprises, des insectes de ce genre, s'est assuré, d'une manière certaine, qu'ils vivent de la ronce, et non du chêne, sur lequel ils peuvent se trouver par hasard.

6. Papillon femelle, ne diffère du mâle de même genre que par la couleur, qui est d'un jaune rougeâtre plus clair.

Tous ces insectes, faciles à élever, produisent une soie grisâtre très-grossière, dont le cocon se dévide aussi bien que celui du ver à mûrier. Cette assertion est fondée sur les expériences répétées de M. Garden. Elle diffère de l'opinion émise par M. Guérin Meneville, président de la Société entomologique de France, *Annales de la Société séricicole*, vol. IX, page 284. Il serait à désirer que de nouvelles expériences vinssent corroborer l'opinion de M. Garden, et appeler l'attention sur un produit que les Chinois ont su utiliser depuis longtemps. On sait d'ailleurs que, pour en faciliter le dévidage, ils emploient l'huile de coco et d'autres huiles de palmier qui ont la propriété d'adoucir la soie sans l'altérer.

453. Dessins comparatifs du même genre que les précédents.

Deuxième sous-genre Lasyocampe.

1. *Bombyx zig-zag*, papillon femelle. Latreille.

2. « « mâle. Id.

Ces insectes vivent sur le peuplier.

3. *Bombyx*, moine, papillon mâle. Latreille.

4. « « femelle. Id.

Ces insectes vivent sur l'osier.

Troisième sous-genre Gastropache.

5. *Bombyx*, feuille morte, papillon femelle. Germain.

6. « mâle. Id.

Ces deux derniers papillons vivent sur le chêne et se nourrissent des feuilles du buisson ou prunier sauvage. Ils forment une coque semblable à celle du ver à soie, et qui peut facilement se dévider, comme celles du N° 452 précédent. Quant aux quatre premiers papillons de ce tableau, leur coque est différente. Le brin est noyé dans un ciment qui en empêche entièrement le dévidage.

Un missionnaire en Chine, M. Julien Bertrand, du Puy, a indiqué la méthode employée pour recueillir la soie des vers qui vivent sur le chêne dans la province du Kwei-Tchou. Renvoi aux *Annales de la Société Séricicole*, vol. VII, p. 267.

454. *Tsan-tchong*, graines de vers à soie.

1. *Teou-tsan-tchong*, graines de vers de la première éducation, qui a lieu à l'époque du *kou-yu* (20 avril).

2. *Eul-tsan-tchong*, graines de vers de la deuxième éducation, qui a lieu au *li-hia* (6 mai).

3. *San-tsan-tchong*, graines de vers de la troisième éducation, qui a lieu au *siao-man* (21 mai),

Ces graines, qui avaient été rapportées de Sou-Tchou par M. Hedde, avaient été soigneusement enveloppées dans de la laine pendant tout son voyage. Elles ont été remises à M. Camille Beauvais, directeur des Bergeries royales de Sénar. Leur éclosion a présenté de grandes difficultés. On est parvenu cependant à obtenir un 30me de cocons dont les formes étaient d'un beau blanc d'azur. Ces cocons, au dire de cet habile éducateur, étaient les plus beaux de ceux qu'il avait obtenus de toutes les importations faites de Chine.

Dans une de ces espèces, il s'en trouve une dont les vers ont sur le dos une broderie variée en couleur tout-à-fait en relief; c'est le ver que les Chinois appellent *aï-tsan* ou *aï-tching-tsan* « ver chéri ou ver chéri et précieux. »

4. *Tan-tchong*, c'est-à-dire graines de vers qui sont conservées sans préparation.

5. *Hien-tchong*, graines de vers à soie préparées avec du sel.

Ces graines, procurées à M. Hedde par l'intermédiaire de Mgr de Bezy, évêque du Kiang-Nam, ont été partagées entre M. F. de Boullenois, secrétaire de la société Séricicole, et M. Robinet, membre de la société centrale d'Agriculture.

La graine, conservée dans des bambous, n'a pas réussi parfaitement. M. Robinet seul a pu obtenir quelques cocons, les uns jaunes et les autres blancs. Ceux-ci avaient de l'analogie avec les vers tigrés dont quelques éducateurs de nos pays ont eu des échantillons depuis 1840. Ils ont un aspect luisant qui fait ressembler quelques parties de leur corps à de la porcelaine blanche. Les autres présentent un caractère entièrement nouveau et qui constitue une race ou variété nouvelle.

Ces vers portaient sur le dos, en deux rangées parallèles, des espèces de protubérances colorées, ayant la forme d'un rognon, ou mieux encore d'une noix d'acajou. Le nombre de ces protubérances est très-variable; quelques vers en ont quatre, d'autres six, huit, dix, douze et plus. Elles sont disposées par paires sur les anneaux dont se compose le corps du ver; mais quelquefois il en manque une, en sorte qu'elles se trouvent alors en nombre impair.

Dans les vers parvenus à leur entier développement, elles peuvent avoir 0^{m} 001 de saillie. Leur couleur est le brun, mêlé de parties rouges et noires. M. Robinet ajoute qu'il a conservé de ces vers dans l'alcool et qu'il les a fait dessiner par M. Meunier, habile peintre d'histoire naturelle.

Les papillons n'offrent absolument rien qui les distingue des papillons ordinaires.

Pour les autres particularités concernant cette race nouvelle à laquelle M. Robinet a proposé de donner le nom de Hedde, renvoi au N° de septembre 1846 du *Journal d'Agriculture pratique*, page 699.

6. *Pé-tsan-tchong*, vers à soie rapportés par M. Hedde de Tchang-Tcheou.

7. *Lao-fou-tsan-tchong*, c'est-à-dire vers à soie mé-

langés, et provenant d'un envoi fait de Nankin, remis à M. Hedde par M. de Lagrenée.

Ces deux espèces avaient été soigneusement placées dans du charbon pilé, et notamment la dernière, par M. le docteur Yvan, attaché à la légation. Elles ont été remises, à l'arrivée de M. Hedde, au Ministre de l'agriculture et du commerce, qui les a confiées aux soins de l'habile directeur des Bergeries de Sénar. Il ne paraît pas qu'elles aient donné aucun résultat.

Plusieurs sociétés, notamment celle d'Agriculture de Lyon, ont reçu de M. Hedde différentes variétés de graines de vers à soie. Il serait à désirer qu'elles en fissent connaître le résultat. Il y a toujours quelque intérêt attaché à ce qui a coûté beaucoup de peines et de recherches.

455. *Mou-kia*, cadres pour enfermer les papillons femelles destinés à la ponte.

456. *Tsan-lien*, feuilles de papier sur lesquelles on fait pondre les papillons femelles. Pour la conservation des graines, on a soin de les laver avec certaines préparations indiquées par les auteurs chinois. Au moyen de ce lavage, ainsi que d'un nouveau qu'on leur fait subir avant l'éclosion, on assure l'égalité des naissances parmi les vers et leur parfaite santé pendant le premier âge. Un éducateur de *Wou-Kiang* assurait à M. Hedde que, par cette méthode, il ne perdait pas plus de 3 °/₀ de vers pendant toute l'éducation.

457. *Yang-tsan-kia*, magnanerie, dessin à la gouache de *Yeou-Kwa*. Le peintre a réuni, dans un seul tableau, les différentes phases de la production de la soie. La fécondation, la ponte, le lavage de la graine, l'éclo-

sion, l'alimentation et l'étouffement y sont indiqués. Sur le premier plan est, d'un côté, une fileuse de frison, *sz'-pi*, et de l'autre une fileuse de bonne soie, *sz-jou*. Dans le fond, sont des étendages où sont placées des soies blanches et souffrées, productions spéciales du district de Shun-Ti. Au-dehors sont des champs de mûriers.

458 * Dessin sur papier de moëlle d'arbre par *Yeou-kwa*, de Canton.

1. *Toui-ngo*. Les papillons ont percé leurs enveloppes; ils sortent et s'accouplent. Le dessin représente une corbeille plate de bambou, sur laquelle est une feuille de papier. On voit un cocon d'où s'échappe un papillon. D'un autre côté, est un cocon percé. Ailleurs, des papillons qui courent çà et là, d'autres qui sont accouplés. On aperçoit sur le papier des taches avant-coureurs de la semence.

2. *Sen-tchouen*. Les papillons femelles, ayant été fécondées, pondent leurs œufs sur une feuille de papier étendue dans une corbeille ronde, du même genre que la précédente.

3. *Lin-tchouen*. Lavage de la graine. Le dessin représente une feuille couverte de graines, sur laquelle on étend de l'eau qui s'échappe d'une tasse de porcelaine.

4. *Tchu-tsan-tz'*. Éclosion. Le dessin représente une feuille de papier sur laquelle sont des graines et des larves à différents âges. On peut, au microscope, suivre les phases de ces métamorphoses, depuis la graine qui est encore intacte jusqu'au jeune ver, semblable à une petite fourmi noirâtre. Une plume d'oie sauvage, employée à mettre le ver sur la feuille de mûrier, est placée à côté.

5. Cette planche représente trois époques de la

vie du ver à soie : 1° le premier repas, au onzième jour de l'éducation ; 2° le premier sommeil ; 3° la première mue. Les vers sont placés dans des corbeilles rondes et plates, de bambou, très-légères et faciles à être transportées. On remarque que la feuille de mûrier donnée hachée très-menue, est en rapport avec l'âge du ver.

6. Cette planche représente trois autres époques plus avancées : 1° le deuxième repas, au dix-septième jour de l'éducation ; 2° le deuxième sommeil ; 3° la deuxième mue. Les vers croissent successivement. On leur donne, en conséquence, la feuille de plus en plus coupée grosse.

7. Cette planche représente deux époques encore plus avancées : 1° le troisième repas au vingt-troisième jour de l'éducation ; 2° le troisième sommeil. La distribution a lieu par morceaux de feuilles coupées en deux.

8. Cette planche est la continuation des précédentes : 1° la troisième mue, au vingt-septième jour de l'éducation ; 2° le quatrième repas. Les feuilles sont distribuées entières.

9. Quatrième sommeil, au trentième jour. Les vers, rassasiés, ont à peine touché aux feuilles qui leur ont été données.

10. *Je-tsan*, Quatrième mue, au trente-troisième jour. Les vers, à l'état de maturité, sont prêts à monter.

11. *Tou-sz'*. Les vers, placés sur une coconière de bambous à nœuds, cherchent les endroits favorables pour filer leurs cocons.

12. *Kien*. Les vers, s'étant placés commodément entre les lanières de bambou qui les protègent, ont

filé leurs cocons. Ils sont bientôt prêts à percer leur enveloppe.

Cet album intéressant est la représentation du travail du ver à soie pendant une période de quarante jours.

459 *Dessins sur papier de moelle d'arbre, par Tin-Kwa, de Canton.

1° *Tsan-tseu*. Cette planche représente quinze dessins différents représentant les différents âges du ver à soie, depuis son état en œuf jusqu'à sa plus forte croissance, lorsqu'il est en état de maturité.

2° *Tsan-tou-sz'*. Les vers, posés sur une coconière de bambou à nœuds et commençant à filer leur soie.

3° *Tsan-sho*. Les vers, à dix époques de la confection des cocons, depuis la première bave qui s'échappe des deux filières de l'insecte et qui forme le frison, jusqu'à la pleine confection du cocon.

4° *Tsan-tou-mien-po*. Les cocons sont terminés. La planche représente une coconière garnie de cocons terminés. Deux cocons placés en dehors indiquent qu'on commence à enlever ceux probablement destinés pour la graine.

5° *Pé-tsan*. Etouffement des chrysalides. La planche représente deux coconières garnies de leurs cocons, couvertes de toiles et placées angulairement. Un brasier enflammé est placé au-dessous.

6° *Tsan-tchu-sz'*, frison. Les cocons sont enveloppés d'une soie extérieure grossière. On est obligé, avant de dévider le cocon, d'enlever cette enveloppe qu'on appelle *sz-kwa*.

7. *Tchu-tsing-sz'*, soie, de première qualité, filée à Long-Kong, contrée du Kwang-Toung.

8° *Tsan-tchong*. Chrysalides.

La planche représente des chrysalides entourées de la dernière enveloppe ou pellicule intérieure qui termine le cocon, ainsi que des chrysalides entières dégagées de cette enveloppe.

9° *Ting-shang-sz'*, masse de grège, dont la tête est environnée de cette ouate de soie fine appelée *ho-mien*.

10° *Sz-jou* ou *ho-mien*, feuille de ouate faite avec les cocons percés et débouillis, dont on enveloppe les masses de grèges de première qualité de soie blanche. La planche représente les cocons percés, la bourre après la cuite et les feuilles de ouate après fabrication.

11° *Tchu-tsan-ngo*. Sortie des papillons. On a représenté cinq cocons, dont quatre percés et d'où se sont échappés les papillons. Un seul dont le papillon n'est pas encore sorti. Les papillons sont blancs; ils ont les ailes et le corps d'un blanc gris rosé, avec hachures grisâtres longitudinales; ce qui donne à ces papillons une physionomie tout-à-fait différente de celle particulière a notre papillon ordinaire, ***bombyx mori***. Ce papillon est de Long-Kong, district de Shun-Ti.

12° *Tsan-ngo-seng-tchun*. Fécondation et ponte des papillons au printemps.

On a représenté plusieurs papillons accouplés, ainsi que des femelles occupées à pondre leurs œufs. Ces papillons ont les mêmes caractères que les prédents, à part une légère teinte de jaune que n'ont pas les précédents.

460 * Dessins sur papier de moëlle d'arbre, par Sun-Kwa, de Canton.

1. *Tsan-shun* (*tsan-tchong?*) Dessin représentant de la graine nouvelle. Papier de graines, les œufs sont étendus sur une surface ronde. Branches avec feuilles de mûrier. Autre branche, avec feuilles et fruits nouveaux, couleur jaune rosé et fruits mûrs, cerise vif.

2. *Tsan-shun-tsaï*. Eclosion. Deux ronds de graines. L'un déjà abandonné par les larves qui ont laissé à leur place une couleur violette ; l'autre, dont la moitié des graines est en état d'éclosion. Les larves, semblables à de petites fourmis noires, s'approchent avec avidité de la feuille hachée menue.

3. *Y-tao-sik*. Premier repas. Branche de mûrier sur laquelle repose une corbeille plate, dans laquelle sont des feuilles coupées et de petits vers.

4. *Taï-y-sik*. Deuxième repas. Branche de mûrier garnie de ses fruits, sur laquelle repose une corbeille plate, dans laquelle sont des feuilles nouvelles et de jeunes vers.

5. *Taï-sam-sik*. Les vers commencent à grossir. Branche de mûrier garnie de feuilles et de vers déjà gros.

6. *Taï-si-sik*. Maturité. Plusieurs branches de mûrier avec de gros vers rassasiés.

7. *Min* (*mien?*). Sommeil. Corbeille sur des feuilles de mûrier et dans laquelle sont des vers mûrs, prêts à filer leurs cocons en hosties.

8. *Kang-kan*. Vers faisant leurs cocons. Rame de mûrier portant des cocons. A côté, est une corbeille où les vers filent à plat. En bas, un vers malade ou paresseux ; plus loin, des cocons terminés, l'un blanc, l'autre jaune.

9. *Tsam-kam* (*tsan-kien?*). Cocons. Vase conte-

nant des cocons jaunes; un autre des cocons blancs. Tasse pleine de chrysalide. A terre, plusieurs cocons dont l'un jaune et les autres blancs: dans ces derniers, on remarque trois cocons non encore terminés.

10. *'Ho* (*yong?*). Chrysalides. Cocons blancs et jaunes. Papillons s'échappant de leurs coques.

11. *Tsam-ngo* (*tsan-ngo?*). Papillons divers. Fécondation. Ces insectes ont à peu près les mêmes caractères qui distinguent ceux de nos contrées, à part une légère teinte roussâtre. Ils diffèrent entièrement de grandeur et de couleur des papillons, planche 11 du n° 459 précédent.

12. *Tsan-tchun* (tsan-tchong?). Fécondation. Deux tasses de porcelaine servant à enfermer les papillons, afin qu'ils puissent tranquillement accomplir l'œuvre de la génération.

A défaut de caractères chinois, on a donné les noms cantonais et, entre parenthèses, la prononciation chinoise telle qu'on l'a supposée.

461. *Yé-tsang-kien.* Cocons de vers sauvages.

1° Cocons jaunes du Kwei-Tchou;

2° Cocons gris du Shan-Tong.

462. *Shi-tsan*, c'est-à-dire vers de pierre. Ce sont des vers desséchés, employés comme médicaments, principalement pour la guérison des maladies de la vessie. Ce remède est employé avec succès par les médecins chinois d'Amoy.

463. *Tsan-jong*, c'est-à-dire vers en métamorphose, ou chrysalides. On les emploie à trois usages:

1° Comme mets délicat, après certaines préparations culinaires, voir la planche 57 de l'Album Sun-Kwa;

2° Pour nourriture des poules et comme appât pour la pêche des poissons;

3° Comme médicaments pour la guérison de différentes maladies cutanées.

464. *Pé-lan-kien*, cocons gâtés blancs, dont l'infusion est donnée avec succès dans les fièvres pernicieuses. Les cocons jaunes n'ont pas la même propriété et ne sont pas employés en médecine.

465. *Tsan-shi*, excréments de vers à soie, employés en Chine et principalement dans le Fokien de diverses manières :

1° Comme médicaments dans les affections urinaires;

2° Comme engrais dans les champs et les jardins;

3° Comme nourriture aux poissons. Voir la planche 29 de l'Album Sun-Kwa.

Ces divers renseignements sont dûs à M. le docteur Cuming, missionnaire américain, à Amoy, qui, ainsi que ses collègues, a offert à M. Hedde tous les services que des frères, des amis et des chrétiens peuvent se rendre sur la terre étrangère.

466. *Tsan-kien*. Cocons de vers à soie.

1° *Ou-kien*. Cocons de Ou-Tchou, d'où viennent les plus belles soies de Chine, connues dans le commerce sous le nom de *tsat-li*, *yun-fa* et *tay-saam*.

2° *Tou-kien*. Cocons blancs de Canton, du village de *Long-Kong*, district de *Shun-Ti*.

3° *Tou-kien*. Cocons souffrés de Canton, du village de *Hong-Ling*, district de *Shun-Ti*.

467. *Hang-tchin-tsan-kien.* Cocons de vers provenant de Hang-Tchou ; ils sont le produit de l'éducation de M. Champoiseau, de Tours, avec les graines rapportées de la Chine par M. Hedde. Ils ont été reconnus magnifiques et supérieurs à tout ce qui a été produit de plus beau par nos meilleurs vers *Sina*. Voir le rapport adressé au ministre du commerce, par la Société d'Agriculture d'Indre-et-Loire.

468. *Tsan-kien.* Cocons récoltés de graines de Chine, par Mme Ve Romain, d'Yzieu. Ces graines, rapportées par M. Hedde, avaient été distribuées par la Société d'Agriculture de Saint-Étienne.

469 * *King-shen.* Éventails tissés par les vers à soie.

Sur une monture de bambou, on dispose des fils en tous sens, ou une simple feuille de papier ; sur la surface, on place des vers qui courent çà et là, et qui, ne pouvant se fixer, sont forcés de filer leur soie à plat. Voir la planche 36 de l'Album *Sunkwa*.

470. Modèles d'appareils employés à l'éducation des vers à soie.

1° *Sang-ti*, marche-pied pour la cueillette des feuilles.

2° *Tsié-sang-tchin*, tamis en paille de riz pour la distribution des feuilles de mûrier.

3° *Yé-shé*, crible en bambou pour la préparation des feuilles de mûrier propres à alimenter les jeunes vers.

4° *Tsan-kwang*, corbeilles rondes en bambou, servant de claies pour l'éducation des vers à soie. Les gens de Tchang-Tchou, en élevant de vers à soie, les comptent par corbeilles. La corbeille pèse 1 mace de graines, ce qui produit 20 à 24 taels de jeunes vers, après l'éclosion, et 5 à 6 cattis forment le poids de ceux qui sont dans le grand sommeil. Ces corbeilles sont plus légères et plus maniables au service que nos tables immobiles servant de claies.

5° *Sié-tsan-wang*, filets en *ma*, propres au délitement des vers. Cette méthode, connue en Europe, a été remplacée avec avantage par des feuilles de papier trouées.

6° *Tsang-wang*, autre filet perfectionné, employé au même usage.

7° *Tan-tsan-mao*, plumeau composé de plumes très-douces d'oies sauvages, dont on se sert pour faire tomber dans les corbeilles les jeunes vers après leur éclosion. Un auteur chinois blâme cette méthode, car, dit-il, ces petits êtres délicats et minces comme des cheveux ou des brins de soie, ne peuvent supporter les blessures occasionnées par le plumeau, quelque doux qu'il soit.

8° *Tsan-tchu*, baguettes de bambous effilées et semblables aux bâtonnets dont les Chinois se servent pour manger. Ces baguettes, attachées par un cordon à leur partie supérieure, sont employées soit à prendre les vers, soit pour le décoconage.

9° *Ta-tsan-tchi*, étagères pour les gros vers. Elles sont à trois piliers et forment plusieurs étages séparés et superposés, de sorte que les corbeilles servant de claies peuvent se placer et s'enlever facilement.

10° *Siao-tsan-tchi*, étagères pour les jeunes vers. Celles-ci sont moins considérables que les précédentes; elles servent à faciliter les éducations où les vers ne viennent pas tous à la fois.

11° *Sse-tsan-po*, banc provisoire pour le service des claies.

12° *Ti-tsan-po,* banquette peu élevée pour recueillir les vers égarés.

13° *Shan-pong-lou-kien-tsao-haou*, paillassons et bruyères. Ces paillassons sont des tissus de baguettes de bambous et placés sur deux bancs en bois et mobiles. On y établit un certain nombre de bruyères qui servent à encabaner les vers. Ces bruyères sont de différentes espèces et croissent sur les bords des canaux. Cette méthode est tout à fait différente de celle décrite plus loin. Voir les coconières à nœuds, N° 18 suivant.

14° *Kien-lan*, panier en bambou, dont on se sert pour le décoconage.

15° *Tchu-sheou,* balai en bambou propres à tirer les bouts de soie avant le filage. C'est un instrument perfectionné. On se sert dans le midi de la Chine de bâtonnets dans le genre du N° 8 précédent. Voir les différents dessins suivants au trait, représentant le filage.

16° *Ho-pen*, bassines. Elles sont en terre cuite, et servent, soit pour le filage, soit pour l'étouffement. Les premières portent généralement le nom de *ko*. Elles sont plus petites que les secondes, qui servent à mettre de la braise et des cendres chaudes pour échauffer les vases de terre où l'on a renfermé les cocons destinés à l'étouffement.

17° *Tsan-po*, natte en bambou pour transporter les vers ou les changer de litière. La facilité qu'on a de les rouler et les dérouler les rend très-propres au service de l'éducation.

18° *Tchou-po,* coconières à nœuds de bambou pour

éviter les doubles cocons. On en fait usage dans le midi de la Chine. Dans le nord, on emploie des coconières oblongues appelées *ma-teou-tso*, ainsi que des coconières rondes appelées *twan-tso*. La coconière décrite dans le rapport n° 19 de M. Hedde, au ministre du commerce, était en spirale et de ce genre.

Renvoi, pour la description de ces appareils, au résumé des traités chinois, traduits par M. Stanislas Julien, membre de l'Institut.

471. *Fou-sz'-kia*, tour ordinaire de Shun-Ti, employé pour filer la soie.

Cet appareil se compose des pièces suivantes :

1° Fourneau, *foung-lou*, en terre cuite, porté sur deux traverses *tsang* de même nature ; il est chauffé au bois ou à la houille, à volonté. Une petite plaque *siao-men*, en terre cuite, en ferme l'entrée, quand on le juge nécessaire.

2° Bassine *wa-pan*, en terre cuite, posée à fleur de la partie supérieure du fourneau.

3° Vases en terre *wa-po*, propres à contenir de l'eau pour alimenter la bassine, et à mettre des cocons, du charbon, etc.

4° Bâtonnets *kien-tchu*, employés au battage des cocons.

5° *Tchou-ki*, chaise en bambou sur laquelle s'assied la fileuse.

6° Porte-tavelle *pé-fang*, dans laquelle tourne la lanterne de croisure. Elle est garnie d'une filière en métal, *tso-sz'-yen*, et repose sur la bassine même.

7° *Tché-tcho*, aspe sur lequel s'enroule la soie et que la fileuse fait tourner de la main gauche, pendant qu'elle bat ses cocons de la main droite.

Ce tour, d'une simplicité primitive, présente cependant la croisure, *dite à la tavelle*, qui est un des derniers perfectionnements apportés de nos jours à la filature.

472. *Ss'-tché-tchoang-tsong*, tour à filer, d'après les dernières méthodes perfectionnées, publiées, en 1845, par le commissaire des revenus impériaux du Kiang-Nam.

Cet appareil se compose :

1° D'une pédale, *ta-kio-pan;*

2° D'une corde de la noix d'engrenage, *meou-niang-ké-shing ;*

3° D'un bâti, *tché-tchoang;*

4° D'une cage à lanternes, *pé-fang;*

5° De deux tavelles ou lanternes, *hiang-su ;*

6° De deux filières, *tso-sz'-yen ;*

7° D'un va-et-vient, *sz'-tching;*

8° De deux crochets de fer, *tié-keou ;*

9° D'un aspe, *tché-tcho;*

10° Fourneau et cheminée, *tsao-yen;*

11° Bassine, *ho-pen;*

12° Balai, *tso-sz'-sheou;*

Voici la description de cet appareil :

1° Le bâti se compose de quatre piliers réunis par huit traverses pour en déterminer la largeur et la longueur. Une de ces traverses, celle de devant, et à sa partie inférieure, est cintrée, pour permettre le rapprochement du fourneau et de la bassine. A la partie supérieure de deux piliers de derrière sont deux échancrures pour recevoir le moyeu de l'aspe. A la partie supérieure du pied gauche de devant, est adapté un anneau, dans lequel entre la base du va-et-vient. A la partie supérieure du pied droit, repose un pivot sur lequel joue une espèce de noix mue par une corde sans fin, et communiquant le mouvement au va-et-vient. Cette corde est mise elle-même en mouvement par le moyeu de l'aspe tourné par le bras extrême de la pédale. Les deux traverses supérieures, qui déterminent la longueur du bâti, le dépassent en avant de quelques centimètres, pour recevoir à gauche la cage des lanternes, et à droite le support des filières. Cette cage est une espèce de cadre où sont adaptées deux tavelles au moyen d'une tringle, et qui permettent la croisure des deux brins.

2° La cage des lanternes se compose de deux montants de toute longueur et de deux montants coupés à moitié, ces deux derniers dans le but de laisser libre le passage du bâton qui communique le mouvement au va-et-vient. Une barre supérieure assemble ces quatre montants, qui sont traversés par une tringle supportant deux rouleaux creux ou tavelles. C'est sur chacune de ces deux roulettes que la soie passe, et au-dessous desquelles doit se former la croisure par le fil qui, d'une part, s'élève de la réunion des brins des cocons agités dans la bassine, et, d'autre part, descend de la tavelle pour passer dans le crochet du va-et-vient. Chaque ouvrière file dans la même bassine deux fils de soie à sept ou huit cocons chacun. Dans beaucoup de localités, on file sur ce métier sans opérer aucune croisure.

3° L'aspe se compose d'un axe ou moyeu et de quatre ailes. A l'extrémité droite du moyeu, est une tête percée d'un trou pour recevoir la manivelle ou bras supérieur de la pédale. Près de la tête, une espèce de collet permet l'enroulement de la corde sans fin qui transmet le mouvement à la noix de va-et-vient. L'aspe est garni de deux laises, en toile de *ma*, pour faciliter l'enlèvement des deux flottes de soie après la filature. Un vase à feu, placé à terre au-dessous de l'aspe, dessèche la soie au fur et à mesure qu'elle s'enroule.

Cette aquarelle, sur papier, est de grandeur naturelle. Elle a été faite aux frais de la Chambre de commerce de Lyon, d'après les matériaux fournis par M. Hedde.

473. *Mien-ho,* appareil pour faire les coiffes de bourre de soie dont on se sert pour ouates et autres usages. C'est un simple arc de bambou fixé sur un plateau.

474. *To-mien-yeou-lo-keng,* quenouille à filer la bourre de soie, qui se compose d'une boîte en cuivre garnie de deux crochets et portée au bout d'un bâton, plus d'un fuseau de bambou que la fileuse fait tourner et sur lequel le fil tordu est roulé.

475. *Tché-tsin,* moulin à tordre la soie pour faire le crêpe de Chine.

Cet appareil se compose de trois parties : la roue, le bâti et l'aspe.

La roue est formée de cercles de bambou qui entourent six barreaux dans le centre commun desquels est placé un axe mis en mouvement par une manivelle. Cet axe repose au milieu de deux montants de trois mètres de hauteur.

Le bâti est composé de quatre piliers unis, dans une largeur de 75 centimètres, par deux traverses inférieures et quatre traverses supérieures. Quatre estases les lient aux montants de la roue dans une longueur de trois mètres et demi. Les deux traverses inférieures reçoivent deux planches parallèles percées de seize trous destinés à recevoir des broches de fer garnies d'un tuyau de bambou sur lequel agit une courroie sans fin. Cette courroie passe alternativement sur un fuseau et sous un autre. Elle embrasse dans sa longueur et la roue et les fuseaux. Les broches de fer s'étendent à l'extérieur pour recevoir une bobine dont la soie doit recevoir un tors. A la partie inférieure des deux piliers gauches du bâti est fixé un cheneau, rempli de liquide, eau ou huile à volonté. Le fil de soie, en se déroulant de la bobine, passe dans ce cheneau, où elle est tenue en respect par une baguette mobile qui règne dans toute sa longueur et retient les seize fils. De là, la soie se dirige vers l'aspe en passant dans une filière au milieu du bâti.

L'aspe se compose d'un moyeu porté sur deux supports appuyés sur le milieu des quatre traverses supérieures du bâti. Ce moyeu ou axe porte six ailes destinées à recevoir la soie après le tors. Il est mis en mouvement par une corde sans fin qui correspond au pignon de la roue, au moyen de quatre poulies servant d'engrenage.

Cet appareil tord la soie en deux sens différents; en ce que la courroie de mouvement passe alternativement tantôt sur un fuseau, tantôt sous un autre. Dans le premier cas, le tors a lieu à droite, et, dans le deuxième cas, il a lieu à gauche. On emploie ces poils ainsi tordus au tissage des crêpes de Chine. Pour opérer le doublage avec ce métier, on passe deux fils dans la même filière. On a alors une trame organsinée dont un brin est tourné à droite et l'autre à gauche.

Le modèle est 1/20me de grandeur naturelle.

476. *Tché-tsin*, moulin à tordre la soie et à la doubler.

Cet appareil diffère du précédent, en ce qu'il est muni de deux rangées de fuseaux, l'une à droite et l'autre à gauche. Il tord la soie, chaque bout du même côté et double en même temps.

La disposition de la courroie qui fait agir ce double rang de fuseaux, l'un dans un sens, l'autre en sens contraire pour obtenir un ton uniforme dans les deux rangs, a paru mériter une notice spéciale. Pour s'en rendre compte, il suffira de faire distinction du mouvement réel, du mouvement qui n'est qu'apparent.

Voici les différents aspects de ce mouvement :

Métier vu de l'extrémité du prolongement de l'axe de l'aspe.

1° Fuseaux 1 à droite, tournent de l'avant à l'arrière ;

2° Fuseaux 2 à gauche, tournent de l'arrière à l'avant.

Le métier, vu du côté opposé, c'est-à-dire du moyeu de la grande roue, offrira des aspects tout différents.

3° Fuseaux 1 à gauche, tournent de l'arrière à l'avant.

4° Fuseaux 2 à droite, tournent de l'avant à l'arrière.

Métier vu du côté du pignon de la roue.

5° Fuseaux 2 de gauche, placés en face, tournent de gauche à droite ;

6° Fuseaux 1 de droite, placés derrière les précédents, tournent, en apparence, de droite à gauche, mais le sens doit avoir lieu, en réalité, comme le précédent, en raison de la position de l'observateur.

Métier vu du côté de la manivelle de la roue.

7° Fuseaux 1 de droite, placés en face, tournent de gauche à droite;

8° Fuseaux 2 de gauche, placés derrière les précédents, tournent, en apparence, de droite à gauche; mais le sens doit avoir lieu, en réalité, comme le précédent, en raison de la position de l'observateur (voir N° 6).

Il s'en suit que la torsion a lieu dans le même sens des deux côtés. En voici la preuve :

Métier vu, la manivelle de la roue à droite.

Fuseaux 1 de droite, vus de face, tournent de gauche à droite comme le N° 7 précédent.

Métier vu, le pignon de l'axe de la roue à gauche.

Fuseaux 2 de gauche, vus de face, tournent de gauche à droite comme le N° 5 précédent.

Cette explication a paru nécessaire, l'œil étant facilement trompé dans le résultat du jeu de la courroie sur les fuseaux. Le système chinois, d'une simplicité primitive, résout un problème d'effet d'optique qui intéresse à la fois la dioptrique et la mécanique.

Voici, d'ailleurs, les pièces qui composent cet appareil :

1. Deux montants de trois mètres de hauteur;

2. Six barreaux de bambou;

3. Axe de la roue;

4. Manivelle;

5. Cercles de bambou destinés à maintenir les barreaux;

6. Courroie qui transmet le mouvement aux fuseaux;

7. Pignon extérieur adapté à l'axe de la roue;

8. Quatre piliers du bâti A. B. C. D.;

9. Deux grandes traverses supérieures;

10. Deux traverses inférieures;

11. Deux traverses d'écartement;

12. Deux planches parallèles percées chacune de seize trous destinés à recevoir les broches;

13. Seize fuseaux composés de broches de fer passant dans les trous des planches, de tuyaux de bambou propres à recevoir la courroie, et de seize bobines dont huit à droite et huit à gauche;

14. Deux traverses garnies de petits cercles de bambou, servant de filières pour séparer chaque bout de soie;

15. Cheneau rempli d'eau ou d'huile dans laquelle passe la soie;

16. Baguette sous laquelle passe la soie pour être maintenue au fond du cheneau;

17. Deux traverses d'écartement dans le centre du bâti;

18. Support des filières. Ces filières sont formées par un fil d'archal faisant seize arceaux. On passe deux bouts dans un arceau pour avoir une ovalée à deux bouts; on en passe trois pour avoir une ovalée à trois bouts, ainsi de suite. Les bouts, ainsi réunis, vont se flotter ensemble sur l'aspe;

19. Deux traverses supérieures d'écartement du bâti;

20. Deux montants ou supports de l'aspe;

21. Aspe, ou cage alongée avec six ailes. L'aspe tourne sur pivot et est mis en mouvement par une corde sans fin correspondant aux quatre poulies servant d'engrenage;

22. Quatre poulies E. F. G. H. servant d'engrenage sur lesquelles passe la corde mise en mouvement par le pignon n° 7 et qui fait mouvoir l'aspe n° 21.

Ce moulin, de 1/6me de grandeur naturelle, a particulièrement fixé l'attention des mouliniers à la dernière exposition à Lyon.

477. *Tché-tsin*, moulin à tordre la soie et à la doubler.

Cet appareil, dont le résultat est semblable au précédent, ne diffère que par la position des quatre poulies d'engrenage qui sont placées ainsi :

Deux sur la partie supérieure et intérieure du pilier le plus voisin du pignon de la roue, une sur la face du même pilier parallèle au montant de la roue, et la quatrième sur le montant même de la roue.

Cette aquarelle, sur papier, a été faite, aux frais de la Chambre de commerce de Lyon, sur les matériaux fournis par M. Hedde.

478. *Tché-tsin*, moulin à tordre la soie et à la doubler.

Cet appareil ne diffère du précédent que par la position des quatre poulies d'engrenage, qui sont placées toutes quatre sur la face extérieure du pilier voisin de la roue d'engrenage.

Ce dessin a été fait par M. Ad. Comte, de Lyon, d'après le modèle rapporté de la Chine par M. Hedde.

479. Tour Marin, machine à filer et à organsiner la soie, en même temps, procédé comparatif avec le système chinois.

Cet appareil est composé de dix bassines, garnies chacune d'une roulette qui reçoit le fil provenant de brins croisés sur eux-mêmes, à la sortie des cocons, et qui transmet ce fil à la tournette. L'appareil est composé de dix tournettes, garnies chacune d'un petit tambour qui, d'après la grandeur, donne un tors plus ou moins considérable au fil de soie. Le plus petit donne 720 tors au mètre, et le plus grand 360. Les tambours de grandeurs intermédiaires donnent des tors proportionnels.

Un axe, ou *menard*, à l'aide d'une courroie, fait agir les dix tournettes de la machine. De chaque côté, sont placés des guindres de flottage, d'une longueur déterminée, de sorte qu'on peut donner à la flotte un nombre de tours et de mètres comptés.

L'avantage consiste à supprimer quatre points de notre travail ordinaire :

1° Le dévidage à la tavelle;

2° Le premier apprêt;

3° Le doublage;

4° Le retors.

La soie peut être employée en fabrique immédiatement après la filature, soit pour chaîne, soit pour trame. Elle peut être employée teinte et cuite avec la plus grande facilité.

Cette machine a pour but de filer la soie, propre à chaque tissu différent, ainsi que le pratiquent les chinois.

Cet appareil, monté dans le local de la Condition des soies, à Lyon, porte le nom de l'inventeur, M. Marin, qui l'a confectionné d'après le système des chinois et aux frais de la Chambre de Commerce de Lyon.

Renvoi au numéros précédents et aux planches 44 à 47 des dessins de Sun-Kwa, ainsi qu'à l'examen des matières chinoises.

480. *Ta-sha-kia*, appareil pour tordre à la main.

Lorsque les Chinois veulent faire du cordonnet ou une soie montée à plusieurs bouts qui réclame un tordage forcé, ils se servent de piliers sur lesquels ils étendent les fils qu'ils tiennent tirants au moins de poids, et puis ils donnent une torsion au fil ou à la réunion des fils au moyen de deux planchettes rabotteuses.

Voici les pièces qui composent ce simple appareil :

1° *Mou-tchu*, pilier de devant supportant une barre garnie de cintres servant de filières.

2° *Tchu-tz'*, poteau placé à une distance assez considérable du pilier servant à étendre les fils de soie.

3° *Sse-kio-hing-kia*, appareil portatif, garni de roquets ou petits guindres, servant à étendre les fils de soie depuis le pilier jusqu'au poteau et *vice versa*.

4° *Youen-tchoui*, boules en plomb et garnies d'un crochet servant de poids que l'on place à l'extrémité des bouts de soie qui pendent des filières de la barre du pilier de devant.

5° *Pi-mou-pan*, deux tablettes en bois non rabotteux, servant à donner la torsion aux fils.

SOIES DIVERSES.

481. *Lan-kien*, cocons débouillis. Prix à Shang-Haï : 50 dollars le picul.

Cette matière ne peut offrir aucun avantage à l'importation en France, attendu que les prix de revient sont trop élevés.

482 * *Tou-mien*, ouate de cocons débouillis. Prix à Canton : 150 dollars le picul.

Cet objet, qui s'emploie à divers usages en Chine, n'a pour nous que l'intérêt de la curiosité. Renvoi au N° 481 précédent.

483 * *Kien-sz'*, bourre de soie douce décreusée, produits de cocons sales et autres de *Tso-Pou-Pan*, village dépendant de *Haï-hien*, département de Kia-Shing. Prix : 60 taels le picul.

484 * *Ti-sz'* Déchets de moulins.

Voici les prix indiqués par Jeou-Kwa, commissionnaire en soie à Canton.

1re qualité, 50 dollars le picul;
2e « 40 «
3e « 30 «

Ces matières n'ont aucune chance de placement en Europe.

485 * *Ho-mieu-sz'*. Fantaisie de *Kia-Shing*. Prix à Shang-Haï, 90 à 100 dollars le picul.

486 * *Kwa-sz'*, grège jaune douppions de *Tcha-Pou*. Prix à Shang-Kaï, 120 à 140 dollars le picul.

487. *Kwa-sz'*, grège jaune douppions de Canton. Le prix à Lyon est de 15 francs, conditions de cette place, ce qui porte cet article à 11 dollars le picul, à Canton. Cet objet et ces renseignements ont été communiqués par M. Moine, marchand de soie à Lyon.

488 * *Sz-pi*, frison filé, 1er choix, 85 à 90 dol. le picul.
« 2e « 80 à 85 «

«	3[e]	«	75 à 80	«
«	4[e]	«	70 à 75	«
«	5[e]	«	60 à 70	«
«	6[e]	«	50 à 60	«

Ces articles ne peuvent espérer aucune faveur sur nos marchés.

489 * *Pi-sien*, fil à pêche, produit de vers sauvages trempés dans le vinaigre.

1re	qualité le catti	5	dollars.
2[e]	«	4 3/4	
3[e]	«	4 1/2	
4[e]	«	4 1/4	
5[e]	«	4	

490 * *Tchu-sien*, cordes d'instrument et fils à pêche en soie montée de *nan-tsin*.

1re	qualité le catti	6	dollars.
2[e]	«	5 3/3	
3[e]	«	5 1/2	
4[e]	«	5 1/4	
5[e]	«	6	

491 * *Sse-sz'*, grège jaunâtre du Kwei-Tchou. Prix : 100 à 130 dollars le picul.

492 * *Shan-sz'*, grège grisâtre du *Shan-tong*. Prix à Shang-Haï, 80 à 100 dollars le picul.

493 * *Tou-sz*, grège blanche, Canton.

1.	*Long-kong* en chinois *Long-kiang*,	350 à 360 dol. le picul.
2.	Long-shan.	340 à 350
3.	Lak-lao.	320 à 340
4.	Kom-tchok	300 à 310

5. Hong-ling. . . . . 290 à 300
6. Hang-tan . . . . 270 à 280
7. Shoui-lan . . . . 230 à 250
8. Koui-tchok . . . . 210 à 220
9. Kan-kong . . . . 200 à 240

494 * *Tou-sz'*, grège souffrée, Canton.

1. Hong-ling en chinois, 250 à 260 dollars le picul.
2. Hang-tan. . . . . 240 à 250
3. Shoui-lan . . . . 220 à 240
4. Koui-tchok. . . . 210 à 220

495 * *Tchuen-sz'*, grège jaune du Sse-Tchuen, 35/40 deniers environ.

Prix à Canton : 380 à 400 dollars le picul.

Pour tous les renseignements sur les soies de Canton et du midi de la Chine, renvoi aux rapports n°s 35 et 38 de M. Hedde au ministre du commerce.

496 * *Ou-sz'*, grège blanche, dite *Tsat-li*, en chinois *Tsi-li*..

1re qualité 16/20 deniers environ valait, en 1846, à Shang-Haï, de 420 à 440 dollars le picul (38 à 39 fr. le kilog.) (1).

2e qualité 18/20 deniers environ valait, en 1846, à Shang-Haï, de 400 à 420 dollars le picul (37 à 38 fr. le kilog.)

3e qualité 20/24 deniers environ valait, en 1846, à Shang-Haï, de 380 à 400 dollars le picul (36 à 37 fr. le kilog.)

(1) Ces prix doivent s'entendre comptant sur les marchés de Chine ; car, pour faire la différence des prix comptant sur le marché français, il faut ajouter environ 20 p. cent. de frais divers.

497 * *Ou-sz'*, grège blanche, dite *Yun-fa*, en chinois, *Yun-hwa.*

1re qualité 20/28 deniers environ valait, en 1846, à Shang-Haï, de 380 à 400 dollars le picul (36 à 37 fr. le kilog.)

2e qualité 20/28 deniers environ valait, en 1846, à Shang-Haï, de 370 à 390 dollars le picul (35 à 36 f. le kilog.)

3e qualité 20/28 deniers environ valait, en 1846, à Shang-Haï, de 350 à 360 dollars le picul (33 à 34 fr. le kilog.)

498 * *Ou-sz*, grège blanche, dite *Tay-Saam*, en chinois, *Ta-tsan.*

1re qualité de 40/50 deniers environ, 1er choix, valait, en 1846, à Shang-Haï, de 320 à 350 dollars le picul (29 à 31 fr. le kilog.)

2e qualité de 40/50 deniers environ valait, en 1846, à Shang-Haï de 320 à 340 dollars le picul (29 à 30 fr. le kilog.)

3e qualité de 40/50 deniers environ valait, en 1846, à Shang-Haï, de 320 à 325 (29 fr. environ le kilog.

4e qualité de 40/50 deniers environ valait, en 1846, à Shang-Haï, de 290 à 310 dollars le picul (27 à 28 fr. le kilog.)

5e qualité de 40/50 deniers environ valait, en 1846, à Shang-Haï, de 270 à 280 dollars le picul (25 à 26 fr. le kilog.)

Pour tous les renseignements concernant les soies du Tché-Kiang, connues en Chine sous le nom de

Nan-tsin (1), renvoi aux rapports n°s 35 et 39 de M. Hedde au ministre du commerce.

499. Essai de grège pour fil de chaîne, sans tors ni retors, c'est-à-dire légèrement tordue au filage dans le genre des Chinois; par M. Marin, professeur de théorie, à Lyon.

500. Essai de même soie décruée pour trame, par le même expérimentateur.

501. Soie filée et organsinée, sortant de la filature, d'après le système chinois.

Cette soie se compose de 8 brins de cocons, avec un apprêt de 720 tors au mètre. Elle est destinée à la fabrication des gros de Naples et pou-de-soie. Renvoi au n° 502 suivant, métier sur lequel cette matière a été filée.

502. Soie blanche produite de vers tigrés de la Chine, filée par Mme veuve Romain, d'Ysieu, arrondissement de St-Etienne.

SOIES OUVRÉES.

503. *Tong-king*, mi-grenade, échantillon remarquable communiqué par M. Moine de Lyon.

Cette soie se présente en masses de 10 mateaux :

(1) C'est par erreur qu'on dit soies de Nan-Kin ; il faut dire Nan-Tsin, qui est le quartier marchand de la ville de Ou-Tchou, pour toutes les belles soies *tsat-li*, *yun-fa* et *tay-saam*. Ces derniers noms sont les désignations cantonnaises que les Anglais donnent aux soies *tsi-li*, *yun-hwa* et *ta-tsan*, c'est-à-dire soies à sept cocons, fleurs de jardins et produits de gros vers.

chaque mateau par 18 flottes. Elle est copiée par masse, par mateau et par 18 flottes. La capie n'est pas nouée, elle est formée par plusieurs fils dont les uns montent et les autres descendent.

504. **Kang-tse-sien*, organsin Canton de 30/35 deniers.

1er choix de 420 à 430 dollars le picul (38 à 39 fr. le kilogr.).

2e choix de 400 à 410 dollars le picul (37 à 38 fr. le kilogr.).

505. **Sou-sien*, grenadine à deux branches, fil tordu de Sou-tchou, seul choix de 400 à 420 dollars le picul (37 à 38 fr. le kilogr.).

506. *Ou-king*, organsin de Ou-tchou (1), blanc de 30/31 deniers, qualité remarquable remise par MM. Annett et Derveaux, commissionnaires en soie à St-Etienne.

Chaque masse est composée d'un nombre de flottes à tours comptés et envergés par un fil d'une substance particulière. Chaque masse porte une étiquette indiquant la qualité de la marchandise, le nom du moulinier et le nombre de tours.

507. *Ou-king*, organsin de Ou-tchou, blanc, de 36/40 deniers, prix, à Shang-haï, en 1846, de 500 à 520 le picul (46 à 47 fr. le kilogr.).

508. *Ou-sien*, soie blanche, ovalée, de Ou-tchou, 40/45 deniers environ, montée à trois bouts.

(1) On appelle quelquefois ces organsins *Nan-king*, abréviation de *Nan-Tsin-King*, ce qui veut dire organsins de *Nan-Tsin*.

Les anglais appellent ces soies, ainsi que toutes celles ouvrées en Chine, *chinese tuhron silk* : On doit les distinguer de celles qu'ils appellent *china thrown silk*, c'est-à-dire soie de Chine ouvrée en Angleterre.

509. *Sz'-sha*, trame de 36/40 deniers, produit de grège Tsat-li, prix comptant, sans escompte, à Lyon en 1847, 48 à 50 fr. le kilogr.

510. *Sz'-sha*, trame apprêt très-forcée, de 36/40 deniers, produit de grège *yun-fa*, prix : 46 à 47 fr. le kilogr.

511. *Ou-sien*, poil de 45/50 deniers, produit de Tay-sœane, prix : 41 à 42 fr. le kilogr.

512. *Ou-sien*, tors sans filet, de 45/50 deniers, produit de Tsat-li, prix : 43 à 44 fr. le kilogr.

513. *Sz-sha*, trame de 45/50 deniers, produit de Tsat-li, prix : 45 à 46 fr. le kilogr.

514. Organsin de 36/40 deniers, produit de Yun-fa, prix : 48 à 50 fr. le kilogr.

Cet organsin a été monté par les soins de M. Marast, commissionnaire en soie à St-Etienne, avec les grèges rapportées de la Chine par M. Hedde.

515. *Sien-sha*, trame apprêt, très-forcée, de 40/45 deniers, produit de *Tsat-li*, prix : 46 à 48 fr. le kilogr.

SOIES TEINTES.

516. * *Sz-yong*, soie floche de Canton, couleurs diverses, prix : 3 à 4 dollars le catty.

517. * *Sz-yong*, soie floche de Canton, couleurs fines, prix : 5 à 6 dollars le catty.

518. * *Sz-yong*, soie floche de Ning-po, couleurs fines, prix : 6 à 7 dollars le catty.

519. * *Sz-yong*, soie floche de Ning-po, ombré, N° 1, prix : 5 à 6 dollars le catty.

520. * *Sz-yong*, soie floche de Ning-po, ombrée, N° 2, prix : 6 à 7 dollars le catty.

521. * *Sz-yong*, soie floche de Ning-po, couleurs diverses, prix : 4 à 5 dollars le catty.

522. * *Hwa-sien*, soie mi-torse à broder, couleurs ordinaires de Ning-po, prix : 4 à 5 dollars le catty.

523. * *Hwa-sien*, soie mi-torse à broder, ombrée, de Ning-po, prix : 5 à 6 dollars le catty.

524. * *Hwa-sien*, soie mi-torse à broder, couleurs fines, de Ning-po, prix : 6 à 7 dollars le catty.

525. * *Y-sien*, soie torse à coudre, couleurs ordinaires, de Ning-po, prix : 4 à 5 dollars le catty.

526. * *Y-sien*, soie torse à coudre, couleurs ordinaires, de Ning-po, prix : 5 à 6 dollars le catty.

527. * *Y-sïen*, soie torse à coudre, couleurs ordinaires, de Ning-po, prix : 6 à 7 dollars le catty.

528. * *Tou-sien*, soie torse, grenadine, couleur noire, de Ning-po, prix : 3 à 4 dollars le catty.

529. * *Sz-sien*, cordonnet blanc, de Ning-po, prix : 7 à 8 dollars le catty.

530. * *Kang-yong*, soie torse à coudre, toutes couleurs, de Canton, prix : 3 à 4 dollars le catty.

531. * *Sz-yong*, soie torse floche, toutes couleurs, de Canton, prix : 4 à 5 dollars le catty.

532. * *Sz-sien*, cordonnet blanc, de Canton, prix : 5 à 6 dollars le catty.

533. * *King*, organsin décrué, appelé *soie quina*, à Manille, prix : 5 à 6 dollars le catty.

534. * *King*, organsin cuit, bleu-Louise, prix : 5 à 6 dollars le catty.

535. * *King*, organsin cuit, cerise, prix : 6 à 7 dollars le catty.

536. * *King*, organsin cuit, jaune d'or, prix : 5 à 6 dollars le catty.

537. * *Sien*, poil cramoisi, prix : 5 à 5 dollars 1/2 le catty.

538. * *Sien*, poil violet, prix : 5 à 5 dollars 1/2 le catty.

539. * *Sien*, poil ponceau, prix : 6 à 7 dollars le catty.

540. * *Sien*, poil lilas, prix : 5 à 6 dollars le catty.

541. * *Sien*, poil cramoisi, prix : 5 à 5 dollars 1/2 le catty.

542. * *Sien*, poil jonquille, prix : 5 dollars le catty.

543. * *Sien*, poil ponceau, prix : 6 à 7 dollars le catty.

544. * *Sz*, grège cuite, bleu-de-ciel: prix : 4 à 5 dollars le catty.

TEINTURE.

545. *Sz'-jen-pou*. Atelier de peinture.

Ce tableau, gouaché par *Yeou-Kwa*, de Canton, représente la boutique de *Ha-Sing*, contre-maître de la teinturerie de Wa-Shing dans *Ta-tong-Kaïe*, à Canton. On y voit représentés le fourneau et la chaudière employés pour le décreusage des soies, le pressoir qui sert à l'extraction de la matière colorante du Hong-Hwa, carthame de Chine, les différentes manutentions opérées avant et pendant les bains successifs où l'on plonge les soies, le chevillage, le tordage et le lavage, enfin le matériel dont se compose l'intérieur d'un atelier de teinture en Chine.

Voici quelques renseignements pris sur les lieux.

Le matériel de teinture se compose de :

Quatre cuves d'indigo encastrées dans un massif de maçonnerie, à 5 piastres chacune ;

Une grande chaudière en cuivre rouge ;

Deux petites du même genre avec leurs couvercles en bois ;

Quatre fourneaux montés ;

Un massif en maçonnerie, avec fourneau, etc. :

Un pressoir en bois avec ses accessoires ;

Trois tourniquets en bois ;

Quatre baquets en bois ;

Soixante-et-quinze terrines en terre cuite ;

Huit grandes jarres et tonnelles en terre cuite ;

Quatre grandes cuves en bois ;

Trois esparres ;

Quinze égouttoirs et tamis, le tout en bambou ;

Un égoutoir, en bois, incliné avec tréteaux et supports;

Trois cents perches pour étendre;

Trois cents bâtons à cheviller et lissoirs;

Enfin, verres, écuelles et vases divers en porcelaine, terre et bois, nécessaires pour différentes manutentions.

Le petit verre à *sam-shou* contient un poids de trois *maces* de liquide et l'écuellée en coco, 12 *taels* de jus de citron. Un échafaudage, en bambou, monté sur le faîte de la maison, est évalué à 30 piastres. Tout le mobilier de teinture coûte environ 800 taels. Les approvisionnement habituels au magasin s'élèvent à environ 600 dollars; mais dans cette somme n'est pas comprise la valeur du jus de citron, qui s'achète par lots de 300 dollars à la fois.

L'atelier occupe 6 ouvriers, dont deux maîtres payés à 400 taels par an, savoir : les deux derniers à raison de 100 taels par an, et les quatre premiers à 50 taels. Tous sont logés et nourris dans la maison, et l'on évalue à 180 taels, par an, la dépense de leur nourriture.

La maison occupée par le chef d'atelier se compose de trois grandes pièces, l'une s'ouvrant sur *Ta-toung-Kaïe*, la rue la plus fréquentée du faubourg de Canton, et servant de magasin, en même temps que d'atelier de calendrage, de pliage, d'enroulage pour les foulards et les crêpes de Chine. La deuxième pièce sert d'entrepôt de matières tinctoriales, de mobilier de teinture, ainsi que d'atelier pour les cuves d'indigo. La troisième pièce est la teinturerie, proprement dite, où se trouvent tout le matériel en activité, le bois de chauffage, etc. Au-dessus de ces halles sont les emplacements consacrés à l'étendage. Le loyer de cet établissement est de 120 taels par an.

Voici quelques renseignements concernant le matériel :

La grande chaudière employée pour décreuser et teindre les soies, est faite en cuivre rouge du Japon. Lorsqu'elle est bien entretenue, elle peut durer cent ans; elle pèse 1 picul et coûte cent taels. Une chaudière semblable, faite en cuivre jaune, ne durerait que 20 à 25 ans. Elle ne coûterait que 20 taels pour le même poids. Cette grande chaudière contient environ 100 seaux de 40 cattis chaque. Sa hauteur est de 25 centimètres; son diamètre de 30 centimètres. Cette chaudière est encastrée dans un massif en maçonnerie, haut de 87 centimètres et ayant 160 centimètres de côté. Elle est chauffée, à feu nu, par un foyer sans grille, ni cendrier.

Le seau employé pour verser le jus de citron sur les terrines de teinture a 22 centimètres de hauteur, sur 24 de diamètre.

La terrine, en terre cuite pour bains de teinture, a 30 centimètres de hauteur, sur 47 de diamètre supérieur, et 34 de diamètre inférieur.

L'espart, appelé *Nao-toung*, en bois, *Y-mou*, est implanté dans le dallage de granit; sa hauteur est d'un mètre. Le lissoir, avec lequel on cheville à l'espart, est en bambou.

La batte en bois avec laquelle on frappe la soie, avant et après certains rinçages, est longue de 39 centimètres, large de 65, épaisse de 5 centimètres; elle a une poignée de 3 centimètres de diamètre.

Les cuves d'indigo ont 55 centimètres de diamètre, 90 centimètres de profondeur; elles sont encastrées dans un massif de maçonnerie, haut de 46 centimètres et large de 135 millimètres, sur lequel sont implantés des tréteaux, hauts de 45 centimètres sur un mètre de largeur : ces tréteaux servent à la manœuvre des lissoirs.

Le pressoir, pour obtenir, par expression, la matière colorante du *Hong-hwa*, est tout en bois; il se manœuvre par un seul ouvrier. Il se compose d'un plan incliné, long d'un mètre 3/4, porté par deux piliers dont l'un oblique fait varier à volonté son inclinaison. Deux poteaux obliques sont fixés sur ce plan, et sont traversés par une pièce de bois semi-circulaire. On place les sacs au milieu du plan, on les recouvre d'un plateau de bois sur lequel on place deux planches épaisses, afin d'obtenir le maximum de puissance du levier. Ce levier a pour point d'appui la pièce de bois semi-circulaire; il est maintenu à l'autre extrémité par des câbles et la pression s'obtient facilement par la manœuvre d'un ouvrier qui détermine l'enroulement de ce câble sur un cylindre inférieur. On emploie des sacs en toile de *ma*. Ils sont appelés *Tsa-taï* et servent à envelopper la matière du Hong-Hwa et à la maintenir pendant l'expression.

La calendre en granit pèse 8 piculs et coûte seule 12 dollars. Toute montée avec ses accessoirs, elle revient à 27 dollars.

546. *Soen-shoui*, jus de citron, du district de Tsang-Tching, du département de Canton, est expédié par tourrilles de 25 cattis. Il coûte 1 mace d'argent, le catti. Ce liquide est d'une couleur jaune sale et trouble. Quand on le laisse reposer quelque temps, il produit un dépôt abondant de matières légéres et blanchâtres qui le ternissent. Sa saveur est aigre-

lette, et son odeur un peu piquante témoigne un commencement d'altération.

547. *Pé-fan*, alun, mordant habituel employé par les teinturiers chinois.

C'est un article considérable d'exportation de Chine. On s'en sert dans cette contrée à différents usages domestiques, principalement à Canton, pour la clarification de l'eau. Le prix est de 1|2 à 2 dollars le picul.

548. *Hien-Houi*, chaux de coquille, employée principalement pour le montage des cuves d'indigo. Le prix est de 6 maces le picul.

549. *Tsing-fan*, couperose ou sulfate de fer.

Cette substance qui coûte, à Chusan, 20 cash le catti, s'emploie pour la teinture des noirs, avec addition de *keou-hwa*. On l'emploie également avec le *hwa-keou*, autre substance végétale dont il sera fait mention plus loin. La couperose sert également pour la teinture des gris, avec la feuille de *lam*. La couperose s'appelle, à Chusan, *lo-fan*, c'est-à-dire alun verd.

550. *Kien-sha*, potasse.

Pour le décreusage de la soie, du *ma* et d'autres matières textiles, les Chinois emploient une potasse obtenue d'un grand nombre d'arbres de la province du *Kwang-si*, principalement de ceux à épines du département de *Voue-Tchou*. Ce prix, à Canton, est de quatre à six piastres le picul.

Les teinturiers chinois font avec le *kien-sha* une eau de potasse que l'on appelle *kien-shoui*; on s'en sert pour la dissolution de plusieurs matières colorantes.

Dans le nord, on se sert du *kien-shoui* pour le lavage du linge. On en fait même une espèce de savon, en y mélangeant des graisses et des huiles. On en distingue quatre qualités :

1° *Pé-Kien*, savon blanc ;
2° *Hoang-' ien*, id. jaune ;

3° *Tsé-Kien*, id. violet ;

4° *Tsiao-mei-Kien*, id. de sarrazin.

D'après la christomathie du révérend M. Bridgman, le savon étranger appelé *fan-kien* s'emploie aux usages domestiques.

L'analyse chimique du *Kien-sha*, ou potasse ordinaire de Chine, faite par M. Gonon, teinturier à Lyon, membre de la Société Royale d'Agriculture, a présenté les résultats approximatifs suivant :

40 0/0 sous-carbonate de potasse ;
40 0/0 chlorure de potassium ;
20 0/0 sulfate de potasse.

100 parties.

Il est toutefois nécessaire de dire que cette analyse n'a pu être faite d'une manière rigoureuse, faute de quantité suffisante.

Pour tous les détails concernant cette substance remarquable qui décreuse parfaitement la soie, sans lui faire perdre de son poids autant que le savon, et qui lui conserve toute sa force, renvoi au rapport nᵉ 28 de M. Hedde au Ministre du commerce.

551. Racine d'une plante de Chine, exportée en Russie et employée comme savon en teinture. Prix à Varsovie, environ 11 fr. le kilogr.

Communication de M. Hénon, secrétaire de la Société royale d'Agriculture de Lyon.

552. GRIS.

On teint en gris avec différentes substances; la principale est le *pei-tseu*, avec lequel on obtient d'excellents gris lilatés. Cette substance, qui s'appelle *tchun-pi* à *Kwan-Shan* et à Sou-Tchou, coûte 40 cash le catti, et, à l'emploi, 120 cash la pièce teinte de 10 covid de longueur sur 2 de largeur.

Le *pei-tseu* vient à Canton du département du *Lien-tchou*, et coûte, sur les lieux de production, 4 taels le picul environ, pour être revendu à Canton 6 à 7 taels. Ce serait, d'après l'opinion des hommes les plus pratiques, une matière précieuse pour nos teintures, en ce que son bas prix lui permettrait de remplacer nos meilleurs galles qui nous coûtent le double et même plus.

Cette substance se présente sous la forme de loupes alongées tuberculeuses, irrégulières, tourmentées, quelquefois bifides, à peau veloutée, couverte d'une espèce de duvet gris, jaunâtre ou verdâtre sale, voilant une surface gommeuse, brillante de même couleur plus foncée. L'intérieur est creux, à parois tapissées d'une efflorescence blanche et renfermant une pelotte alongée d'un duvet cotonneux, piqueté de petits points noirs. Dans quelques-unes de ces excroissances, on trouve des myriades de petits insectes ailés, parfaitement formés. La cassure est d'un éclat résineux. La substance est assez dure et brise sec. Elle est semi-transparente comme la corne.

D'après M. D. Inigo de Asaola, savant botaniste de Manile, cette substance serait le produit d'un arbre désigné dans la *Flore des Philippines* du Père Blanco, sous le nom de *terminalia angustifolia*; elle a des propriétés très-remarquables. C'est d'après les expériences de M. Guinon, d'être soluble en grande partie dans l'eau, et contrairement à toutes nos matières tannantes, la noix de galle comprise, de se combiner à la soie à laquelle elle ajoute du poids, sans presque la colorer. Combinée avec l'oxide de fer, elle donne des teintes de gris plus ou moins montées et d'un ton plus agréable que celles obtenues par la noix de galle.

BLEU.

553. ***Lan***, **feuilles d'une plante marécageuse, qui s'emploient fraîches et avec lesquelles, sans mordant, on obtient un bleu clair solide.**

Les feuilles de *lan* ou *lan-hie* proviennent d'une plante appelée *lan-tsao* qui, d'après le révérend P. Bridgman, serait une variété de *Polygonum*. Le *lan*, tel qu'il est apporté du faubourg de Honan à Canton, et vendu aux teinturiers, se présente en touffes composées de deux ou trois tiges qui s'élèvent indépendantes du collet de la racine, à environ 30 centimètres de hauteur. C'est une plante herbacée, traçante, à rameaux opposés, et feuilles opposées, entières, penninerves, ramiales, d'un beau verd foncé, qui bleuit, lors de la dessication de la plante.

Ces indications ont fait supposer à M. Margueron, teinturier à Tours, qui lui-même a fait de nombreux essais sur le *polygonum tinctorium*, que le *lan* devait être une plante non encore classée en botanique, car ses caractères indiquaient une espèce toute différente du *polygonum*.

Les missionnaires de Pékin ont présumé que c'est une persicaire (1). Toutefois

(1) Les *Mémoires sur les Chinois* donnent sur les teintures du nord de la Chine différentes notions. Le volume IV traite particulièrement du carthame et du jaune. Le volume II contient sur la préparation du petit indigo *siao-lan* quelques renseignements intéressants.

il est utile de savoir que le *lan* se cultive dans une grande étendue de terrain sur la rive droite du Tchou-Kiang, et principalement dans la partie du Honan, en face de Canton. Les feuilles s'achètent à fort bon marché. 1/4 ou 1/2 dollars, suivant qu'elles sont abondantes sur le marché. Ces feuilles ne peuvent servir que lorsqu'elles sont fraîches.

Cette plante est représentée à la planche 11 d'un album mentionné au nº 457 précédent.

554. *Tien-tching*, indigo pâteux.

La plante qui fournit l'indigo pâteux, près de Shang-hai est, d'après M. Fortune, un *isatis indogotica*. La plante, suivant ce voyageur, est un demi-arbrisseau portant de jolies fleurs; ses feuilles radicales sont à demi-lancéolées, portées sur de longs pédoncules, aiguës, légèrement dentées et assez charnues. Celles de la partie supérieure, près des fleurs, sont linéaires; la tige est décombante. Sa hauteur est d'environ 45 centimètres. Elle est divisée à sa base en plusieurs rameaux de 20 centimètres environ, qui portent çà et là de petites touffes de feuilles comme celles de la tige principale. Les fleurs très-petites sont jaunes. Les siliques noires, entièrement unies, d'environ 12 millimètres de longueur, sur 4 dans la plus grande largeur sont oblongues, obtuses à chaque extrémité, légèrement comprimées vers le milieu.

La matière colorante est extraite, à peu près, comme l'on opère pour l'indigo ordinaire. La culture a lieu dans des terrains humides. La coupe des plantes rasterre a lieu vers le mois de juin. On les fait macérer dans de grandes cuves pleines d'eau. On transvase le liquide, et puis, après y avoir mélangé un lait de chaux, on l'agite et on le décante.

La matière est alors à l'état de pâte et non solidifiée. Elle coûte, à Shang-Haï, 80 cash le catti. La première qualité vient de *Pé-hou-hien*, de la province du Kwang-si. La teinture en pièces de 10 corids de longueur, sur deux de largeur, coûte 1 mace.

Le *tien-tching* produit un bleu médiocre, pas si riche que nos indigos ordinaires. On s'en sert pour teindre, en vert, avec le *wei-hwa*, mais la teinture la plus remarquable est le noir bleuté qui s'obtient, d'abord avec le *tien-tching*, en donnant deux bains successifs de ce colorant, puis un troisième bain de *keou-hwa*.

Pour les noirs de deuxième qualité, on donne un seul bain de *tien-tching*, puis un bain de *keou-hwa*.

Le *tien-tching* sèche au bout de quelques jours, si l'on n'a pas soin de le tenir dans un état permanent d'humidité. Quand il est sec, il perd son efficacité et ne donne plus qu'une couleur noirâtre.

Le *tien-tching* coûte, à Chusan, 16 piastres le picul.

MONTAGE DES CUVES.

Quatre picul d'eau froide;

Cinquante catti de *tien-tching*;

Deux de *hien-houi* (528).

Par chaque catti d'indigo, dont on nourrit la cuve, on ajoute 6 maces de *hien-*

houi, ainsi que l'eau suffisante pour maintenir la cuve pleine. Le montage de la cuve doit commencer six à sept jours avant de teindre ; mais quand on nourrit seulement la cuve , il suffit de deux ou trois jours avant la teinture. On plonge ensuite autant de fois qu'on veut foncer les objets.

Le dessin qui représente la plante du *tien-tching* est de M. E. Grobon , de Lyon , d'après la planche insérée dans les *Annales de la Société d'horticulture de Londres*, 1846.

555. *Tou-tching*, indigo de pays.

Les Chinois cultivent l'indigotier, *indigofera tinctoria* : ils en extraient de l'indigo liquide; mais ils préfèrent celui qu'ils obtiennent de la plante précédente. Renvoi au N° précédent.

556. *Yang-tching*, indigo étranger.

Cet article est importé en Chine de Java et de Manille. Il n'est pas aussi estimé que le *tien-tching*.

557. *Yang-tien*, bleu de Prusse.

Cette substance minérale se tire généralement de l'étranger, quoiqu'on en fabrique à Canton.

Ce bleu n'est ordinairement employé, dans cette ville, qu'en peinture pour bleu, comme la malachite, carbonate de cuivre, pour le vert. Il en sera question aux couleurs usitées pour le dessin et à l'article spécial de la troisième partie.

JAUNES.

558. *Wei-hwa*, substance dont les Chinois se servent pour teindre en jaune clair et foncé. Le prix est, à Canton, de 5 à 6 taels le picul, environ 55 à 65 les 100 kilogr.

Cette substance se présente en graines semblables à l'anis, mais un peu allongées et s'éfilant au bout. La pellicule renfermant la semence est ordinairement d'un jaune brunâtre, sans saveur ni odeur. Elle est ordinairement mélangée de petites tiges brisées et de différents débris de la plante.

Cette substance intéressante ayant fixé l'attention des agriculteurs et des chimistes, il est peut-être utile de donner les différents avis des savants qui s'en sont occupés.

A l'article *botany* de la *Chrestomathie* du révérend E. C. Bridgman, l'arbre qui donne ce produit est désigné sous le nom cantonnais de *wei-shu* (*ash tree*) ou frêne.

Dans le dictionnaire de Medhurst, la fleur porte le nom de *hwae-hwa* 10/75, et elle est indiquée sous le nom d'*anagris fœtida*. On ajoute que quelques personnes pensent que c'est la *senna*.

Ces jugements sont évidemment erronés, à moins qu'ils ne s'appliquent à d'autres substances que celles qui nous occupent, et ayant un nom similaire.

Dans le dictionnaire de Guignes, sous le nom de *hoây* 10/75, on l'appelle espèce d'accacia, et, dans les mémoires publiés par les missionnaires de Pékin, on dit (volume 5) que l'on se sert généralement en Chine, pour teindre en jaune, des fleurs du faux accacia, et l'on indique la manière de les cueillir et de les préparer pour les conserver.

Enfin, dans le dictionnaire de S. Wells Williams, page 404, on indique la fleur du *ĥwai* sous le nom de *Cassia sophora*.

M. J. L. Hénon, D. M., secrétaire de la Société Royale d'Agriculture de Lyon, a examiné avec beaucoup de soin cette substance, et a reconnu qu'elle était le bouton peu développé de la fleur d'un arbre assez commun dans nos contrées, le *sophora japonica*. Renvoi à la Notice de M. Hénon, *Annales publiées par la Société Royale d'Agriculture de Lyon*, novembre. 1847.

Pour teindre avec le *wei-hwa*, on le fait bouillir pendant une demi-heure, et puis, dans ce bain, on plonge la soie qui doit être mordancée, dès la veille, avec l'alun.

On a placé cette substance la première dans la classe des jaunes, bien que, dans l'ordre de solidité, elle n'occupe que le second rang.

559. *Wang-tang*, racine jaune.

La plante, qui fournit cette substance, ressemble à un rotin; elle vient de la province du Kwang-si. Elle se présente, chez les teinturiers, en fragments de racines ou sarments de 10 à 15 millimètres de diamètre, tortueux, noueux, couverts d'une écorce brun-rougeâtre, ridée et plissée. Cette écorce se détache facilement. Quand le sarment se sèche et se tourmente, la texture interne est mise à nu. C'est un faisceau radié de lamelles flexueuses, étroites, appuyées les unes sur les autres et rayonnant vers un centre commun; leur couleur est d'un beau jaune vif, leur saveur est amère et il n'est pas rare de les voir se disjoindre et se séparer entièrement.

Pour la teinture de la soie, on doit faire infuser les racines de Wang-tang pendant 3 ou 4 jours, et puis on plonge dans cette disssolution les soies sans employer aucun mordant.

Pour teindre en vert clair, on commence par donner un fonds de jaune par le *wang-tang*, puis on donne un bain de feuilles de *lan* sans aucun mordant.

Le *wang tang* figure au premier rang dans l'ordre de solidité des teintures chinoises en jaune.

Le *wang tang* serait, d'après M. D. Inigo de Azaola de Manile, la racine d'une plante connue, dans la Flore des Philippines, sous le nom de ***Menispermum soma***. Il aurait, suivant nos teinturiers de St-Etienne, beaucoup d'analogie avec l'épine-vinette, moins la solidité.

560. *Hwang-pei-pi*, écorce d'une espèce de cyprès de la province du Kwang-Si.

Cette substance se présente en petites plaques d'environ 8 centimètres de longueur sur 3 de largeur et de 1 d'épaisseur. Sa surface, extérieurement brun jaunâtre foncé, piqueté, est quelquefois sillonnée de petites cavités produites par le développement du tronc. Sa surface intérieure est lisse et légèrement ridée, d'un jaune rougeâtre et montrant, dans les éclats, les feuillets internes d'une belle couleur jaune vif.

Cette substance coûte à Canton 6 piastres le picul; elle est regardée la 3e dans l'ordre de solidité des jaunes.

561. *Hwang-kiang-fan*, poudre de racine.

Cette couleur, la moins solide de celles employées à Canton, ne résiste pas à l'action du soleil; elle coûte 6 taels le picul. Cette matière, probablement produit du curcuma, se présente fine et légère, d'un jaune souci foncé, d'une odeur sensible de curcuma, tachant en jaune citron. On trouve cette substance dans toutes les parties de la province du *Kwang-tong* et de celle du *Kwang-si*. Les racines fraîches coûtent 2 dollars le picul, et sèches 4 taels 8 maces.

Pour teindre au *Kwang-kian-fan*, on le fait dissoudre dans de l'eau bouillante, on décante et on ajoute au bain du suc de citron. Pour 1 catti de poudre, on mélange un petit verre de suc de citron, et pour teindre un catty de soie, on emploie 4 catty de poudre. Il faut faire observer que si le *kwang-kiang-fan* était réellement le *curcuma*, il ne serait pas nécessaire d'ajouter de l'acide dans le bain, mais seulement après le lavage.

Cette couleur jaune prend en Chine 1 % en sus de son poids après la teinture. Cette circonstance vient encore offrir une différence avec le *curcuma*.

562. Boutons du *sophora japonica*, recueillis sur la demande de M. Guinon, teinturier, membre de la Société royale d'Agriculture, et par les soins de M. Seringe, directeur du Jardin des Plantes à Lyon.

M. Guinon a fait sur cette substance toutes les expériences désirables. Il a présenté, à ce sujet, un Rapport circonstancié à la Société Royale d'Agriculture de Lyon, en voici les principaux passages :

« La couleur jaune n'existe ni dans l'écorce, ni dans le bois. A peine sensible dans la feuille, on la trouve en grande quantité dans les boutons, et surtout dans les fleurs ; mais celle des fleurs est plus brune que celle des boutons, ce qui explique la préférence que les Chinois donnent à ceux-ci. Le calice en donne peu, les étamines davantage, et enfin les pétales, qui sont blancs, en contiennent beaucoup. Elle paraît être en combinaison avec un acide végétal qui affaiblit et masque la couleur, laquelle passe instantanément du blanc au jaune foncé par l'action de l'ammoniaque. Cette propriété n'appartient pas exclusivement au sophora du Japon; on la retrouve dans plusieurs arbres et plantes dont la fleur est blanche. L'accacia ordinaire, qui appartient aussi à la famille des légumineuses, présente sous ce rapport de l'analogie avec le sophora, mais avec beaucoup moins d'intensité.

La couleur jaune a beaucoup d'analogie avec celle de la gaude ; mais elle est moins propre à produire des jaunes clairs, tels que paille, citron, etc., qui restent pauvres et désagréables à l'œil. Dans les jaunes orangés, comme le bouton-d'or, cet inconvénient se change en avantage, et la couleur riche et nourrie possède un degré de solidité supérieur à celui obtenu d'un mélange de gaude et de rocou. Cette dernière condition est importante pour les étoffes d'ameublements, quoique la teinte soit un peu moins pure.

Action de l'air. — L'action de l'air, à peine sensible sur les fleurs séchées, altère sensiblement la décoction, qui passe à une teinte plus brune. La gaude, placée dans les mêmes conditions, s'altère en perdant une partie de sa couleur. On obtient de l'un et de l'autre de meilleurs résultats en faisant l'extraction à vases clos.

Alcalis.—Les alcalis rougissent la nuance. Une eau de savon tiède donne à la couleur toute la vivacité dont elle est susceptible, et rend à la soie le brillant dont une partie lui avait été enlevée par l'alun. Mais dès-lors la couleur résiste moins bien à l'action du soleil. En élevant la température au-dessus de 50° la couleur se dégrade. La gaude résiste mieux.

Acides.— Les acides la décolorent ; mais la couleur, ainsi que celle de la gaude, est en grande partie ramenée par les alcalis.

Sels. — Les sels neutres de potasse et de soude sont sans action apparente. Les sels de fer font passer la couleur, comme celle de la gaude, au brun olive. Les autres sels agissent, à peu près, comme sur la gaude. Les sels d'étain agissent comme acides, sans autre effet remarquable. La solution, mêlée à une petite quantité d'alun, reste transparente, tandis qu'un précipité se forme en ajoutant ce sel à une décoction de gaude.

Bi-chrômate de potasse.—Le bi-chrômate de potasse fait rougir à l'instant la solution, ainsi que la soie teinte, en les poussant à une nuance acajou clair. Ceci explique la différence des boutons avec les fleurs, et la coloration de la solution à l'air. La gaude subit la même modification.

Sels calcaires.—Ces sels poussent la nuance au brun; leur action est telle, que les quantités contenues dans nos eaux suffisent pour modifier la nuance jaune d'une manière fâcheuse. Les premiers échantillons, faits avant que cette propriété ne fût reconnue, ont été moins beaux que ceux obtenus depuis avec l'eau distillée.

La gaude est moins sensible à l'action des sels de chaux. Elle donne pourtant avec l'eau distillée, des nuances plus pures, et se rapproche, dans ce cas, de la teinte obtenue du curcuma.

Alcool.—Il dissout la matière colorante. La solution est presque incolore. Les alcalis développent le jaune instantanément.

Richesse en matière colorante.— Une partie de fleurs du sophora donne une nuance équivalente à celle fournie par trois parties de gaude, tiges et racines comprises. La gaude valant communément 30 fr. les 100 kilogr, le sophora devrait valoir 90 fr.

La gaude est moins altérable dans la plupart des cas. Elle demande moins de précautions pour obtenir de belles nuances, et peut, avec les mêmes soins, conserver la supériorité comme pureté. Enfin, elle est d'une culture facile et très-répandue en France. »

563. Fleurs du *sophora japonica* du Jardin des Plantes à Lyon, avec lesquelles MM. Renard père et fils ont obtenu les diverses nuances de jaune et de vert qui font partie de cette Exposition.

NOIR.

564. *Keou-hwa*, cônes d'une plante de l'ordre des juglandées, qui sont employés dans le nord de la Chine pour teindre en noir.

On a déjà indiqué, à l'article *tien-tching* (554), les procédés pour obtenir deux qualités de noir ordinaire; pour les noirs supérieurs, on emploie le *keou-hwa* seul; mais, à chaque bain, on mordance avec le *lo-fan*, sulfate de fer.

Le *keou-hwa* coûte, au détail, 40 cash le catti. On le trouve partout à Chusan et sur toute la côte du Tché-Kiang et du Kiang-Sou.

Voici les prix, à *Kwan-Shan-Hien*, des différentes qualités de noir par pièce de 10 covids de longueur sur 2 de largeur.

1re qualité,	3 mace	30	cand.
2e id.	2 id.	20	id.
3e id.	1 id.	10	id.

Le dessin qui représente la plante du *keou-hwa* est de M. E. Grobon, de Lyon, d'après le modèle inséré dans le *Journal d'Horticulture de Londres*, 1846.

565. *Hwa-kwo*, feuilles et graines d'une espèce de salicinée employée aux mêmes usages que le *keou-hwa*, avec la différence qu'on obtient un noir moins riche. Le prix également est inférieur. On en fait usage dans tout le nord de la Chine.

566. *Ko-tseu*, noix de galle employée pour teindre en noir.

567. *Yeou-kan*, feuilles d'arbre élevé, employées au même usage.

568. *Mi-yeou*, huile de riz, même emploi.

Ces trois dernières substances sont en usage parmi les teinturiers de Macao et de Canton.

Les soies, dans la teinture des noirs ordinaires, prennent environ 20 % en sus de leur poids; mais les noirs les plus chargés que l'on fait en Chine avec le *mi-yeou* ne donnent pas plus de 50 %.

ROUGE.

569. *Hong-hwa*, carthame de Chine.

Les Chinois et les Japonais obtiennent d'excellentes nuances, rose, cerise et ponceau, d'un carthame appelé *Hong-hwa*. Ils le tirent d'un chardon que l'on suppose être une variété du *carthamus tinctoria*.

Cette plante se sème par champs entiers. On en recueille les fleurs que l'on pile pour les réduire en poudre, et puis on en forme des tablettes.

Ces tablettes ont environ 6 1/2 centimètres de côté, leur épaisseur est de 2 millimètres, leur poids est de 100 grammes les 10 tablettes. Elles sont à surface striée, de couleur rouge-brun, d'une odeur légère de mare de vin, d'une saveur ligneuse ; elles se plient sous le doigt et, d'après leur apparence, on est fondé à présumer qu'on les obtient ainsi qu'il suit : les feuilles sont mises en digestion avec l'eau, la pâte recueillie est étendue sur une toile et comprimée sous un pressoir, de manière à produire un lit mince qui est ensuite découpé en tablettes.

Le carthame de Chine vient principalement de *Tsong-hong-fou*, de la province de *Sse'-tchuen* ; il y en a plusieurs qualités qui valent, à Canton, de 100 à 130 taels le picul ; il y arrive dans des sacs de coton de 3 cattis chaque, plusieurs sacs réunis forment une balle de 170 à 180 cattis.

TEINTURE DES SOIES EN ROSE CERISE ET PONCEAU PAR LE HONG-HWA.

La 1re opération consiste à briser les tablettes de *hong-hwa* dans les mains, et à les humecter d'une dissolution légère de *kien-shoui*. Elle s'opère dans un baquet de bois et dure environ 2 minutes

La 2e opération consiste à introduire le *Hong-hwa* pulvérulent et humecté de *kin-shoui*, dans un sac appelé *tcha-taïe*, à l'y étendre d'une manière régulière, et à replier le sac en trois parties égales que l'on place sur la table du pressoir qui est manœuvré, environ pendant deux minutes, et dont l'eau, chargée de principes colorants du *hong-hwa*, découle dans une terrine placée à terre.

Ces deux opérations sont réitérées de la même manière et pendant le même temps, cinq fois chacune et sans interruption. La proportion du *kien-shoui* employée dans ce travail est de 1/2 partie de *kien-shoui* pour 5 parties de *hong-hwa*.

La 3e partie du travail consiste dans la préparation du bain de *hong-hwa ;* à cet effet, on verse dans une terrine contenant 25 parties de *hong-hwa* liquide, 5 parties de jus de citron que l'on brasse vivement à l'aide d'un lissoir pendant cinq minutes, on laisse ensuite déposer et l'on décante. Cette opération entière dure plus d'une heure.

5ᵉ Partie du travail. Après la 5ᵉ expression du *hong-hwa* sous le pressoir, on enlève les résidus et on les réunit dans un panier en bambou, tressé à claires voies, et servant de tamis. Ce panier est placé sur deux petits supports reposant sur un égoutoir, en plan incliné ; on verse sur les résidus de l'eau froide qui traverse toute la masse des résidus, s'y charge des parties colorantes qui y restent, s'écoule par le conduit de l'égoutoir et est recueillie dans une terrine. Cette opération est réitérée à l'infini jusqu'à ce que l'on juge que les résidus ont été complètement épuisés, et, vers le milieu de l'opération, on reverse dans le panier sans discontinuité, au fur et à mesure de l'écoulement, les eaux déjà recueillies, afin de les charger davantage du principe colorant. Cette partie du travail dure plus d'une heure et demie.

4ᵉ Quand le *hong-hwa* liquide, avec addition de suc de citron, est décanté, on y verse une grande tasse à thé de *kien-shui*, et l'on brasse vivement en agitant le liquide avec un lissoir. Cette opération dure 2 minutes

6ᵉ Opération. Elle consiste à rincer, à l'eau froide, les soies et soieries préalablement décreusées, et à les frapper avec une batte de bois.

7ᵉ Opération. On dispose sur les dalles autant de terrines qu'il y a de parties de soie à teindre, on les remplit à moitié du liquide froid provenant de l'épuisement des résidus ; on y met les objets à teindre, et en même temps on y verse un petit seau d'eau bouillante, dans laquelle on a mélangé 4 écuellées de jus de citron ; aussitôt après, on manœuvre à la main plusieurs fois, et on laisse reposer pendant 10 minutes, pour que l'imbibition soit complète. On manœuvre de nouveau ; on recueille l'objet qui a ainsi reçu le premier fonds de teinture, on le laisse égoutter quelques instants, et puis on le tord au billot. Quand on ne veut teindre qu'en couleurs claires, il suffit de passer les objets à ce bain, et de les monter à la nuance désirée dans un bain analogue ou liquide d'épuisement. Mais quand on veut obtenir des couleurs riches, vives et nourries, on continue le travail ainsi qu'il suit :

8ᵉ Opération. On met dans une terrine une certaine quantité de *hong-hwa* décanté et préparé, que l'on mélange avec un seau d'eau bouillante dans laquelle on a versé deux écuellées de jus de citron. Les objets à teindre sont plongés dans ce bain, et après y avoir baigné peu d'instants, on les manœuvre plusieurs fois à la main. On les laisse reposer, et on les manœuvre ensuite vivement au lissoir. Durant ce travail, on ajoute continuellement de petits seaux d'eau bouillante mélangée d'une ou deux écuellées de jus de citron, suivant la nuance que l'on veut obtenir. Quand on veut monter la couleur à la teinte la plus riche, il faut passer à un nouveau bain du liquide décanté et préparé, dans lequel on verse deux coupes de jus de citron, sans eau bouillante, puis vivement manœuvrer. On recueille la pièce, on la rince à l'eau froide, on la laisse égoutter, on la tord et on la bat contre le billot.

D'après ces opérations, il est évident que tout ou partie de la matière jaune du *hong-hwa* a été séparée, à l'avance, par des lavages.

9ᵉ Opération. On étend les objets teints sur des perches, et on les fait sécher sur un étendage placé au faîte de la maison et à l'abri du soleil.

Les résidus du *hong-hwa* que l'on a épuisés, autant que possible, sont réunis dans une grande jarre où l'on verse également les vieux bains de teinture inutiles. On utilise les principes colorants qui y restent, pour la teinture de ces papiers rouges dont les Chinois font un si grand usage pour cartes de visite, ornements et pratiques religieuses.

Après avoir expliqué ce qui se rapporte au carthame employé à Canton et dans les principales villes manufacturières en soieries du littoral de la Chine, il est nécessaire d'ajouter que l'on connaît, dans cette contrée, une autre substance qui se vend en poudre, et qui porte, comme le carthame en tablettes, le nom de *hong-hwa*.

Voici l'extrait d'une lettre écrite, en 1847, des montagnes du *Yun-nan* à M. Hedde, par le père Chauveau, des missions étrangères :

« Le *hong-hwa* est un produit végétal qui est une des principales richesses du *Sse-tchuen* et du *Yun-nan*. La plante vient à la hauteur d'un mètre, ses feuilles sont longues et larges, ses fleurs moitié blanches et moitié rouges. La tige a tout au plus 12 millimètres de diamètre ; elle est très-délicate, elle demande une température égale, et est trisannuelle. Elle produit, à l'extrémité de sa tige, une petite boule rouge où se trouve le principe colorant. Le *hong-hwa* ne se vend pas en tablettes comme à Canton, mais en poudre, etc., etc. »

570. *Ya-lan*, cochenille.

Cette cochenille, *coccus cacti*, est une des productions nouvellement introduites à Java. Elle est importée en Chine. Voir N°s 225 et 226 de la première partie.

La cochenille est employée en Chine pour teindre en cramoisi, amaranthe, etc.

Voici la manière de procéder à Canton :

1re opération. On commence, la veille au soir, à préparer un bain d'alun dans lequel on laisse mordancer les objets que l'on veut teindre, jusqu'au lendemain matin.

2e opération. On moud la cochenille dans une barquette de fonte appelée *ta-tsao*, au moyen d'une petite roue pleine, en fonte, verticale, traversée par un axe sur lequel s'appuient les pieds de l'ouvrier, qui lui imprime ainsi un mouvement de course alternatif. Voir le N° 133 de l'Album de quincaillerie.

3e opération. La cochenille moulue est jetée dans une chaudière d'eau de puits. On la fait chauffer jusqu'à l'ébullition, et on maintient le bouillon pendant une demi-heure. On y jette une certaine quantité de dissolution de *pei-tseu ;* alors les ouvriers plongent dans le bain les pièces décreusées, et les manœuvrent au lissoir pendant l'ébullition, en les agitant et en les développant continuellement. Cette dernière manœuvre dure cinq à six minutes.

4e opération. Les objets, ayant reçu le premier fonds de teinture, sont recueillis, rincés, égouttés et tordus. Le bain est enlevé de la chaudière et versé dans différentes terrines, où l'on ajoute de l'eau chaude et où l'on plonge les objets à teindre. On les manœuvre à la main, puis on les foule avec deux lissoirs, seuls d'abord, et ensuite en les pressant sur une assiette de porcelaine. Quand ce petit foulage est terminé, on maintient, avec cette assiette, les pièces au fond de la terrine, et on les y laisse reposer et bien s'imbiber pendant une heure et quart. On ajoute une écuellée de jus de citron ; on manœuvre à la main, on rince, on égoutte et on tord les objets qui ne doivent recevoir qu'une couleur peu nourrie. Quant aux autres, ils sont également manœuvrés à la main, et on ajoute, à leur bain, une nouvelle écuellée de suc de citron, puis on les laisse encore reposer pendant une heure et quart ; on les manœuvre ensuite, on les rince à deux fois dans une nouvelle eau, on les égoutte, on les tord et on les cheville. Lorsqu'on veut obtenir la couleur la plus riche, on verse une certaine quantité du premier bain de fond dans une chaudière de cuivre fermée par un couvercle de même métal et placée sur un fourneau. On y plonge les objets pendant au moins deux heures et demie, en ayant soin, de temps en temps, de manœuvrer au lissoir, et l'on termine ce travail comme d'usage.

La cochenille de provenance d'Europe et d'Amérique coûte, à Canton, 100 à 130 dollars le picul.

VIOLET, PENSÉE, LILAS, ETC.

571. Les Chinois obtiennent différentes nuances de violet avec le mélange des colorants bleu et rouge. Voici les substances qui leur donnent des couleurs violacées directement :

1. *Hong-shou-pi*, écorce d'arbre du Kiang-si.
2. *Kwan-fan*, poudre d'une graine que l'on tire de *Wei-wei-Fou*, province d'*Ho-nan*.
3. *Mang-kwo*, écorce de manguier, en espagnol *ascalote* et en anglais *mangrove-bark*. On tire ce produit des détroits et des Philippines.

Les couleurs violet et pensée sont, après le bleu, les plus à la mode parmi les Chinois.

VERT.

572. On ne connaît, en Chine, aucune substance qui produise directement le vert. Pour teindre en cette couleur la soie et les soieries, on ne fait usage que

de substances végétales. Renvoi, à cet égard, aux matières qui fournissent le bleu et le jaune. Le vert est la couleur favorite des femmes, comme le bleu dans le sud et le violet dans le nord sont celles des hommes.

BRUN.

573. Cette couleur est particulièrement portée par la classe ouvrière. On l'obtient de différentes substances, dont voici le détail, par ordre d'importance.

1° *Sou-mou*, bois de Sapan, est généralement appelé en Chine, par les étrangers, du nom portugais *siboucao*. C'est le produit du *cæsalpinia sapang*, que l'on tire de Siam, de Cochinchine et principalement de Manille. Il se présente, dans les ateliers de teinture, à Canton, sous forme d'éclats de 3 1/2 centimètres de large, sur 6 de largeur environ, coupés à la hache, de couleur rougeâtre, d'autant plus clair qu'il a été plus fraîchement coupé.

Pour l'employer, on le fait bouillir, on mélange l'alun, puis, on plonge les objets à teindre dans le bain ; pour aviver, on ajoute un peu de *kien-shoui*.

DOSAGE.

Pour 1 partie de soie,
1 1/4 de *sou-mou*,
» 1/2 de *pé-fan*,
» 1/4 de *kien-shoui*.

Le *sou-mou* coûte 2 taels 6 maces le picul, à Canton.

Il donne un rouge brun, ce qui le distingue des

matières suivantes, qui donnent plutôt un brun rougeâtre.

2° *Shu-lang.*

Les Chinois obtiennent un brun rougeâtre très-solide du suc d'une plante tuberculeuse qui porte, à Canton, le nom de *shou-liang.* A cet effet, on râpe la racine et l'on en fait un bain léger, où l'on trempe les tissus que l'on fait ensuite sécher au soleil. Voir la description détaillée aux planches 132 à 135 de l'Album au trait de *Sun-Kwa.*

Les Chinois ne font pas de différence de la couleur qu'on obtient du gambier, suc concentré d'un arbre de la Malaisie, appelé *nauclea-gambir,* et qui porte le même nom *shu-lang.*

Le prix de ces deux substances tinctoriales est de 2 à 3 piastres, le picul, à Canton.

574. TABLEAU DU PRIX DES TEINTURES A CANTON.

	doll.	cents.	
Nacara le plus riche (1).	8		le catti.
Ecarlate.	6	»	—
Hwa-hong ponceau . .	4	»	—
Hong-hwa cerise . . .	2	»	—
Siao-hong rose de Chine.	1	75	—
Youen-tsing noir fin . .	»	50	—
Hi-se noir chargé. . .	»	25	—
Tcha-se jonquille, orange	»	56	—
Id. id. . .	»	40	—

(1) Cette couleur est représentée par le N° 518 précédent. Un teinturier de Paris, M. Brunelle, pensait qu'il ne pourrait exécuter une pareille nuance à moins de 80 fr. le kilogr. avec l'emploi de nos safranum, mais il montrait des nuances équivalentes, faites à la cochenille, qu'on pouvait établir de 15 à 20 fr.

Ya-se paille	»	30	—
Id. id.	»	25	—
Ya-lan-se cramoisi . .	2	»	—
Ya-se lilas foncé . . .	»	45	—
Id. id. clair . . .	»	40	—
Tsing-se violet foncé . .	»	55	—
Id. id. clair . .	»	40	—
Tzs-fan-se pensée . .	»	50	—
Lou-se vert foncé . . .	»	50	—
Id. id. clair . . .	»	30	—
Hoei-se gris	»	35	—
Lan-se bleu foncé. . .	»	60	—
Eull-lan bleu moyen. .	»	45	—
Ou-shoui bleu clair . .	»	30	—
Tsong-se brun n° 1 . .	»	30	—
Hong-se n° 2	»	30	—
Pé-se blanc n° 1 . . .	»	45	—
Id. id. n° 2 . . .	»	20	—

575. Essai comparatif de diverses substances tinctoriales de Chine avec celles ordinairement employées, par MM. Renard père et fils, teinturiers à Lyon.

N° 1. Nuance jaune, obtenue par le *wei-hwa* et par trois bains successifs d'eau bouillante, jusqu'au moment où l'on a jugé la couleur montée au plus haut point d'intensité. La soie a été ensuite lavée et séchée.

N° 2. Même traitement, si ce n'est que la soie a été savonnée à chaud et séchée. On a teint, dans la même décoction et sans y ajouter de matière tinctoriale, une seconde partie de soie qui a pris une nuance presque aussi foncée que les précédentes; puis, une autre partie encore qui a donné presque les mêmes résultats, mais dont la teinte était sensiblement moins colorée.

N° 3 et 4. Flottes de jaune à la gaude.

N° 5 et 6. Id. au quercitron.

N° 7 et 8. Nuances de vert, produit des deux parties mentionnées ci-dessus et teintes au *wei-hwa*, après le n° 2. On a joint ces deux parties de soie aux deux autres, dont le fonds de jaune était à la gaude, à la même hauteur de nuance que les premières. On les a bleutées ensemble par le carmin d'indigo et le mordant d'alun.

Le fonds de jaune ne s'est pas maintenu, et la couleur peu nourrie n'offre qu'un vert bleuté mal uni.

N° 9 et 10. Nuance de vert, produit des deux parties mentionnées ci dessus, dont le fonds de jaune est à la gaude et teintes en même temps que les numéros 7 et 8. Ces deux derniers échantillons présentent une nuance plus nourrie que celle des deux précédents numéros. Les expérimentateurs sont portés à croire, d'après ces essais, que le *wei-hwa* produit, en jaune, une nuance plus belle, plus riche que celle de la gaude; mais que, pour les nuances de vert, il lui est inférieur, parce qu'elle ne résiste pas au mordant d'alun que l'on emploie pour fixer l'indigo et déterminer le même vert.

N° 11. Nuance de gris, obtenue avec le *pei-tseu*, ou galle de Chine, dans un bain de cette matière broyée et soumise à l'ébullition, auquel on a ajouté du pyrolignite de fer. (acétate de protoxide de fer.)

N° 12. Nuance de gris obtenue avec la galle d'Alep et le pyrolignite de fer, par le même traitement que le n° 11 précédent.

N° 13. Nuance de mode à la galle d'Alep et au pyrolignite de fer, par le même traitement que les n°s 11 et 12.

N° 14. Nuance de mode au *pei-tseu* et au pyrolignite de fer. Ce numéro a deux teintes, parce que l'une a été savonnée bouillant : c'est la plus rouge.

N° 15. Nuance de mode à la galle d'Alep et au pyrolignite de fer, mais savonnée.

Les expérimentateurs pensent que le *pei-tseu*, ou galle de Chine, produit les mêmes effets que la galle d'Alep, ordinairement employée en Europe, toutefois, avec cette différence que les teintes de cette dernière paraissent supérieures. Renvoi au n° 578 qui donne les observations faites par M. Michel.

576. Essai de teinture au *wei-hwa*, par M. Guinon.

N° 1. Flotte de soie couleur paille.
N° 2. Id. id. jonquille.

Ces couleurs ont été obtenues par le *wei-hwa*, qui se fixe à l'aide de l'alun. Cette matière a beaucoup d'analogie avec la gaude, tant par la teinte, que par les modifications que lui font subir les acides et les alcalis. Les premiers l'altèrent et les derniers l'exaltent. M. Guinon pense néanmoins que le jaune obtenu par la gaude serait préférable, principalement pour les paille, citron et autres nuances claires.

ESSAIS DE TEINTURE.

577. Essais comparatifs de carthame, par M. Brunelle, teinturier à Paris.

N° 1. Nuance de rose vif, obtenue avec le *hong-hwa*, ou carthame de Chine.

N° 2. Nuance de rose pâle obtenue avec le meilleur carthame d'Espagne. L'essai a été fait sur le même poids de matière colorante et sur le même poids de soie, toutes conditions égales. La différence, en faveur du carthame chinois, est de six à sept nuances.

578. Essais comparatifs de teinture en noir sur tissus, par M. Michel, teinturier, membre de la Société royale d'Agriculture de Lyon.

N° 1090. *Hi-hing-sha*, gaze unie légère à fil de tour (1).

N° 1468. *Hi-lan-twan*, satin uni noir noir, chaîne cuite, trame gros noir.

N° 1890. *Hi-hwa-tcheou*, gros de Naples façonné, noir noir.

Ces trois échantillons sont teints en noir à la galle; ce noir est sombre et roussâtre, comme on le faisait, il y a longtemps, à Lyon. Les Chinois, naturellement stationnaires, en sont, pour cette teinture, où ils étaient lorsqu'elle passa en Grèce, en Italie, et plus tard en France. Du reste, dans la première exposition faite en 1845 par la Chambre de Commerce de Lyon, l'expérimentateur a retrouvé cette même teinte fauve, désagréable à la vue, dans tous les noirs à la galle, provenant des fabriques italiennes, allemandes et anglaises. A Lyon, on a heureusement modifié l'ancien procédé des noirs à la galle, et les nuances sont beaucoup plus pures et bien supérieures à ce qui était fait antérieurement.

N° 1479. *Youen-lan-twan*, satin uni noir bleu, tramé souple.

N° 1480. *Youen-lan-ning-tcheou*, sergé uni noir bleu, tramé souple.

N° 1887. *Youen-lan-sien-tsao*, gros de Naples ondé noir bleu, tout cuit.

Ce noir bleu n'est autre chose qu'un bleu foncé cuivré, teint à la cuve, ou au vaisseau d'indigo; il a le très-grave inconvénient de déteindre beaucoup par le frottement, comme on le remarquera, même dans l'échantillon tout cuit.

(1) Les Nos indiqués sont ceux du catalogue de la dernière exposition à Lyon.

Cette teinture résiste très-bien aux acides et aux alcalis, comme tous les bleus à l'indigo désoxigéné. Il n'a été possible de la décomposer que par l'acide nitro-hydrochlorique dont le chlore a détruit l'indigo et a laissé, sur l'échantillon le plus intense, un fonds rouge, et, sur les deux autres, un fonds jaune roussâtre. Ces fonds ont probablement été donnés pour augmenter l'intensité de la nuance et la distinguer du bleu. On n'a pu découvrir dans cette teinture ni engallage, ni sel de fer.

Il résulte de l'observation de ces teintures, que les gros noirs et les noirs souples que l'on croyait d'invention lyonnaise, ou au moins européenne et moderne, sont connus des Chinois; mais ce qui est incertain encore, c'est l'emploi par eux des noirs au prussiate et des noirs au campêche, dont nous obtenons des nuances si variées, si pures et si belles.

Les observations suivantes sont dues au même expérimentateur.

Pei-tseu (532), galle de Chine. Elle est d'une excellente qualité, analogue à la noix de galle d'Alep, réputée la meilleure. Elle est encore plus riche en acide tannique et n'en diffère que par la forme et par une coloration moindre. Sous ce rapport, elle conviendrait très-bien pour l'engallage des soies destinées à être teintes en couleurs diverses. Le tannate de fer qu'elle produit est bleu rougeâtre, exactement conforme à celui que donne la noix de galle d'Alep.

Cadou Caïpoo (fleur du mirobolan), espèce de galle de l'Inde, est, d'après l'opinion de M. Michel, supérieur encore au *pei-tseu*; elle est propre à donner d'excellents engallages. C'est, d'après le même expérimentateur, la substance la plus riche en acide tannique; elle donne un noir très-pur, sans aucun fonds de rouge. Renvoi aux numéros 104 à 107 précédents.

579. Essais comparatifs de teinture.

N° 1. Echantillons de jaune obtenu avec le *wei-hwa*, fleur du *sophora japonica*, par M. Vidalin, teinturier, membre de la Société Royale d'Agriculture de Lyon. La fraîcheur et l'éclat de la nuance obtenue doivent faire désirer l'emploi de cette matière tinctoriale qui présente beaucoup de tenacité dans son principe colorant. Il y aurait peut-être quelqu'avantage à introduire cette teinture, à la place du curcuma, dont les nuances, aussi belles, n'ont pas autant de fixité.

N° 2. Echantillon de vert dont le fonds jaune a été obtenu avec le *wei-hwa* et le bleu au sulfate d'indigo, procédé ordinaire.

N° 3. Echantillon de vert, dont le fonds jaune a été donné avec le *wei-hwa* et le bleu avec fonds de cuve à froid. Ce dernier est beaucoup plus solide, mais moins beau que le précédent.

580. Essais divers.

N. 1. (23ᵉ échantillon de la grande collection des tissus chinois). *Lo-hwa-mien-tcheou*, popeline coton, vert pomme, expérimenté par M. Vidalin, dans un bain de carbonate de soude assez concentré, pendant trois minutes d'immersion environ et à une température de 70° Réaumur, n'a nullement lâché du bleu : L'eau seule a pris une couleur jaune faible.

Après ce bain, le même échantillon a été lavé à grande eau ; puis, on l'a fait passer à un autre bain d'eau bouillante, dans lequel on a mélangé de l'acide sulfurique en assez grande quantité, et la trame coton de l'échantillon est devenue bleue, tandis que la chaîne soie est restée verte ; d'où l'expérimentateur conclut que le moyen employé pour teindre la soie n'a pas été le même que celui du coton : ce qui ne peut pas faire supposer que le tissu ait été teint en pièce. Néanmoins, il pourrait se faire que les deux matières eussent été teintes ensemble ; mais dans ce cas il faut reconnaître que la nuance du coton n'a pas pris la même solidité dans le principe jaune que dans les ingrédients bleus qui composent cette nuance, puisque le coton a totalement changé, et que la soie a conservé à peu près sa couleur.

N° 2. *Sou-sha*, gaze unie vert pomme tout soie, portée au catalogue de Lyon, sous le n° 1912. Ce tissu a subi les mêmes opérations que le précédent, et la nuance D n'a nullement fléchi ; au contraire, elle paraît avoir gagné de l'intensité et de la fraîcheur, comme on le voit à l'échantillon éprouvé E.

N° 3. (n° 268 précédent, 1911 du catalogue de Lyon). *Luu-la*, gaze verte, tout soie, à fil de tour de Cochinchine. Ce tissu a subi les mêmes opérations que les deux précédents et a présenté, à peu de choses près, les mêmes résultats. Ce qu'il y a de plus particulier à signaler, c'est que les verts de Chine et de Cochinchine présentent partout la même solidité.

N° 4. (n° 1889 du catalogue de Lyon). *Hong-hwa-sien-tsao*, gros de Naples ondé ponceau.

Nuance magnifique, faite au carthame. L'expérimentateur pense que la fabrique française se résoudrait difficilement, en raison du prix de la matière colorante, à demander cette nuance au carthame, tel que le présente l'échantillon H, mais il convient que l'on peut obtenir, par un autre procédé (celui de la cochenille), une nuance, à peu de chose près, aussi belle, dans le genre de l'échantillon lyonnais I, et beaucoup moins cher, attendu qu'on peut établir dans le prix de 18 à 20 francs au kilogramme, ce qui ne pourrait se faire au carthame qu'au prix de 60 à 80 francs le kilogramme.

N° 5. (n° 1883 du catalogue de Lyon). *Hang-hwa-mien-tchcou*, popeline cérise tramée coton. La nuance est obtenue par le carthame. Le prix de 46 fr. le kilog., comparativement aux tissus numéros 22, 23 et 24 de la grande collection, annonce que la couleur a influé sur son élévation. D'après l'expérimentateur, on pourrait faire à Lyon une couleur plus belle que l'échantillon K, qui coûterait de 12 à 13 fr. le kilogramme pour le coton, et de 15 à 18 fr. le kilogramme pour la soie, dans le genre de l'échantillon L.

581. Essais comparatifs.

N° 1. (n° 1470 du catalogue de Lyon). *Lan-se-ning-tchcou* sergé, bleu Raymond L'échantillon M a été soumis à trois opérations :

1° Il a soutenu un bouillon de cinq minutes dans un bain de savon, mêlé avec des cristaux de soude. Il n'a pas coloré le bain, ou fort peu et a, à peine, varié dans sa teinte ;

2° Lavage à grandes eaux ;

3° Soumis à un bain d'eau bouillante, fortement aiguisée d'acide hydrochlorique, où il a resté sept à huit minutes ; il n'aurait nullement varié, tel qu'on peut s'en assurer par l'échantillon X éprouvé. L'expérimentateur a conclu que ce bleu est obtenu par une cuve à l'indigo, dont le montage et l'ingrédient ne nous sont pas connus, ainsi que le principe rouge qui est le complément de la nuance.

N° 2. (n° 1477 du catalogue de Lyon et échantillon 80 du n° 1916). *Eul-lan kiotuan*, damas riche, bleu de ciel. On a soumis l'échantillon O aux trois mêmes opérations indiquées ci-dessus, la seule différence qu'on y ait apporté, c'est que cet échantillon O a bouilli au savon et à la soude trois minutes, au lieu de sept. Mis à l'épreuve avec les bleus qui se font en France, ces derniers échantillons, après une minute d'immersion, deviennent totalement blancs, ainsi qu'on peut le voir par l'échantillon de soie éprouvé R.

N° 3. (n° 1677 du catalogue de Lyon). *Hou-shoui-lo*, foulard à fil de tour, bleu de ciel clair. Mêmes opérations que les précédents indiqués au n° 2 ; résultat à peu près le même. L'échantillon S étant moins chargé en soie que le précédent O, la nuance a paru fléchir, ainsi que le présente le tissu éprouvé T. Les échantillons V et U offrent les mêmes résultats que les précédents Q. et R.

N° 4. (38e échantillon de la grande collection). *Hou-shoui-hwa-shou-lo*, foulard façonné à fil de tour, bleu de ciel pâle. Soumis à un bouillon au savon et au carbonate de soude pendant trois minutes, lavé et avivé à l'acide sulfurique, l'échantillon X est devenu comme l'échantillon Y. On sera d'autant plus surpris de la ténacité de la couleur, que la teinture a été donnée à Sou-Tchou avec l'eau pure d'un lac, sans aucun expédient, d'où la couleur prend le nom de l'eau du lac, *hou shoui;* du moins, c'est ce qui a été dit à M. Hedde, qui n'en rapporte aucune autre preuve.

N° 5. (n° 1887 du catalogue de Lyon). *Youen-lan-sien-tsao*, gros de Naples ondé, noir bleu, soumis aux mêmes traitements que le n° 1. L'échantillon A présente le tissu avant, et celui B après l'opération. On remarquera que le tissu a perdu un peu de son fond de bleu pour montrer davantage celui de rouge. L'opinion de l'expérimentateur est que ce noir a reçu un fort pied de cuve, et qu'il a été fini avec un principe astringent, et ensuite passé au fer.

Voir, à cet égard, l'épreuve faite par M. Michel sur le même tissu, N° 578 précédent.

N° 6. (n° 1890 du catalogue de Lyon). *Hi-hwa-tcheou*, gros de Naples façonné noir, noir soumis au même traitement que les nos 1 et 5, a donné un résultat encore plus décisif. L'échantillon C représente le tissu avant l'opération, et celui D après l'opération. La couleur fauve de ce dernier vient à l'appui des observations précédentes, faites par M. Michel au n° 578. M. Vidalin pense que cette teinture peut être comparée au noir de Gênes qui se fait à Lyon. Il diffère peu avec ce genre de noir, en solidité comme en beauté, et n'a aucun mérite d'être apprécié comme teinture.

N° 7. (nos 907 et 1047 du catalogue de Lyon). *Ye-sou-tchuen-tcheou*, foulard écru du Sse-tchuen, couleur naturelle, qui a résisté à toutes les épreuves possibles.

C'est le produit des vers sauvages du Sse-tchuen. L'échantillon E présente le tissu avant, et celui F après les épreuves.

N° 8. (n° 1092 du catalogue de Lyon). *Lo-teou-sha.* Gaze écrue, à fil de tour pour tamis, couleur naturelle. Mêmes observations que dans le n° 7 précédent. L'échantillon G présente le tissu avant, et celui H après l'opération.

N° 9 (n° 1910 du catalogue de Lyon). *Lo-teou-sha.* Gaze écrue, à fil de tour pour tapisserie. Mêmes observations qu'aux n°s 7 et 8 précédents. L'échantillon I présente le tissu avant, et celui K après les épreuves. Ce tissu présente une nuance beaucoup plus vive, d'où l'expérimentateur conclut qu'il a dû recevoir, avant ou après la fabrication, une teinture qui, en tout état de chose, doit être excessivement solide. M. Hedde pense que le tissu a été fabriqué avec des soies sauvages écrues, d'une couleur paille vif très prononcé.

582. Essai comparatif du jaune chinois au *wei-hwa* avec les jaunes obtenus à la gaude pure et à la gaude, avec addition de rocou, par M. Guinon, teinturier, membre de la Société royale d'Agriculture de Lyon.

N°s 1 à 7 représentent différentes nuances de jaune obtenues avec le *wei-hwa* rapporté de la Chine, substance que M. Hénon a reconnu être le bouton peu développé du *Sophora Japonica*.

N°s 8 et 9 représentent deux nuances obtenues avec le bouton du Sophora Japonica recueilli au Jardin des Plantes de Lyon par les soins de M. Seringe, directeur de cet établissement.

N°s 10 à 12 représentent trois nuances obtenues avec la fleur du même arbre.

La seule observation qu'on doive faire à l'égard du *wei-hwa*, c'est que cette substance, donnant une teinte plus rouge que la gaude, peut produire le bouton d'or sans addition de rocou, et le rendre capable de résister à l'action de l'eau et du soleil.

Les n°s 13 à 15 représentent trois nuances jaunes obtenues à la gaude avec addition de rocou.

Les n°s 16 à 22 représentent sept nuances jaunes à la gaude pure, que l'expérimentateur a placées en regard des nuances obtenues par le *wei-hwa*. Toutefois, son opinion est que l'avantage doit rester en faveur de la gaude pour les nuances claires et moyennes. Renvoi, à cet égard, aux observations présentées au n° 579 ci-dessus par M. Vidalin.

La Société royale d'Agriculture et la Chambre de Commerce de Lyon ont nommé des commissions chargées des expérimentations nécessaires pour arriver à la connaissance exacte des produits rapportés par M. Hedde. Nul doute que des rapports ne soient publiés à cet égard.

583. Essai de teinture sur soies sauvages, N° 491, par M. Guinon.

1° Maron rouge solide.

2° Nuance de bleu.

Les Chinois n'ont pas encore tenté la teinture sur ces soies, qui résistent aux procédés ordinaires. Ce n'est qu'après beaucoup d'essais infructueux que nos meilleurs teinturiers sont parvenus à y fixer des nuances qui laissent encore beaucoup à désirer.

On a observé que ces soies ont la propriété de s'allonger sans revenir sur elles-mêmes. Après l'étirement, la soie a beaucoup plus de brillant et donne un ton plus clair à la nuance. On ne peut pas en tirer tout le parti possible sans lui faire subir cette légère modification.

584. *Yen-sz'*, trame grisâtre, produit de vers sauvages du Kwei-tchou, teinte en vert, essai fait à Saint-Etienne.

585. *Yen-sz'*, trame grisâtre, produit de vers sauvages du Kwei-tchou, teinte en violet, essai fait à Saint-Étienne.

586. Essais faits par M. Guinon, membre de la Société royale d'Agriculture et teinturier à Lyon, pour reconnaître la solidité des nuances de tissus chinois.

Les tissus ont été soumis à six épreuves différentes, savoir :

1° A l'action du soleil pendant deux jours ;

2° A l'eau chaude ;

3° A l'eau de savon bouillante ;

4° A l'eau acidulée bouillante (acide sulfurique);

5° A l'eau de savon froide;

6° A l'eau acidulée froide (acide sulfurique).

1er *Essai.* — *Hwa-sieu-tseou*, gros de Naples, ponceau, composé de safranum et de matière jaune. A la 1re, 4e, 5e et 6e épreuves, la couleur est restée intacte; à la 2e, le ponceau a disparu, il n'est resté qu'une couleur jaunâtre, principalement à la trame; à la 3e, tout a disparu, la chaine et la trame ne conservent plus qu'un fonds jaunâtre. Voir l'essai de M. Vidalin.

2e *Essai.*—*Ta-hwa twan*, damas ponceau, teint comme l'échantillon précédent, mais la couleur de la trame est obtenue avec une matière analogue au bois de Brésil. A la 1re, 5e et 6e épreuves, la couleur a été légèrement altérée: à la 2e, la couleur de la chaine a disparu, la trame a conservé son fonds; à la 3e, la couleur de la chaine a disparu, et la trame est devenue rose foncé; à la 4e, la couleur de la trame a disparu, mais la chaine a conservé son fonds.

3e *Essai.*—*Ta hwa-twan*, damas cramoisi fin, à la cochenille; à la 1re, 2e, 5e et 6e épreuves, le tissu est resté à peu près intact; à la 3e, il a perdu l'intensité de sa couleur, et à la 4e, la couleur est devenue fauve.

4e *Essai* —*Sou-twan*, satin uni, cramoisi fin, à la cochenille, presque les mêmes résultats que les précédents.

5e *Essai.*—*Hong-ling*, damas 5 lisses, cerise, au safranum; à la 1re, 4e, 5e et 6e épreuves, le tissu est resté intact; à la 2e, il a légèrement jauni; à la 3e, il est devenu paille.

6e *Essai.*— *Hong-tcheou*, foulard uni, rose, au safranum. La couleur a peu à peu diminué dans cet ordre d'épreuves: 6e, 4e, 5e, 1re, 2e, 3e. A cette dernière, le tissu était devenu blanc jaunâtre.

7e *Essai.*—*Mien-tcheou*, popeline coton, chaine soie et trame coton, l'une et l'autre au safranum. 6e épreuve tissu intact, la couleur a disparu successivement, suivant cet ordre d'épreuves: 1re, 4e, 5e, 2e et 3e. A cette dernière, la chaine était entièrement dépouillée, la soie avait seule conservé une légère teinte paille. Voir l'essai de M. Vidalin.

8e *Essai.*—*Ning-tcheou*, sergé bleu-Raymond, à l'indigo désoxigéné (vaisseau ou cuve à froid), la couleur est restée intacte après toutes les épreuves. Voir l'essai de M. Vidalin.

9e *Essai.*—*Ta-tsai-twan*, Lampas, bleu-Louise, tramé blanc, le bleu teint comme le précédent, même résultat aux épreuves. Voir l'essai de M. Vidalin.

10e *Essai.*—*Ta-tsai-twan*, lampas bleu-Raymond et vert. Le bleu teint comme les précédents; le vert obtenu avec un fond de jaune au sophora du Japon et à l'indigo désoxigéné. Mêmes résultats que les précédents pour les 1re, 2e et 5e épreuves. Le jaune a été enlevé aux 3e, 4e et 6e, et il n'est resté que le bleu.

11e *Essai.*—*Sou-lo*, foulard à fil de tour uni, bleu céleste tendre, teint à l'indigo désoxigéné. A la 1re, 5 et 6e épreuves, la couleur est restée intacte, elle a légèrement diminué dans les autres.

17e *Essai.* — *Hwa-lo*, gaze foulard façonné, à fil de tour, jaune citron, teint au curcuma, a conservé sa couleur à la 2e, 4e, 5e et 6e épreuve, mais s'est éclairci à la 1re et à la 3e.

13e *Essai.* — *Sou twan*, satin uni, bouton d'or, au sophora du Japon. La couleur a résisté aux 1re, 2e, 5 et 6e épreuves, a pâli à la 3e et a disparu à la 4e. Effet inverse du précédent. Le curcuma résiste aux acides et est soluble dans les alcalis, tandisque le sophora est détruit par les acides et résiste aux alcalis.

14e *Essai.* — *Hwa-sien-tseou*, gros de Naples, orange, fond jaune au curcuma; rougi à la cochenille, la couleur résiste à la 4e, 5e et 6e épreuves, a pâli à la 1re et est devenue à la 2e et 3e d'un paille clair.

15e *Essai.* — *Sou-sha*, gaze présumée couleur naturelle, d'une teinte nankin, a résisté à toutes les épreuves. Voir l'essai de M. Vidalin.

16e *Essai.* — *Kio twan*, damas vert naissant, fonds jaune au sophora du Japon et indigo désoxigéné. La couleur a résisté à la 1re, 5e et 6e épreuves et a blanchi successivement aux 2e, 3e et 4e.

17e *Essai.* — *Lua-to*, gaze damassée, de Cochinchine, vert naissant au curcuma et à l'indigo désoxigéné, a résisté à toutes les épreuves, à part aux 1re et 3e où la couleur a légèrement jauni.

18e *Essai.* — *Lua-la*, gaze unie, à fil de tour de Cochinchine, vert pomme vif, au sophora du Japon et à l'indigo désoxigéné. La couleur s'est légèrement dépouillée dans l'ordre suivant : 6e, 5e, 1re, 4e, 2e et 3e. A cette dernière épreuve, la couleur était devenue vert d'eau. Voir l'essai de M. Vidalin.

19e *Essai.* — *Sou-sha*, gaze unie, vert œillet, teinte comme ci-dessus, a changé dans l'ordre suivant des épreuves : 6e, 1re, 5e, 4e, 2e et 3e. A cette dernière, la couleur était devenue vert d'eau. Voir l'essai de M. Vidalin.

20e *Essai.* — *Sou-pou-kuen*, taffetas uni, noir, à l'acide tannique, probablement le *pei-tseu*, et à l'oxide de fer, a résisté à toutes les épreuves, à part la 4e où le noir a fait place à une couleur mode.

21e *Essai.* — *Youen-tan-sien-tseu*, gros de Naples, noir-bleu, à l'indigo désoxigéné. La couleur a résisté à toutes les épreuves, mais elle déteint au frottemant. Voir l'essai comparatif de MM. Vidalin et Michel, aux Nos 578 et 581 précédents.

22e *Essai.* — *In-hwa-tcheou*, crêpe du Japon imprimé en diverses couleurs, est resté intact, après avoir été traité à l'eau de savon bouillante et à l'eau acidulée bouillante.

587. Essais faits par MM. Renard père et fils, teinturiers

à Lyon, pour connaître la solidité des couleurs sur tissus et soies de Chine.

Ces échantillons ont été soumis à trois épreuves différentes, savoir :

1° Action de l'eau bouillante ;

2° Action du savon bouillant ;

3° Action de l'acide sulfurique.

1er *Essai*. N° 4 de la grande collection,— *Tcha-lan*, bleu au *tien-tching* (indigo désoxigéné); à la 1re et 2e épreuves, le tissu a subi une légère altération ; à la 3e il a été avivé.

2e *Essai*, N° 5.— *Tcha*, jonquille au *wei-hwa* (sophora du Japon). A la 1re, intacte; à la 2e, forte altération ; à la 3e, complète désorganisation du principe colorant jaune.

3e *Essai*, N° 6.— *Ya*, paille au *whang-pé-pi* (écorce de cyprès). A la 1re, intacte ; à la 2e, sensible altération ; à la 3e, avivage.

4e *Essai*, N° 7.— *Hwa-hong-se*, ponceau au *hong-hwa* (carthame de Chine). A la 1re, légère altération ; à la 2e, dissolution du principe rouge; il ne reste plus que le colorant jaune ; à la 3e, avivage.

5e *Essai*, N° 29. — *Hong-se*, Marron au *shu-lang* (plante tuberculeuse), intacte aux trois épreuves.

6e *Essai*, N° 40.— *Lan-tcha-se*, citron et rouge, le jaune au *wang-tang* (espèce d'épine-vinette), et le rouge au *hong-wha*. A la 1re épreuve forte altération, complète sur le rouge; à la 2e, plus forte altération encore, principalement sur le rouge; à la 3e, le principe rouge a complètement disparu.

7e *Essai*, N° 41.— *Tsong-se*, solitaire au *Shu-lang*. Le tissu n'a éprouvé d'altération qu'à la 3e épreuve.

8e *Essai*, N° 43.—*Hoei-se*, gris au *pei-tseu*, espèce de galle et probablement rougie au *hong-hwa*. A la 1re épreuve, intact; à la 2e, légère altération; à la 3e, sensiblement jauni.

9e *Essai*, N° 44.—*Lou-se*, vert au *tien-tching* et au *wang-tang*. A la 1re, légère altération ; à la 2e, altération principalement du principe jaune ; à la 3e, complète absorption du colorant jaune.

10e *Essai*, N° 45.— *Eull-lan*, bleu au *tien-tching*, très-peu d'altération aux trois épreuves.

11e *Essai*, N° 47.—*Ya-lan*, cramoisi au *ya-lan* (cochenille). A la 1re épreuve, intacte ; à la 2e, teinte vineuse ; à la 3e, fortement jaunie.

12e *Essai*, N° 49.—*Pao lan*, bleu au *tien-tching*, le tissu n'a éprouvé qu'une légère altération à la 2e épreuve, altération presque insensible.

13e *Essai*, No 50. —*Tcha-se*, bouton d'or au *wei-hwa*, à la 1re et 2e épreuves, légère altération ; à la 3e, absorption complète du principe colorant jaune.

14e *Essai*, No 51.—*Tcha-se*, bleu de ciel au *tien-tching*, à la 1re et à la 2e épreuves surtout, altération sensible ; à la 3e, avivage.

15e *Essai*, No 84.—*Tsong-se*, marron au *shu-lang*, à la 1re et 2e épreuves, intact; à la 3e, fortement jauni.

16e *Essai.*—*Pé-eull-lan*, bleu et blanc, le bleu au *tien-tching*, le blanc, simplement décreusé au *kien-sha*, ou potasse de Chine ; le tissu n'a subi aucune altération sensible aux trois épreuves.

17e *Essai*, No 96. — *Pé-mao-tao*, grenat et blanc, le grenat, à la graine dite *kwan-fan*, et le blanc, simplement décreusé. A la 1re épreuve, teinte vineuse ; à la 2e, plus forte altération au même ton ; à la 3e, absorption du principe rouge, la teinte est devenue verdâtre.

18e *Essai*, No 116.—*Koau-kwan se*, impressions diverses où l'on trouve du ponceau *hong-hwa* ; du bleu, au *tien-tching* ; du gris, au *pei-tseu* ; du vert, au *tien-tching* et au *wei-hwa*, et d'autres nuances peu appréciables. A la 1re épreuve, le tissu a présenté une sensible altération du rouge et du jaune ; le bleu et le gris ont résisté : la 2e épreuve a offert à peu près le même résultat ; à la 3e, il y a eu disparution du principe jaune, légère altération du gris et avivage des autres colorants.

Tous les numéros indiqués ci-dessus se rapportent à ceux de la grande collection *ko-kwan*, *tcheou-twan*, dont il sera fait mention plus loin dans le cours du Catalogue.

19e *Essai.*—*Yin-lan*, ombré bleu au *tien-tching* ; à la 1re épreuve, la soie est restée intacte ; à la 2e, elle a été sensiblement altérée, et à la 3e, simplement avivée.

20e *Essai.*— *Yin-lou*, ombré vert au *tien-tching* et au *wei-hwa* ; à la 1re épreuve, la soie est restée intacte ; à la 2e, les trois nuances ont été légèrement altérées, et à la 3e, le jaune avait complétement disparu.

21e *Essai.*— *Hi se*, *hoei-se*, le noir probablement au *tsing-fan*, couperose, et le *tannin* au *pei-tseu* ; à la 1re épreuve, les deux échantillons sont restés intacts, à la 2e et 3e, il y a eu légère altération.

22e *Essai.*—*Yin-hong-se*, ombré ponceau au *hong-hwa* ; à la 1re et à la 2e épreuves surtout, complète altération ; à la 3e, la soie a sensiblement jauni.

23e *Essai.*— *Yin-tsai-hong-se*, ombré cerise au *hong-hwa*. A la 1re et 2e épreuves surtout, complète altération ; à la 3e, avivage.

24e *Essai.*—*Tsing-se*, *tsong-se*, *kwan-se*, puce au *tien-tching*, marron au *sou-mou*, bois de sapan, et solitaire à la graine de *kwan*. A la 1re et 2e épreuves, les couleurs sont restées presque intactes ; à la 3e, il y a eu légère altération, plus prononcée pour le solitaire que pour les autres couleurs.

Renvoi aux essais précédents faits par MM. Vidalin et Guinon.

En somme, la teinture des soies n'a à emprunter à la Chine aucune recette particulière que la chimie ne puisse facilement apprécier, mais nous avons à lui demander des substances colorantes plus riches et à meilleur marché que les nôtres. La connaissance de ces matières, dans toute l'étendue de l'Orient, offre un sujet fertile d'études et d'observations nouvelles

Renvoi au Rapport de la Commission spéciale, composée de MM. Chevreul, Ebelmen, Baresville et Roard de Clichy, nommés par M. le Ministre du Commerce pour l'appréciation des matières tinctoriales rapportées par les délégués commerciaux attachés à la mission de Chine.

FABRICATION.

APPAREILS ET MÉTIERS EMPLOYÉS POUR LA FABRICATION DES ÉTOFFES DE SOIE.

588. *Tcheou-twan-pou.* Intérieur d'un atelier pour la fabrication des soieries à Canton. Cette gouache, du peintre *Yeou-Kwa*, représente les divers ustensiles de fabrique chinoise: le dévidoir, le rouet à canettes, le métier à semple avec ses deux ouvriers, l'un tireur, l'autre tisseur, ainsi que les différentes parties de l'atelier où sont renfermées les marchandises. Les ouvriers chinois sont fabricants, c'est-à-dire qu'ils achètent eux-mêmes la grège, la font monter au besoin, la font teindre, dévider et ourdir. Ils ont donc un comptoir devant lequel se trouvent des tiroirs pour renfermer la marchandise fabriquée dans l'attente de l'auteur. A côté, sont des baguettes pour le pliage des pièces, et, sur le comptoir même, le livre de comptes et la machine à calcul, la pièce la plus importante du comptable chinois.

589 * Dessin d'un métier chinois antique calqué sur des tablettes possédées par le révérend Dr Parker, à Canton, et dont les costumes ont quelque analogie avec ceux de l'antique Égypte.

Ce métier a deux marches avec des tirants qui correspondent à des flèches pour le jeu des lisses. L'encadrement du métier, planté en terre, annonce que le travail a lieu en plein air.

Le texte n'a aucun rapport au métier. Il indique les devoirs de la piété filiale.

590. *Fan-tchi.* Dessin d'un métier à la grande tire, copie d'une peinture ancienne, commandée par M. N. Rondot, à Tin-Kwa, de Canton.

591 * *Kiao-sz'-shi*, dévidoir de grandeur naturelle, dit à la tavelle, composé de six ou huit plots *mou-tang* bien solides, autour desquels on met la soie pour la dévider. A la place de ces plots mobiles, on emploie le même nombre de baguettes *tchou* perpendiculaires sur deux alonges fixées par une traverse. Une perche *mou-fang*, garnie d'un crochet en fer *jen-tang*, est placée au-dessus. Ce crochet reçoit le fil de soie au fur et à mesure qu'il se déroule de la flotte. Cette méthode, généralement usitée en Chine pour le dévidage, offre l'avantage d'éviter le déchet très-considérable que nous éprouvons sur certaines soies.

592 * *Ni-teou*, roquets ou bobines coniques, formées de plusieurs lanières de bambou, fixées en cercle, sur une rondelle de bois. Cette forme est la seule usitée dans la fabrication des soieries en Chine.

593 * *Lou-kio*, guindres de grandeur naturelle. Les grands, portés sur un pied, servent au dévidage; les petits, manœuvrés au moyen d'axe et portés à la main, facilitent le tracanage.

594 * *Pa-keng-kia*, ourdissoir au 1/10me de grandeur naturelle. Il se compose 1° d'une cantre *mou-kiao-pan*, garnie de ses roquets coniques; 2° d'une grille *kien-sz'*, qui permet de diviser les fils, de sorte que, lorsqu'on veut ourdir à fils simples, on ne passe qu'un seul fil dans le trou, et lorsqu'on veut ourdir à chaîne double, on passe deux fils simples dans le même trou, ainsi de suite; 3° d'un bâti *sz'kia* garni de chevilles *tchou* et de deux encroix *kien-wen-tchou*, etc.

595 * *Hou-tché*, rouet à cannettes au 1/5me de grandeur naturelle. Il est formé d'un pilier de bois *tchou-hou-tché* porté sur un plateau *mou-kia*. A ce pilier, est fixée une cheville servant d'axe à la roue *tché*, mue par une baguette et à la main. A la partie supérieure du pilier, est une autre cheville ou broche servant à porter le tuyau *tchou-kou* de la cannette *hou*.

596 * *Tchu*, navettes.

Il y en a de différentes formes.

1° Navettes ordinaires pour le taffetas à petite largeur;

2° Navettes longues pour les satins et étoffes à grandes largeurs;

3° Petites navettes pour l'espoulinage.

Dans certains articles, on se sert d'une navette dont l'intérieur est garni d'un régulateur en crin pour faciliter le déroulement de la cannette d'une manière uniforme.

597 * *Heou*, peignes en canne.

On n'emploie en Chine, pour la fabrication des soieries, que des peignes de canne. Les joncs et roseaux de cette contrée fournissent d'excellents matériaux à cet usage.

Voici les différentes réductions de peignes rapportés par M. Hedde :

1°	pour toile	9 dents 2/3 au cent.	(25	dents au pouce	).
2°	»	8 » »	(22	»	).
3°	pour gr. de Naples	20 » »	(54	»	).
4°	pour taffetas	13 » »	(36	»	).
5°	pour foulard	18 » »	(51	»	).
6°	pour rubans	13 » »	(36	»	).
7°	»	14 » »	(40	»	).
8°	»	12 1/2 »	(34	»	).
9°	»	13 1/2 »	(38	»	).
10°	»	16 » »	(44	»	).
11°	»	14 » »	(39	»	).
12°	»	14 » »	(39	»	).

598. Divers outils employés dans la fabrication des étoffes de soie.

1° Passette en corne et passette en bambou. Sur cette dernière, qui est de Chusan, est indiquée la division du covid chinois, égale à 35 centimèt., ce qui vient à l'appui de l'assertion de M. Hedde à l'égard de la longueur de la mesure employée pour les soieries dans le nord de la Chine.

2° Poulie de métier ;

3° Pincettes en fer, dans le genre de celles employées dans nos fabriques ;

4° Forces ou ciseaux en fer de même genre;

5° Polissoir en fer pour lisser l'envers du satin;

6° Colle de buffle pour l'apprêt des satins forts;

7° Tempia. Il y en a de différentes manières. Celui employé sur le métier *yaou-ki* est formé de deux bâtons en croix dont les extrémités sont, comme à l'ordinaire, garnies de pointes.

8° Fers ronds employés pour le velours;

9° Rabot ou plutôt couteau pour le coupage du poil de velours.

599 * *Tsang-ki*, métier à banc, de grandeur naturelle, rapporté de Sou-Tchou par M. Hedde. Voir le N° 384 précédent.

Voici les pièces qui composent cet appareil curieux :

N° 1. Banc du métier supporté par quatre pieds et quatre traverses d'écartement. A une partie de ce banc, sont adaptés les rateliers sur lesquels passe la chaîne : l'autre partie sert de siége à l'ouvrier qui s'y pose à cheval.

N° 2. Deux petits tenons fixés sur le banc à droite et à gauche, et dans lesquels passe une cheville servant de rouleau de devant pour soutenir l'étoffe fabriquée.

N° 3. Chevilles supérieures sur lesquelles passe l'étoffe et qui ont pour but d'obtenir la tension de la chaîne. La chaîne est sans fin, elle passe dessus et dessous les chevillles des rateliers qui servent à en déterminer la longueur. Plus la chaîne est longue, plus elle fait d'allées et de venues dans l'étendue des rateliers. Pour opérer le tissage, une des chevilles est placée à l'extérieur et sert de second rouleau de devant.

N. 4. Planche inclinée, appuyée sur le banc et à laquelle sont attachées deux cordes correspondantes à la cheville, servant de second rouleau de devant.

N° 5. Balance placée inférieurement au banc et chargée de manière à faire contre-poids à la tension de la chaîne. Cette balance correspond à la planche n° 4 par quatre cordes.

N° 6. Peigne formé de deux rangs de dents de fer, l'un inférieur et l'autre supérieur, et servant à diviser la chaîne en deux parties égales. Ce peigne est garni, à sa partie postérieure, d'un cercle de jonc, servant à maintenir l'ouverture des deux parties de la chaîne, ce qui forme le premier pas. Le deuxième pas a lieu au moyen d'une demi-lisse que l'ouvrier lève avec la main, et la deuxième partie de la chaîne lève alors facilement, la balance suivant en même temps le mouvement qui est imprimé à la chaîne.

Nº 7. Navette en bois et en forme de clou qui sert au tissage. Pour le battage de la trame, on se sert d'un morceau de jonc qu'on introduit au milieu de la chaîne, tous les deux coups seulement.

Nº 8. Ratelier vertical, garni de chevilles et placé postérieurement.

Nº 9. Ratelier incliné, garni de chevilles et placé de l'avant à l'arrière. Toutes les chevilles placées dans ces deux rateliers doivent facilement rouler sur elles-mêmes, afin d'amener facilement la chaîne à la portée du tissage.

600 * *Tchi-tcheou-ki,* métier de taffetas uni au 1/10me de grandeur naturelle.

Voici le détail de ce métier :

1. Deux piliers de devant ;
2. Trois traverses servant de claies ;
3. Deux piliers de centres ;
4. Quatre traverses servant à lier les piliers de devant et du centre ;
5. Deux traverses servant de claies aux piliers du milieu ;
6. Une traverse supérieure servant à lier les deux claies et à porter les batteries ;
7. Autre support de batterie ;
8. Petits piliers destinés à supporter le rouleau de derrière ;
9. Traverses destinées à arrêter les chevilles pour former la tension de la chaîne ;
10. Rouleau de devant à dents, garni de chevilles avec leurs cordes pour tenir l'étoffe tirante ;
11. Supports du battant ;
12. Peigne en cannes ;
13. Pousse-battant ;
14. Piliers inclinés du pousse-battant ;
15. Acocats servant à faire avancer ou reculer les piliers du pousse-battant ;
16. Lisses ;
17. Guide-lisses ;
18. Deux marches ;
19. Cordes des marches ;
20. Alérons et leurs broches ;
21. Arcades des lisses ;
22. Encroix ;
23. Cordes de ligatures placées derrières les lisses et servant à faire les chefs de pièces, en caractères chinois.

Ce métier a cela de remarquable que la construction du lissage, de son pousse-battant et de toutes les pièces en général, présente plus de force et d'aplomb que celle de nos métiers ordinaires.

601 * *Tchi-hwa-lo-ki*, métier à semple, monté pour fabriquer la gaze diaphane damassée.

Voici le détail de ce modèle remarquable, qui est au 1/10me de grandeur naturelle.

1. Deux grosses pièces formant le soubassement du métier;
2. Quatre piliers supportant les deux pièces n° 1;
3. Traverse de devant pour l'écartement du métier;
4. Deux montants de devant servant de support;
5. Deux traverses pour tenir celles des deux montants précédents;
6. Petit montant lié aux deux traverses précédentes;
7. Traverse correspondante au petit montant précédent;
8. Cassins;
9. Support du rouleau de devant;
10. Rouleau de devant;
11. Banquette;
12. Encadrement du peigne servant de battant. Il est supporté par des cordes ayant deux anneaux à leur partie supérieure, ainsi qu'une petite traverse de bois servant à élever ou baisser le battant;
13. Pousse-battant;
14. Deux lisses liées par des pantins et destinées à faire la gaze;
15. Alérons avec leurs cordes, correspondant aux lisses et aux marches;
16. Traverses servant de support,
17. Montant du cassin;
18. Chapeau du cassin;
19. Morceau de bois en forme de pince, servant à soutenir le semple;
20. Encadrement en bois pour retenir les pinces sur leur support, afin qu'elles n'échappent pas au moment du tirage;
21. Rouleau pour appuyer les cordes de semple au moment du tirage;
22. Gavassinière;
23. Ficelle servant de lats;
24. Quatre montants;
25. Supports du cassin;
26. Quatre traverses formant la charpente du cassin;
27. Deux traverses déterminant la largeur du cassin, et servant au tireur de late pour monter sur le métier;

28. Espèce de grille de collets, destinée à séparer le semple à la jonction des arcades.

29. Planche d'arcades montée en bambou ;

30. Contre-planche d'arcade montée de la même manière, et destinée à l'écartement des mailles.

Il est à remarquer que ce métier est monté en trois chemins, trois arcades réunies au même collet dans le semple ; les trois mailles de ces trois arcades sont encore réunies, au-dessous du métier, au même morceau de jonc servant de plomb.

31. Deux traverses servant de guide-lisses ;

32. Grosse charpente adaptée aux extrémités du pousse-battant, et supportée par deux boulons en fer.

33. Acocats sur lesquels avancent et reculent les boulons précédents, afin de donner plus ou moins de force au battage de l'étoffe ;

34. Deux traverses ;

35. Pièce servant à donner plus ou moins de longueur de chaîne tendue ;

36. Piliers servant à supporter le rouleau :

37. Rouleau de derrière ;

38. Deux traverses déterminant la longueur du rouleau ;

39. Espèce d'encroix servant à la tension de la chaîne ;

40. Traverse d'embarrage pour la tension de de la chaîne ;

41. Excavation remplie d'eau, dans laquelle jouent les fuseaux servant de plombs et tenus dans une atmosphère d'humidité, afin que leur poids les fasse mieux tomber.

Description de la lisse, jusqu'ici inconnue en Europe.

Ce qu'il y a de plus remarquable dans ce métier, c'est la construction de la lisse.

Cette lisse est formée de quatre lisserons supérieurs et de quatre autres inférieurs réunis par des pantins. Les mailles sont à crochets et laissent le passage à la lisse à culotte. Le remettage s'entend, premier fil, fil de tour passé dans le bouclon de la lisse à culotte ; deuxième fil, fil de raison à cheval entre la maille droite et la maille gauche. Cette disposition a pour résultat de faire lever le fil par le bouclon ou maille, tandis que par notre lissage ordinaire, c'est le fil qui enlève le bouclon. On peut donc, avec cette nouvelle construction, espérer de faire une gaze plus serrée en compte de chaîne qu'avec nos lisses, attendu que la soie sera moins fatiguée au travail et que par conséquent on obtiendra des fonds unis plus purs.

Ce métier, rapporté de la Chine tout monté, avait été détérioré par le transport ; il a été remonté par M. Petit, ancien fabricant, à Lyon, qui en a parfaitement compris le jeu et l'utilité.

602. Figure du lissage du métier précédent, par M. Petit, ancien fabricant, à Lyon.

603. Autre figure de même genre, par M. Marin, professeur de théorie, à Lyon.

604. Remettage et armure d'un taffetas à jour *hwa-lo*, du métier 601 précédent, d'après M. Bert, professeur de théorie à Lyon.

A Fil de tour ;

B Fil de raison ;

C. Armure.

Les points verts représentent les parties qui font taffetas ; les points rouges celles qui font gaze.

605. Montage chinois d'un taffetas liseré à jour, improprement dit tour anglais, fabriqué sur le métier N° 601 précédent, d'après M. Bert, professeur de théorie, à Lyon.

Ce tableau représente

1° Le corps de maillons ;

2° La carte du dessin ;

3° Le dessin lu sur le corps ;

4° Les lisses 1 et 2 ;

5° Le tissu figuré.

En voici l'explication :

A Traits rouges, fil de tour, passés dans les mailles dites culottes ; le premier sur la lisse N° 1 et le second sur la lisse N° 2, l'un croisé de gauche à droite et l'autre de droite à gauche, sous les fils droits, dits de raison.

B Traits bleus, fils droits passés à cheval sur les mailles culottes.

La carte est plaquée en trois couleurs : le rouge

représente le fonds qui fait taffetas, le bleu les effets gaze, le vert le liseré.

LECTURE DE LA CARTE.

Au premier coup, les fils de tour impairs lèvent par la lisse N° 2. On lit le rouge en taffetas sur les cordes des fils droits; le bleu se lit également en taffetas sur les cordes des fils de tour, et le vert, qui représente les parties qui font liseré, se lit en masse.

Au deuxième coup, on fait lever la lisse N° 1 et on lit, comme ci-dessus, en changeant le pas taffetas; mais il faut observer que, dans les deux effets taffetas, les coups impairs se lisent sur les cordes impaires et les coups pairs sur les cordes paires.

606. Montage, à fil de tour, d'après le métier N° 604 précédent, et modifié pour être appliqué à la fabrique lyonnaise, par M. Dufour, chef d'atelier à Lyon.

Ce tableau représente toute la disposition du métier à la Jacquard, sur lequel on a appliqué le système chinois, depuis le jeu du crochet de la mécanique jusqu'au passage du fil dans les lisses. En voici le détail :

A Fil droit ;
B Fil de tour;
C Maille simple de gauche ;
D Maille simple de droite ;
E Lisseron de la culotte O ;
F Lisseron de la culotte P ;
H Crochet d'évolution continue ;
Y Élastique de rabat ;
O Culotte supérieure ;

P Culotte inférieure ;

L Pas croiseur ;

K Pas droit.

Ce système de montage, par la disposition de la lisse complexe, dite lisse à culotte, peut permettre l'emploi du fil de tour dans des tissus très serrés. L'évolution de la culotte inférieure étant facilitée par celle qui lui est supérieure, les fils ne peuvent être retenus dans leur mouvement ascensionnel que par un obstacle considérable ; dès-lors, il devient possible de constituer des étoffes fortes d'un effet tout-à-fait nouveau.

607. *Tchi-lo-tsong-sien-kia*, lisse chinoise, dite à pantins, pour fil de tour.

DESCRIPTION.

1 et 2. Lisserons ou lamettes supérieures de devant. Ces lisserons sont mobiles dans une coulisse pratiquée de chaque côté. Ils sont placés l'un derrière l'autre. Celui de devant est un peu plus haut que l'autre.

3 et 4. Lisserons inférieurs de devant, installés comme les n°s 1 et 2, excepté qu'ils sont parallèles l'un derrière l'autre.

5 et 6. Lisserons supérieurs de derrière, installés comme les n°s 1 et 2, excepté que celui devant est placé plus bas que l'autre.

7 et 8. Lisserons inférieurs de derrière, installés comme les n°s 3 et 4.

9 et 10. Montants ou gardes des lisserons de devant, à droite et à gauche. Dans ces montants sont pratiquées les coulisses, où agissent les lisserons 1, 2, 3 et 4.

11 et 12. Montants des lisserons de derrière 5, 6, 7 et 8. Ils sont installés comme les n°s 9 et 10.

On doit faire observer, toutefois, qu'à la partie supérieure de ces montants et, de chaque côté, on a pratiqué une échancrure, où sont introduites les cordes d'arcade destinées à faire mouvoir les lisses.

13 et 14. Pantins supérieurs de droite et gauche.

15 et 16. Pantins inférieurs de même genre, mais beaucoup plus grands, de manière à former un plus grand écartement à la partie inférieure des lisses qu'à celle supérieure.

17 et 18. Chevilles supérieures de droite et de gauche, servant de tenons aux pantins 13 et 14.

19 et 20. Chevilles inférieures de droite et de gauche, servant de tenons aux pantins 15 et 16.

Ces chevilles sont retenues, à droite et à gauche, par une ficelle destinée à maintenir les lisserons dans leurs coulisses.

21. Maille simple droite, liée, par son extrémité supérieure, à la cristelle du lisseron 6 et, par son extrémité inférieure, à la cristelle du lisseron 7.

22. Maille simple droite, attachée, comme la précédente, aux lisserons 1 et 3.

23. Maille simple, formant culotte, liée supérieurement, par son extrémité gauche, à la cristelle du lisseron 5, et, par son extrémité droite, à la cristelle du lisseron 2.

24. Maille simple droite, attachée, par son extrémité supérieure, à la cristelle du lisseron 6, et, par son extrémité inférieure, à la cristelle du lisseron 8.

25. Maille simple droite, attachée aux lisserons 1 et 4.

26. Maille simple droite, formant culotte, attachée, comme la précédente 23, aux lisserons 5 et 2.

27. Fil droit, couleur rouge, placé libre entre les deux mailles 21 et 22.

28. Fil de tour, couleur bleue, passée dans le crochet de la maille à culotte N° 23.

29. Fil droit, couleur rouge, passé libre entre les deux mailles 24 et 25.

30. Fil de tour, couleur bleue, passé dans le crochet de la maille à culotte 26.

Par ce système, la gaze unie se fait par les deux marches, et la gaze façonnée par corps et lisse, c'est-à-dire un coup par le corps, un coup par la marche.

Avec la lisse chinoise, on peut faire la gaze droite, la gaze bricolet, la gaze damassée et la gaze diaphane : cette dernière surtout, en qualité forte, avec plus de facilité que par nos lisses ordinaires ; par la raison que la disposition chinoise a pour résultat de faire lever le fil de tour par le bouclon ou maille à culotte, tandis que, par notre lissage ordinaire, c'est le fil qui enlève le bouclon et fait par conséquent un plus grand effort que lorsque le fil est lui-même enlevé.

Cette disposition nouvelle doit offrir un avantage pour le métier à la barre (*passementer stuhl*), dans lequel les lisses à culotte ont toujours présenté de la difficulté. Un passementier de Saint-Étienne fait actuellement des essais qui ne peuvent manquer d'avoir d'heureux résultats.

Ce plan a été dressé par M. Rauls, d'Yssengeaux, d'après les indications recueillies par M. Hedde, chez le chef d'atelier *She-Shing*, de la rue *Tan-Kaï-*

Foung, n° 4, à Canton. Renvoi au modèle tout monté N° 601 précédent.

608. Lisse (dite à pantins) pour fil de tour, de grandeur naturelle, confectionnée, d'après le modèle chinois, par M. Marin, professeur de théorie à Lyon.

609. *Tchi-hwa-tcheou-ki*, métier propre à fabriquer les étoffes façonnées.

Voici le détail de ce métier :

1. Pilier de derrière ;
2. Ensuple de derrière ;
3. Couronne de l'ensuple de derrière.
4. Estase, partie postérieure ;
5. Estase, partie antérieure ;
6. Pilier du centre ;
7. Pilier de devant ;
8. Montant gauche au centre des supports du cassin ;
9. Id. droit id. id.
10. Id. id. id. id.
11. Id. gauche id. id.
12. Traverse inférieure d'écartement aux supports du cassin ;
13. Traverses supérieures ;
14. Peigne :
15. Bâti du cassin ;
16. Gavassinière de droite et de gauche ;
17. Lats à passer ;
18. Lats passés ;
19. Cordes de rames ;
20. Collets ;
21. Arcades ;
22. Planche d'arcade ou grille en bambou ;
23. Maillons de corps ;
24. Mailles de corps ;
25. Fuseaux pour rabattre les mailles de corps ;
26. Réservoir d'eau pour donner de l'humidité aux fuseaux ;

27. Banc pour faciliter l'entretien du métier ;
28. Ouvrier employé à l'entretien du métier ;
29. Battant ;
30. Conducteur du pousse-battant ;
31. Pousse-battant ;
32. Traverse d'écartement entre les deux conducteurs du pousse-battant ;
33. Quatre lisses de derrière pour sergé ;
34. Quatre lisses de devant pour sergé ;
35. Quatre extrivières pour le tirage des lisses de rabat ;
36. Huit cordes de marches et contre-marches ;
37. Cinq marches ;
38. Trois contre-marches ;
39. Huit bricoteaux ;
40. Cordes pour supporter le battant ;
41. Anneau de fer servant à régler la hauteur du battant ;
42. Chaine ;
43. Rouleau de devant ;
44. Oreillons ;
45. Cheville attachée à une corde pour tourner devant ;
46. Ouvrier tisseur ;
47. Navette ;
48. Banquette fixe ;
49. Pilier de bâti pour supporter les batteries ;
50. Guide des lisses ;
51. Support du guide ;
52. Bâti correspondant au support précédent ;
53. Tenon où passe la broche des bricoteaux ;
54. Traverses du support des batteries ;
55. Ouvrier tireur de lats ;
56. Banquette arrondie et mobile.

610. *Tchi-sou-tcheou-ki*, métier pour fabriquer les tissus unis.

Voici le détail de ce métier :

1. Piliers de derrière ;
2. Claie pour réunir les deux piliers ;
3. Ensuple de derrière ;
4. Couronne de l'ensuple ;

5. Estase, partie postérieure ;
6. Estase, partie antérieure ;
7. Pilier du centre ;
8. Montant gauche au centre des supports de bricoteaux ;
9. Id. droit id. id.
10. Id. gauche au devant des supports de bricoteaux ;
11. Id. droit id. id.
12. Traverse postérieure supérieure des montants N°s 8 et 9 ;
13. Traverse postérieure inférieure id.
14. Traverse antérieure supérieure des montants N°s 10 et 11 ;
15. Id. inférieure id.
16. Traverse gauche d'écartement aux supports de bricoteaux ;
17. Traverse droite id. id.
18. Tenon de devant fixé à la traverse 17.
19. Tenon de derrière ;
20. Broche pour recevoir les bricoteaux ;
21. Quatre bricoteaux ;
22. Montant de derrière de support des flèches ;
23. Montant de devant ;
24. Grande traverse pour supporter les flèches ;
25. Quatre flèches ;
26. Quatre cordes des quatre flèches ;
27. Huit cordes d'arcade, attachées à la partie supérieure des quatre cordes de flèches, deux à la même et à la partie inférieure aux lisses une par une ;
28. Huit cordes d'arcade attachées, par leurs extrémités supérieures, aux quatre bricoteaux, deux au même et, inférieurement aux lisses, une par une ;
29. Corde pour supporter le battant,
30. Anneau en fer servant à régler la hauteur du battant ;
31. Battant ;
32. Conducteur du pousse-battant ;
33. Pousse-battant ;
34. Écharpe du pousse-battant ;
35. Cadre des lisses :
36. Lisses à mailles simples, l'une en levée et l'autre en rabat ;
37. Chaîne ;
38. Toile pour couvrir la chaîne ;
39. Rouleaux de devant ;
40. Oreillon du rouleau de devant ;
41. Quatre contre-marches ;
42. Support des contre-marches ;
43. Tringles des contre-marches ;

44. Banquette ;
45. Cordons d'encroix ;
46. Corde de ligature pour les chefs de pièce ;
47. Panier pour les roquets de jointes ;
48. Cheville attachée à une corde pour tourner devant,
49. Deux ou plutôt quatre marches.

611. *Tchi-eull-pi-ki*, métier double, employé à Canton pour fabriquer deux pièces à la fois d'une même longueur et par deux ouvriers différents.

Un fabricant de Canton avait à livrer des pièces d'une longueur déterminée ; mais l'époque de la livraison ne donnait juste que le temps nécessaire pour la fabrication d'une demi pièce. Pour arriver en temps utile, le fabricant fit exécuter chaque pièce sur deux métiers.

Le dessin, exécuté par M. Monnot fils, de Lyon, représente deux métiers dont les ouvriers, séparés par une table sur laquelle est le tissu, sont dos à dos. La chaîne a dû être montée sur les deux métiers différents, et enroulée à chaque extrémité sur les rouleaux de derrière. Un ouvrier a commencé le tissage, et, puis, après en avoir exécuté une certaine longueur, il a fait passer le tissu à son camarade, qui a continué, de son côté, ayant eu soin d'entaquer l'étoffe de manière à ne pas la froisser.

Ce problème a été résolu par M. Petit, ancien fabricant à Lyon.

612. *Tchi-ké-sz'-ki*, métier à fabriquer un tissu espouliné, particulier à la ville de Sou-Tchou, et appelé *ké-sz'*, c'est-à-dire soie ou soierie ciselée.

Voici les pièces qui le composent :

1. Deux piliers, l'un de droite et l'autre de gauche, assemblés par deux traverses, l'une inférieure, l'autre supérieure.

2. Deux traverses servant d'ensuple, celle inférieure se mouvant facilement pour laisser avancer la chaîne.

3. Chaîne sans fin, placée autour des deux traverses, ou ensuple inférieur et supérieur. Le dessin est légèrement tracé à l'encre de Chine sur la chaîne, de manière que l'ouvrier puisse facilement suivre les contours des sujets.

4. Battant à double peigne, l'un inférieur, à dents de canne, dans lequel est passée toute la chaîne, à raison d'un fil par dent, et qui sert de battant, l'autre supérieur, à demi-dents quelquefois de canne, le plus souvent métalliques, et percées d'un trou à leur extrémité, dans lequel passe chaque fil de la moitié de la

chaîne. Ce second peigne a, par conséquent, moitié moins de dents que l'autre. Ces deux peignes sont assemblés par une manette avec laquelle on pousse le battant en avant et en arrière.

5. Barre, ou support du battant, pour maintenir le pas.

6. Branches à deux places pour supporter la barre du battant, de sorte que lorsque l'ouvrier veut former un pas, il place sa barre dans une place, et lorsqu'il veut former l'autre, il la place dans une autre.

Ce dessin a été exécuté par M. Joanny Maisiat, sur les indications de M. Hedde.

613 * *Yaou-Ki*, métier, dit de ceinture, de grandeur naturelle.

Ce métier, rapporté de *Yang-Tseu* par M. Hedde, présente une forme très-singulière.

Voici les pièces qui le composent :

1. Deux grands piliers placés au centre du métier

2. Deux traverses longitudinales supérieures.

3. Deux traverses longitudinales inférieures.

4. Planchette unissant les traverses n° 3 et servant de siége à l'ouvrier.

5. Deux petits piliers supportant les traverses n° 3.

6. Traverse unissant les piliers n° 5.

7. Pièce de bois inclinée servant à réunir les grands piliers aux traverses longitudinales.

8. Deux estases de derrière.

9. Deux brancards appuyés sur les piliers.

10. Ensouple de derrière porté aux extrémités des estases, et garni de bâtons en croix.

11. Tablette servant à recevoir les bouts des encroix pour la tension de la chaîne.

12. Support de la bascule placé dans une échancrure aux deux parties supérieures des piliers.

13. Bascule pour le jeu de la demi-lisse.

14. Demi-lisse. Une baguette est placée intérieurement pour maintenir les demi-mailles en respect.

15. Rouleau pour maintenir en bas la moitié de la chaîne : il agit dans les deux parties inférieures des brancards.

16. Autre rouleau qui agit sur la moitié de la chaîne supérieure et se combine avec le jeu de la demi-lisse. Ce rouleau est maintenu, de chaque côté, dans un

écusson qui correspond par des cordes en haut avec la bascule, et en bas avec la marche.

17. Chaîne. Le premier pas est formé par l'ouverture naturelle de la chaîne divisée en deux parties ou envergeure. Le second pas est formé par la marche qui fait lever la partie inférieure de la chaîne. Ce second pas se combine avec la tension de la chaîne qu'opère l'ouvrier, au moyen du dossier où la pièce est attachée.

18. Flèches appuyées sur les brancards et servant à supporter le battant.

19. Battant supporté par les cordes des flèches.

20. Rouleau de devant appuyé sur les deux traverses supérieures longitudinales et correspondant à un autre rouleau sur lequel s'enroule la pièce fabriquée.

21. Dossier, ou ceinturon en peau, attaché par des taquets aux extrémités du rouleau n° 20.

614. *Tiao-hwa-shi*, mise en carte chinoise.

Quatre simples bâtons forment un cadre à peu près semblable à celui employé pour la broderie. On y étend une gaze, ou canevas, d'accord avec la réduction de l'étoffe que l'on veut exécuter, et dans le genre de nos papiers réglés. Sur cette gaze, est dessiné au trait et à l'encre de Chine, le sujet qui doit être représenté. On observe, toutefois, de se renfermer dans le nombre de carreaux égal à celui des cordes du métier où le sujet doit être exécuté.

Au-dessous de ce cadre, on tend des cordes de soie, en nombre égal à celui des carreaux. Ces cordes représentent celles d'un semple, ou la chaîne d'une étoffe en un seul chemin. A l'extrémité inférieure de ces cordes, les Chinois suspendent des roseaux servant de plomb, pour faciliter l'embuvage et la recherche du point.

Sur le cadre, et du côté où l'on a passé le dessin au trait, on tend une corde tant à droite qu'à gauche, et qui sert de gavassinière. C'est sur cette corde que l'on arrête chaque coup de trame, ou lat, au moment de la mise en carte. Cette trame ou lat se broche dans la gaze, au moyen d'une aiguille, en observant de prendre autant de cordes que le dessin embrasse de carreaux de la gaze.

Les différentes réductions s'obtiennent en prenant, pour faire la mise en carte, des gazes plus ou moins serrées en chaîne et en trame. Lorsque la mise en carte est terminée, l'ouvrier la lit du côté des fils qui représentent le semple, et passe ses embarbes en comptant les prises et les laissées.

Ce moyen, simple et ingénieux, est sûr en ce qu'il n'entraîne aucune correction; mais il est extrêmement long.

Ce modèle a été monté, d'après le n° 93 du grand album de Sun-kwa, par M. Marin, professeur de théorie à Lyon.

615 * *Toung-tchen*, baguettes en cuivre, de grandeur

naturelle, employées au pliage des pièces fabriquées.

Les consommateurs de l'Amérique du sud se plaignent du pliage vicieux des satins apprêtés français : la méthode chinoise de plier en rouleaux obvie entièrement à cet inconvénient.

TISSUS.

616 * *Sou-sse-tcheou*, foulard écru, en soie de vers sauvages du Ssé-Tchuen ; largeur, 48 centimètres ; poids, 58 grammes le mètre; prix, 4 dollars la pièce de 18 mètres, soit 1 franc 22 centimes le mètre, et 21 francs le kilogramme.

617 * *Sou-sse-tcheou*, foulard écru , en soie de vers sauvages du Ssé-Tchuen ; largeur, 49 centimètres; poids, 60 grammes ; prix, 3 3/4 la pièce de 18 mètres, soit 1 franc 15 centimes le mètres, et 19 francs le kilogramme.

On désire depuis longtemps dans le commerce un article qui soit l'intermédiaire entre la soie et le coton. Les tissus, en soie de vers sauvages, tant de l'Inde que de la Chine, sont destinés à remplir cette lacune, avec d'autant plus de raison que les essais que l'on a fait pour les teindre ont déjà donné des résultats assez satisfaisants. Renvoi aux Nos 583 à 585.

618 * *Sou-sha*, gaze lisse écrue, pour tamis ; largeur, 54 centimètres ; poids , 22 grammes ; prix , 2 dollars la pièce, soit 1 franc 55 centimes le mètre, et fr. 70 le kilogramme.

619 * *Seng-fang-tcheou*, taffetas écru blanc, apprêté; largeur, 57 centimètres; poids, 40 grammes; prix, 6 dollars les 15 1/2 mètres, soit 2 francs 12 centimes le mètre, et fr. 53 le kilogramme.

Ce tissu, remarquable par la régularité de la matière et du battage, est principalement fabriqué à Hang-Tchou. Il est employé pour les peintures de tapisserie.

620 * *Seng-fang-tcheou*, taffetas écru apprêté; largeur, 49 centimètres; prix, 6 dollars la pièce de 18 mètres; poids, 46 grammes, soit 2 fr. 50 c. le mètre, et 53 fr. le kilogramme.

Ces deux derniers articles doivent attirer l'attention du fabricant.

621 * *Tchong-kuen*, taffetas léger écru vert, première qualité, pour parapluie (échantillon); largeur, 68 centimètres; longueur, 44 covids de Canton; poids, 14 taels; prix, 7 dollars, soit 2 francs 35 centimes le mètre, et 67 fr. le kilogramme.

622 * *Tchong-kuen*, taffetas léger écru vert, deuxième qualité, pour parapluie (échantillon); largeur, 68 centimètres; longueur, 44 covids de Canton; poids, 13 taels; prix, 6 dollars, soit 2 francs le mètre de 30 grammes, et 67 fr. le kilogramme.

Une particularité distingue les différents verts de Chine, de nos couleurs similaires, c'est la solidité. Les essais qui ont été faits et seront faits sur les matières employées par les Chinois, ainsi que sur les tissus où elles ont été fixées, doivent offrir beaucoup d'intérêt. Renvoi, d'ailleurs, aux renseignements fournis par les expérimentateurs lyonnais, N° 581 à 587 précédents.

623 * *Tchong-kuen*, taffetas léger écru noir, pour parapluie, avec brodures cannelées (échantillon); largeur, 68 centimètres; longueur, 44 covids de Canton; poids, 14 taels; prix, 6 dollars, soit 2 francs le mètre de 32 grammes, et fr. 62 le kilogramme.

624 * *Tchong-kuen*, taffetas léger écru cramoisi, pour parapluie (échantillon); largeur, 62 centimètres; longueur, 44 covids de Canton; poids, 12 taels; prix, 6 dollars, soit 2 francs le mètre de 32 grammes, et fr. 72 le kilogramme.

625 * *Ho-mien-tcheou*, toile fantaisie, produit de cocons percés du Tché-Kiang; largeur, 57 centimètres; prix, 1 mace le covid.

626 * *Sou-po-kuen-kin*, taffetas gros noir pour mouchoirs, carrés de 90 centimètres de côté; poids, 75 grammes; prix, 2 francs 75 centimes, le mouchoir, et 37 francs le kilogramme.

Ce tissu, en pièce, est vulgairement appelé à Canton *lutestring* ou *lustring*, corruption du premier mot, suivant Webster.

627 * *Kien-tcheou*, foulard blanc gauffré; largeur, 40 centimètres (échantillon); longueur, 25 1/4 mètres; poids, 35 1/2 taels; prix, 14 dollars, soit 2 francs 85 centimes le mètre de 49 grammes, et 58 francs le kilogramme.

Ce tissu est le produit de cocons percés et gâtés. Le gauffrage a été probablement opéré par compression. Renvoi aux planches Nos 122 à 131 du grand album de *Sun-Kwa*.

628 * *Kien-tcheou*, foulard blanc gauffré ; largeur, 40 centimètres (échantillon) ; longueur, 25 1/4 mètres ; poids, 33 taels ; prix, 12 dollars, soit 2 francs 70 centimes le mètre de 45 grammes, et 57 francs le kilogramme.

629 * *Hong-tcheou*, foulard uni cerise (échantillon) ; largeur, 72 centimètres ; longueur, 26 mètres ; poids, 11 taels ; prix, 8 dollars la pièce, soit 1 franc 70 centimes le mètre de 33 grammes, et 52 fr. le kilogramme.

Cet article, teint en pièce, sert d'enveloppe aux châles crêpe blanc brodés, lorsqu'ils sont livrés à la vente.

630 * *Pou-youen-tcheou*, foulard dit *pongi*, en jargon cantonais, blanc décrué, première qualité, largeur, 80 centimètres ; longueur, 27 3/4 mètres ; poids, 1075 grammes ; prix, 8 dollars, soit 1 franc 55 centimes le mètre, et 42 francs le kilogramme.

631 * *Pou-youen-tcheou*, foulard, dit *pongi*, blanc décrué, deuxième qualité ; largeur, 75 centimètres ; longueur, 26 mètres ; poids, 850 grammes ; prix, 7 dollars, soit 1 franc 45 centimes le mètre de 33 grammes, et 45 francs le kilogramme.

632 * *Pou-youen-tcheou-kin*, mouchoir foulard, dit *pongi*,

blanc décrué, deuxième qualité, carré de 70 centimètres de côté, pièce de 20 mouchoirs ; poids, 520 grammes ; prix, 4 dollars, soit 10 fr. le mouchoir, et 42 francs le kilogramme.

633 * *Pou-youen-tcheou-kin*, mouchoir foulard, dit *pongi*, blanc décrué, première qualité, carré de 75 centimètres de côté ; pièce de 10 mouchoirs ; poids, 350 grammes ; prix, 4 dollars, soit 2 fr. 20 c. le mouchoir de 47 grammes, et 63 francs le kilogramme.

Ces trois derniers articles sont décrués après le tissage, ils se fabriquent à Taï-Sha, district de Nan-Haï, près de Canton. On en compte généralement le prix marchand dans cette ville à 25 centimes le tael. Les *pongi* cramoisi, ainsi que les façonnés, sont un peu plus chers.

634 * *Fang-tcheou*, foulard décrué, première qualité de Hang-Tchou; largeur, 55 centimètres; longueur, 16 mètres; poids, 630 grammes ; prix, 5 dollars, soit 1 franc 75 centimes le mètre de 40 grammes, et 44 fr. le kilogramme.

Ce tissu remarquable est l'intermédiaire entre les foulards, dits *pongi*, et les crêpes. On a observé avec raison que les étoffes chinoises présentent une échelle de tissus, depuis la simple toile de soie, jusqu'au crêpe, sans transition presque sensible. L'étoffe dont il est question ici a fait l'admiration de tous les connaisseurs, tant à l'égard de la fabrication que de son bas prix.

635 * *Hwa-mien-tcheou*, popeline coton façonnée cerise ; largeur, 49 centimètres ; longueur, 7 mètres 1/2 ;

poids, 300 grammes ; prix, 2 dollars et demi, soit 1 fr. 95 c. le mètre de 40 grammes, et 46 fr. le kilogramme.

636 * *Hwa-mien-tcheou*, popeline coton façonnée gris de cendre, de la fabrique de *Tchang-Tchou* ; largeur, 50 centimètres ; longueur, 9 mètres ; poids, 390 grammes ; prix, 1 dollar et demi, soit 0 fr. 80 c. le mètre de 45 grammes, et 21 fr. le kilogramme.

637 * *Hwa-yu-twan*, popeline laine façonnée, de fabrique cantonaise ; largeur, 82 centimètres ; longueur, 2 mètres ; poids, 340 grammes ; prix, 2 dollars 3/4, soit 7 fr. 55 c. le mètre de 170 grammes, et 44 fr. le kilogramme.

Le délégué de l'industrie lainière, M. Rondot, a traité cet article d'une manière spéciale. Renvoi à ses rapports, documents sur le commerce extérieur, année 1847, suite du N° 385, p. 227 et suivantes.

638 * *Sou-sien-tseou*, gros de Naples (1) ondé, noir bleu,

(1) Cette étoffe unie n'a aucun similaire dans la fabrique française. Elle est exécutée en chaîne organsin et trame mi-grenade, passée à 4 fils doubles en dents, battue à 27 coups au centimètre (67 au pouce). Son aspect a quelque chose d'irisé et de chatoyant. Il n'est pas seulement produit par le tors donné à la trame, mais il est le résultat de la matière première ; la preuve en est dans les tissus de même genre essayés déjà et qui n'ont pas réussi. Ce n'est ni un pou-de-soie, ni un crêpe, ni un glacé, ni un moiré. Cette étoffe, de genre *monochrome*, fournira peut-être un jour le sujet d'une nouvelle division des effets d'optique que présentent les tissus, effets qui, dans le tissu dont il s'agit, correspondent à un système de cylindres coniques, dirigés dans le sens de la vis d'Archimède.

Cette observation peut s'appliquer à beaucoup d'autres tissus chinois qui, chacun dans leur genre, présentent des effets différents de ceux que l'on remarque dans nos tissus ordinaires.

uni ; largeur, 62 centimètres ; longueur, 7 mètres; poids, 530 grammes ; prix, 7 dollars, soit 5 fr. 05 c. le mètre de 76 grammes, et 73 fr. le kilog.

639 * *Hwa-sien-tseou*, gros de Naples ondé, orangé, façonné (échantillon) ; largeur, 63 centimètres ; longueur, 40 covids de Shang-Haï ; poids, 28 taels ; prix, 18 dollars, soit 7 fr. le mètre de 75 grammes, et 93 fr. le kilogramme.

640 * *Hwa-sien-tseou*, gros de Naples ondé, ponceau façonné ; largeur, 63 centimètres ; longueur, 1 mètre 3/4 ; poids, 130 grammes ; prix, 2 dollars, soit 6 fr. 50 c. le mètre de 76 grammes, et 80 fr. le kilogramme.

Le prix de ce dernier article a paru un peu faible, comparativement au précédent, surtout en raison de la couleur fine. On a dû s'en tenir strictement à la valeur des prix cotés, ou des prix d'achats, qui doivent nécessairement présenter des différences. Ces tissus magnifiques, des fabriques de Sou-Tchou et d'Hang-Tchou, doivent attirer l'attention des fabricants. On n'en avait encore signalé aucun de ce genre, avant 1846, sur les marchés de Canton et de Londres. Ils sont remarquables en ce qu'ils sont moelleux et non susceptibles d'être froissés, comme tous les tissus carteux de ce genre, déjà essayés en France.

641 * *Hwa-sien-tseou*, gros de Naples ondé, lilas façonné ; largeur, 62 centimètres.

Cet échantillon, spécimen d'un des plus beaux articles de ce genre, que l'on trouve dans le nord de la Chine, a été communiqué à la Chambre de Commerce de St-Etienne, par M. de Lagrenée, ministre plénipotentiaire, chef de la mission commerciale en Chine.

642 * *Hwa-tcheou*, gros de Naples façonné, apprêté noir-noir (échantillon); largeur, 61 centimètres; longueur, 44 covids de Canton; poids, 34 taels, prix, 16 1/2 dollars, soit 5 fr. 50 c. le mètre de 78 grammes, et 70 fr. le kilogramme.

Cet article, de la fabrique de Canton, est fait en matière ordinaire de pays. La chaîne est organsin et la trame grège à six bouts. Cet article ressemble à nos gros de Naples, de fabrique européenne, mais n'a aucun rapport avec les articles précédents qui se rapprochent du genre crêpe.

643 * *Sou-ning-tcheou*, sergé gros bleu uni; largeur, 80 centimètres; longueur, 1 mètre 3/4; poids, 195 grammes; prix, 2 dollars 1/4; poids du mètre, 111 grammes, soit 7 fr. le mètre et 64 fr. le kilogramme.

644 * *Sou-ning-tcheou*, sergé uni gros bleu; largeur, 81 centimètres (échantillon); longueur, 44 covids de Canton; poids, 50 taels; prix, 30 dollars, soit 10 fr. le mètre de 115 grammes, et 87 fr. le kilogramme.

645 * *Sou-ning-tcheou*, sergé bleu Louise uni; largeur, 80 centim.; poids, 5 mèt. 1/4; prix, 9 dollars, soit 9 fr. 52 c. le mètre de 84 grammes 1/2, et 111 fr. le kilogramme.

Ces articles sont des sergés de 2 lies le 3. Le dernier est particulièrement de la fabrique de Hang-Tchou. Il est très-recherché des Anglais et des Américains, qui lui donnent le nom de *satin-lévantine*. La fabrique de Sou-Tchou en fait également de tramés souples qui n'ont, pas plus que les tramés cuit, l'inconvénient de *cirer*, inconvénient signalé aux tissus de même armure fabriqués avec d'autres soies que celles de Chine.

646 * *Sou-twan*, satin uni bouton d'or (échantillon); largeur, 75 centimètres; longueur, 44 covids de Canton; poids, 38 taels; prix, 16 dollars, soit 5 fr. 35 c. le mètre de 95 grammes, et 93 fr. le kilogramme.

647 * *Sou-twan*, satin uni gros bleu (échantillon); longueur, 44 covids de Canton; poids, 55 taels; prix, 35 dollars, soit 11 fr. le mètre de 125 grammes, et 84 fr. le kilogramme.

648 * *Sou-twan*, satin uni cramoisi (échantillon); largeur, 73 centimètres; longueur, 44 covids de Canton; poids, 35 taels; prix, 15 dollars, soit 5 fr. le mètre de 80 grammes, et 62 fr. le kilogr.

Tous les satins 8 lisses s'appellent *twan*.

649 * *Sou-twan*, satin uni bleu céleste (échantillon); largeur, 75 centimètres; longueur, 44 covids de Canton; poids, 37 taels; prix, 13 dollars, soit 4 fr. 50 c. le mètre de 85 grammes, et 53 fr. le kilogramme.

Ces articles, de la fabrique de Canton, ont été exécutés en chaîne et trame cuite, teintes en grège.

650 * *Sou-twan*, satin uni blanc (échantillon); largeur, 72 centimètres; longueur, 40 covids de Shang-Haï; poids, 36 taels; prix, 18 dollars, soit 7 fr. le mètre de 97 grammes, et 72 fr. le kilogramme.

651 * *Sou-twan*, satin uni blanc; largeur, 76 centimètr.; longueur, 3 mètres 3/4; poids, 360 grammes; prix d'achat, 5 dollars 1/2, soit 8 fr. le mètre de 96 grammes, et 83 fr. le kilogramme.

Les soieries de Chine qui sortent des fabriques d'ordre sont toujours signalées par un chef de pièce en caractères chinois, indiquant le lieu de fabrication et le nom du fabricant. Ceux de l'échantillon ci-dessus signifient : *twan-tse Kiang-Ning Hang-Jin y-sou-tsin-ki-tsu-tse*, c'est-à-dire, satin uni excellent, exécuté par *Hang-Jin* lui-même, à Nankin. Ces chefs de pièces sont faits au moyen de mailles simples placées derrière les encroix, telles qu'elles sont indiquées au N° 23 du modèle précédent 600.

652 * *Sou-twan*, satin uni noir noir, largeur 99 cent., longueur 7 1/4 mètre; poids, 1190 gram. Prix : 9 dollars, soit fr. 6, 82 le mètre de 164 gramm. et fr. 42 le kilog.

653 * *Sou-twan*, satin noir bleu uni (échantillon), largeur 97 cent., longueur 40 covid de Shang-Haï; poids 64 taels. Prix : 21 dollars, soit 8,25 le m. de 101 gram., et fr. 81 le kilog.

Tous les satins de Nankin sont fabriqués en chaîne organsin et trame quelquefois montée.

654 * *Hé-pé-pé-twan*, satin double face, bleu clair sur

bleu foncé (échantillon); longueur 44 covids de Shang-Haï; poids 65 taels. Prix : 40 dollars, soit francs 15, 70 le mètre de 175 gram., et 90 fr. le kilog.

C'est un article d'une grande richesse et dont la la fabrication n'est pas ordinaire; cet échantillon est dû à Mme de Lagrenée.

655 * *Hwa-ling*, damas cerise (échantillon); largeur 41 centimètr., longueur 44 covids de Canton, poids 16 taels. Prix : 8 dollars, soit francs 2, 50 le m. de 36 gram. et 70 fr. le kilog.

Tous les satins 5 lisses sont appelés *ling*.

656 * *Hwa-twan*, damas jonquille (échantillon); largeur 76 centimètres, longueur 44 covids de Canton; poids 39 taels. Prix : 18 dollars, soit francs 6 le mètre de 89 grammes et 67 fr. le kilog.

Cet article est employé aux riches parasols demandés par l'Amérique du sud.

657 * *Hwa-twan*, damas ponceau; largeur 74 centimètres, longueur 4 1/2 mètre ; poids 300 grammes. Prix, 3 1/2 dollars, soit francs 4, 25 le mèt. de 67 grammes et 64 fr. le kil.

658 * *Ta-hwa-twan*, damas riche sans envers (échantillon; largeur 79 centimèt.; longueur 44 covids de Canton; poids 44 taels. Prix : 44 dollars, soit 14 fr. 75 c. le mètre de 100 grammes et 147 fr. 50 c. le kilog.

Cet article, pour tenture, est fabriqué en chaîne et trame organsin.

659. Dix échantillons de damas; couleurs diverses, largeur 79 centimètres et poids de 107 à 126 gram. le mètre, qui ont figuré à l'Exposition lyonnaise.

Ces échantillons sont actuellement déposés à la Chambre de Commerce de Lyon. Leur valeur, à l'entrepôt de Londres, est de 12 à 15 fr. le mètre, suivant le poids.

660 * *Ta-tsaï-twan*, lampas bleu et vert; largeur, 73 centimètres; longueur, 1 mètre 1/4; poids, 112 grammes; prix, 1 dollar 1/2; soit 6 fr. 25 c. le mètre de 85 grammes, et 73 fr. le kilogramme.

661. Damas antique, de fabrication chinoise, appartenant à M. E. Maisiat, professeur de fabrique à l'école de la Martinière, à Lyon.

Cette étoffe qui possède tous les caractères que nous trouvons dans les tissus fabriqués en Chine, a été envoyée d'Egypte à Constantinople et rapportée par M. Joannon, voyageur lyonnais. Elle garnissait toutes les parois d'un sarcophage, remontant aux Pharaons. La momie était habillée et coiffée de la même étoffe; les dessins qu'elle présente ont été exécutés à la planche, et probablement finis au pinceau. On y remarque des personnages, des fleurs, des oiseaux, etc.; les couleurs vives ont dû être conservées par des aromes et autres substances usitées pour l'embaumement dans les siècles reculés.

Dans la bibliothèque de la Chambre de Commerce de Lyon, on trouve sous le n° 489, un carnet d'échantillons de tissus retirés des tombeaux de la Haute-Egypte, album précieux qui lui avait été envoyé, en 1824, par M. Drovetti, alors Consul-Général à Alexandrie. Dans ces échantillons qui datent de plus de 3000 ans, et qui sont les derniers vestiges du commerce Phénicien (1). Intermédiaire des Chinois, on

---

(1) Voici, d'après Marinus et Ptolémée, géographes latins, l'itinéraire qu'à ces époques reculées suivaient les produits Chinois pour venir de *Thinée* (*Sou-tchou*), siége des produits sérigènes du Nord et de Catigara; (*Kwang-tchou*), centre des manufactures du Sud.

ITINÉRAIRE PAR TERRE :

Des frontières de la Sérique, les caravanes mettaient sept mois pour parvenir au point de division des chaînes de l'Imaus (*Himalaya*), avec la grande artère trans-

remarque des taffetas en coton, en laine, en ma et en soie. Dans ces derniers, en filaments très-fins, sont des étoffes nattées, avec perles, et façonnés crochetés, des reps ou turquoises, des tissus peluchés, rayés, etc.

Dans les Annales de la Société Académique du Puy, un de nos plus zélés textologues a fait la description de tissus antiques qui garnissent l'intérieur d'une Bible, dite de Théodulphe. Ces tissus doivent avoir la même origine que les précédents, en raison des matières qui les composent.

662 * *Tou-tseou-sha*, crèpe uni blanc, de Canton; largeur, 55 centimètres; longueur, 20 mètres 1/2; poids, 1,170 grammes; prix, 11 dollars, soit 3 fr. le mètre de 57 grammes, et 49 fr. le kilog.

663 * *Kia-tseou-sha*, crèpe uni blanc, de *Kia-Shing*; largeur, 53 centimètres; longueur, 19 mèt. 3/4; poids, 1,055 grammes; prix 15 dollars et demi, soit 4 fr. 65 c. le mètre de 50 grammes, et 87 fr. le kilog.

Le prix de ce tissu étant beaucoup plus élevé,

---

versale de Bolor. Ce point, appelé La Tour de Pierre, a été reconnu être par 41° de latitude Nord. Il est encore le point de reconnaissance des caravanes qui vont de Boukhara à la Chine. De-là, la route, après avoir franchi les sites les plus accidentés et les plus sauvages, entrait dans des régions civilisées. Elle parvenait à Bactra (*Balkh*), ville célèbre, depuis longtemps grand entrepôt du commerce oriental. On passait à Aria (*Hérat*), puis à Hyrcania (*Hurkan* ou *Jorgan*); on arrivait à Hécatompylos (*Damghan*), métropole des Parthes, puis à Ecbatane (*Hamadan*), l'ancienne capitale des Perses. On traversait l'Egypte près d'Hiéropolis (*Bumboueh*), et, enfin, on arrivait à Bysance, actuellement Constantinople.

ITINÉRAIRE PAR MER.

Des côtes de la Chine on mettait quinze jours de navigation pour parvenir à *Zabæ* (port du golfe du Tonkin, peut-être Amoy, sur les côtes de la Chine); de là, à la Chersonèse-d'Or (péninsule Malaise), il fallait 20 jours; on cotoyait le golfe de Martaban (*Sinus sabaracus*), et l'on parvenait à l'embouchure du Ganges. De ce point, il est probable que des caravanes par terre transportaient les produits sur les côtes de la Méditerranée, et que d'autres transports par mer avaient également lieu de l'embouchure du Ganges jusqu'au fond du golfe Persique, à la place où est actuellement Suez.

et la qualité n'étant pas supérieure, il doit y avoir erreur. Cela sera démontré par le nº suivant.

664 * *Ou-tseou-sha*, crèpe uni blanc, de *Ou-tchou,* première qualité; largeur, 51 centimètres; longueur, 19 mètres; poids, 1,210 grammes; prix 10 dollars, soit 2 fr. 90 c. le mètre de 63 gram., et 46 fr. le kilog.

665 * *Hwa-tseou-sha*, crèpe façonné blanc, de *Ou-tchou;* largeur, 51 centimètres; longueur, 18 mèt. 1/2; poids, 935 grammes; prix 12 dollars, soit 3 fr. 55 c. le mètre de 50 grammes, et 70 fr. le kilog.

666 * *Hwa-tseou-sha,* crèpe façonné; largeur, 51 centimètres; longueur, 2 mètres 60; poids, 145 gr.; prix, 2 dollars 1/2, soit 5 f. le mètre de 56 gram., et 90 fr. le kilog.

667 * *Hwa-tseou-sha-kin*, mouchoir crèpe façonné, cerise, frangé, carré de 1 mètre 1/2 de côté; poids, 150 grammes; prix, 2 dollars, soit 70 fr. le kil.

Tous les articles de crèpe sont fabriqués, en Chine, de la même manière qu'en France, c'est-à-dire deux coups tors à droite, deux coups tors à gauche. Pour le montage de ces soies, renvoi au Nº 475 précédent.

668 * *Ji-pan-tcheou*, crèpe du Japon blanc uni; largeur, 43 centimètres; longueur, 3 mètres 1/2; poids, 80 grammes; prix, 1 dollar, soit 1 fr. 55 c. le mètre de 23 grammes, et 68 fr. le kilogramme.

669 * *Ji-pan-tcheou*, crêpe du Japon blanc uni ; largeur, 45 centimètres; longueur, 3 mètres 1/2; poids, 80 grammes ; prix, 1/4 dollar, soit 1 f. 95 c. le mètre de 23 grammes, et 86 fr. le kilogramme.

670 * *In-hwa-tcheou*, crêpe du Japon imprimé et peint ; largeur, 43 centimètres; longueur, 2 mètres 1/2 ; poids, 59 grammes; prix, 1 dollar 1/4, soit fr. 2, 75 le mèt. de 24 gramm., et 114 le kilogr.

671 * *In-hwa-tcheou*, crêpe du Japon imprimé et peint ; largeur, 45 centimètres; longueur, 18 mètres; poids, 410 grammes; prix, en 1845, à Shang-Haï, 7 dollars, soit 2 fr. 10 c. le mètre de 23 grammes, et 94 fr. le kilogramme.

672 * *In-hwa-tcheou-taï*, écharpe frangée en crêpe du Japon imprimé et peint; largeur, 40 centimètr.; longueur, 2 mètres 1/2; poids, 60 grammes; prix, 2 dollars 1/2.

Ces tissus diffèrent du crêpe de Chine, en ce qu'ils sont fabriqués en chaîne grège et trame 1 simple bout tordu. Ils sont aussi beaucoup moins réduits en chaîne et en trame. Les impressions variées qui les distinguent, annoncent des connaissances en chimie beaucoup plus avancées que celles des Chinois.

673. Collection complète d'échantillons de fabrication japonaise, faite par M. Van Overmeer Fischer, ancien sous-directeur du comptoir hollandais de *décima* à Nangasaki (voir n°s 239 et 240). Renvoi, pour les détails, au Rapport N° 40 de M. Hedde au Ministre du Commerce.

674 * *Sou-sha*, gaze à fil de tour, verte, employée pour moustiquaire; largeur, 73 centimètre; longueur, 16 mètres; poids, 400 grammes; prix, 3 dollars, soit 1 fr. le mètre de 25 grammes, et 40 fr. le kilogramme.

675 * *Tao-sha*, gaze écrue à fil de tour, pour tamis (échantillon); largeur, 65 centimètres; longueur, 44 covids de Canton; poids, 9 taels; prix, 3 dollars, soit 1 fr. le mètre de 20 grammes, et 50 fr. le kilogramme.

Cet article qui s'emploie en place de papier réglé pour mise en carte, ainsi que pour le tamisage des grains et des farines, se vend, en détail, à Canton :

1re qualité,	35 cent. le yard,	ou	2 fr. 10 c.	le mètre;
2e »	30 »	»	1 » 80	»
3e »	25 »	»	1 » 50	»

676 * *Tao-sha*, gaze écrue, à fil de tour, pour tamis; largeur, 64 centimètres; poids, 180 grammes; prix, 2 dollars les 8 mètres et demi, soit 1 fr. 30 c. le mètre de 21 grammes, et 60 fr. le kilogramme.

677 * *Lo-tao-sha*, gaze écrue, à fil de tour, pour tamis; largeur, 65 centimètres; poids, 50 grammes; longueur, 10 mètres; prix, un demi dollar, soit 27 centimes le mètre, et 55 fr. le kilogramme.

678 * *Hing-sha*, gaze légère noire, à fil de tour, pour transparents; largeur, 70 centimètres, longueur, 6 mètres; poids, 30 grammes; prix, 1/4 dollar,

soit 25 centimes le mètre de 5 grammes, et 45 fr. le kilogramme.

679 * *Hing-sha*, gaze légère noire, à fil de tour, pour transparents ; largeur, 70 centimètres ; longueur, 8 mètres ; poids, 20 grammes ; prix, 1/4 de dollar, soit 17 centimes le mètre de 2 grammes et demi, et 62 francs le kilogramme.

680 * *Hing-sha*, gaze légère noire, à fil de tour, pour transparents ; largeur, 70 centimètres ; longueur, 3 mètres ; poids, 15 grammes ; prix, 1/8 de dollar, soit 25 centimes le mètre de 5 grammes, et 50 fr. le kilogramme.

681 * *Hing-sha-taï*, ruban gaze écrue, à fil de tour, pour transparents ; largeur, 21 centimètres ; longueur, 5 mètres ; poids, 15 grammes ; prix, 20 cents, soit 22 centimes le mètre de 3 grammes, et 55 francs le kilogramme.

Toutes les gazes, soit pour tamis, soit pour transparents et moustiquaires, se distinguent par leur légèreté et leur netteté. Elles doivent probablement cet avantage sur nos tissus similaires, à l'emploi de la lisse à pantins, dont il a été question aux Nos 601 à 608 précédents des ustensiles de fabrication chinoise.

Dans le No 385 des documents de 1847, sur le commerce extérieur, pages 169 et 170, on engage les fabricants « à importer en Chine des gazes à blutteaux, les assurant qu'il serait facile d'en vendre chaque année un petit assortiment avec un beau bénéfice. »

M. Hedde ne connaît encore de tissus *unis*, susceptibles d'un bon placement en Chine, que les rubans velours, nos métiers à la barre et à plusieurs pièces, nous donnant, par la main d'œuvre, une compensation sur le prix des matières chinoises.

682. Tissu comparatif, échantillon de gaze unie, fabriquée sur un métier, et avec un remisse installé d'après le système chinois, par M. Marin, professeur de théorie à Lyon.

Cette gaze droite comprend, en chaîne, une réduction de 70 fils au centimèt. (200 fils au pouce), sur un peigne de 4 dents 1/2 la ligne. Le peigne est passé à 4 fils en dents, 2 droits et 2 de tour, sans dent vide, effet qu'il serait difficile d'obtenir par notre tissage ordinaire.

683 * *Sou-shou-lo*, foulard à fil de tour uni, bleu de ciel; largeur, 58 centimètres; longueur, 12 mètres et demi ; poids, 780 grammes ; prix, 12 dollars, soit 5 fr. 25 c. le mètre de 62 grammes, et 84 fr. le kilogramme.

684 * *Hwa-shou-lo*, foulard à fil de tour, façonné blanc ; largeur, 58 centimètres ; longueur, 2 mètres et demi ; poids, 155 grammes ; prix, 2 dollars et demi, soit 5 fr. 50 c. le mètre de 60 grammes, et 88 fr. le kilogramme.

685 * *Hiang-yun-sha*, gaze damassée, bleu Louise (échantillon) ; largeur, 72 centimètres ; longueur, 44

covids; poids, 17 taels ; prix, 11 dollars, soit 3 fr. 65 c. le mètre de 30 grammes, et 95 fr. le kilogramme.

Tous ces articles sont extrêmement remarquables par la régularité et la netteté de la fabrication. Ils doivent probablement, comme les articles précédents, ces avantages à l'emploi de la lisse à pantins, décrite aux N°s 601 à 608 précédents, des ustensiles de fabrique chinoise.

686 * *Sou-pien-kin*, drap d'or uni (échantillon) ; largeur, 63 centimètres, longueur, 44 covids de Canton ; poids, 39 taels ; prix, 19 dollars, soit 6 fr. 40 c. le mètre de 90 grammes, et 70 fr. le kilogramme.

687 * *Sou-pien-kin*, drap d'or uni (échantillon) ; largeur, 64 centimètres ; longueur, 44 covids de Canton ; poids, 40 taels ; prix, 20 dollars, soit 6 fr. 55 c. le mètre de 91 grammes, et 72 fr. le kilogramme.

688 * *Hwa-pien-kin*, drap d'or façonné (échantillon) ; largeur, 63 centimètres ; longueur, 44 covids de Canton ; poids, 39 taels ; prix, 20 dollars, soit 7 fr. 20 c. le mètre de 90 grammes, et 79 fr. le kilogramme.

689 * *Hwa-pien-kin*, drap d'or façonné (échantillon) ; largeur, 66 centimètres ; longueur, 44 covids de Canton ; poids, 30 taels ; prix, 12 dollars, soit 4 fr. le mètre de 70 grammes, et 50 fr. le kilogramme.

Ces articles sont tramés avec une dorure en lame de papier métalique très mince. Deux difficultés se sont présentées pour l'explication de cette fabrication. L'une est la découpure du papier, et l'autre le tissage : les Chinois opèrent la première au couteau ordinaire, et tissent avec certaines précautions, conséquences de leur patience habituelle. Des essais ont déjà eu lieu à Lyon : ils ont offert des résultats satisfaisants.

690 * *Sz'-mien-jong*, velours uni noir, tramé coton (échantillon); largeur, 51 centimètres; longueur, 40 covids de Canton: poids, 36 taels, soit 5 fr. 50 c. le mètre de 90 grammes, et 60 fr. le kilogramme.

691 * *Sz'-mien-jong*, velours uni noir, tramé coton (échantillon); largeur, 50 centimètres; longueur, 20 covids d'Amoy; poids, 27 taels; prix, 7 dollars, soit 3 fr. 50 c. le mètre de 145 gramm. et 38 fr. le kilogramme.

692 * *Sz'-jong*, velours uni noir d'Amoy; largeur, 55 centimètres; longueur, 5 mètres 1/3; poids, 950 grammes; prix, 7 dollars, soit 5 fr. 50 c. le mètre de 195 grammes, et 40 fr. le kilogramme.

693 * *Sz'-jong*, velours uni bleu de Nankin (échantillon); largeur, 58 centimètres; longueur, 20 covids de Shang-Haï; poids, 40 taels; prix, 14 dollars, soit 11 fr. le mètre de 215 grammes, et 51 fr. le kilogramme.

694 * *Sz'-jong*, velours uni noir de Nankin; largeur, 58 centimètres; longueur, 7 mètres; poids, 1480 grammes; prix, 14 dollars, soit 7 fr. le mètre de 210 grammes, et 50 fr. le kilogramme.

Le pliage de ce velours est remarquable en ce que chaque pli est arrêté par une baguette droite qui empêche l'écrasement du poil à l'encartonage et facilite l'étalage à la vente.

695 * *Si-pa-sheou-tao-tchwang-jong*, velours noir sans pareil, frisé et coupé sur le même fer (échantillon tramé soie); largeur, 63 centimètres; longueur, 20 covids de Shang-Haï; poids, 35 taels; prix, 14 dollars, soit 10 fr. le mètre de 190 grammes, et 42 fr. le kilogramme.

Cet article, employé pour calottes ou bonnets Chinois, est en fond sergé de 3 lie le 4, à 6 fils en dents 4 simples et 2 triples, sur un peigne de 20 portées, ourdi de 40 portées fils simples cru pour toile et 20 portées fils triples pour poil.

On reconnaît la fabrication de ce velours frisé et coupé sur le même fer : 1° en ce que le frisé et le coupé suivent parfaitement la même ligne, sans qu'il y ait un intervalle quelconque, ce qui est tout différent sur un tissu fabriqué avec un fer pour le coupé et un fer pour le frisé; 2° parce qu'il n'y a que trois coups sur le même fer; 3° parce que l'envers ne présente que l'armure ordinaire d'un velours uni; 4° parce que les coups de poil en levée et les coups de poil en fond se montrent chacun sur le même pas; 5° par les différents chemins du dessin qui, malgré la finesse et la régularité des découpures, varient d'une manière évidente, ce qui ne pourrait avoir lieu par un changement de lats.

Ce velours a été fabriqué sur un métier uni, à Nankin, et avec des fers ronds.

On présume que le dessin est obtenu, après fabrication, au moyen d'une plaque de papier ou de parchemin, dans le genre de celles que les Chinois emploient dans leurs impressions, et par un procédé chimique inconnu. D'autres personnes prétendent que le dessin est tracé au pinceau sur la facure et découpé au fur et à mesure de fabrication.

De nombreuses discussions se sont élevées pendant l'exposition lyonnaise, sur ce tissu auquel un fabriquant a donné le nom de *velours merveilleux*, elles se sont terminées, après la décomposition du tissu, par l'évidence des faits signalés ci-dessus.

696. Tissus comparatifs. Velours sans pareil, coupé et frisé sur le même fer, fabriqué à Lyon avec le *rabot dessinateur*, procédé le plus perfectionné et le seul connu jusqu'à ce jour.

On remarque dans cet échantillon une réduction beaucoup plus considérable que dans le velours Chinois, mais tous deux présentent le même aspect, à l'envers comme tissus unis, à l'endroit comme velours dont le coupé et le frisé sont produits sur le même fer. Les seules différences qui existeraient peut-être, en examinant attentivement au microscope, serait la hauteur du coupé comparativement à celle du frisé; hauteur qui, dans le tissu chinois, dépasse de près d'un quart celle du coupé du tissu français. On a remarqué également que la surface du coupé est bien moins nette que dans le tissu français, ce qui n'aurait rien d'étonnant quand on compare notre rabot et nos fers à rainures avec les mauvais outils des Chinois, mais ce qui donne à la coupe une fraîcheur qui n'a pas été bien remarquée, c'est l'emploi de la matière qui, dans le tissu chinois, tant pour le poil que pour la trame, est toute spéciale.

697 * *Hwa-jong*, velours deux corps, vert et ponceau; largeur, 52 centimètres; longueur, 1 mètre 72 c.; poids, 380 grammes; prix, 3 dollars, soit 9 fr. le mètre de 220 grammes, et 40 fr. le kilogram. Fabrication de *Tchang-Tchou*.

698 * *Hwa-jong*, velours deux corps, vert et ponceau (échantillon); largeur, 63 centimètres, longueur, 10 covids d'Amoy; poids, 20 taels; prix, 6 dollars, soit 9 fr. 50 c. le mètre de 215 gram., et 44 fr. le kilogramme.

699 * *Hwa-jong*, velours deux corps, vert et ponceau (échantillon); largeur, 50 centimètres; longueur, 1 mètre 60 centimètres; poids, 330 gr.; prix, 3 dollars, soit 10 fr. le mètre de 206 gram., et 48 fr. le kilogramme.

700 * *Hwa-jong*, velours deux corps, vert et ponceau; largeur, 52 centimètres; longueur, 40 centimèt.; poids, 90 grammes; prix, 1 dollar, soit 13 fr. 75 c. le mètre de 225 grammes, et 61 fr. le kil.

701 * *Hwa-jong*, velours deux corps, vert et ponceau; largeur, 52 centimètres; longueur, 40 centim.;

poids, 90 grammes; prix, 1 dollar, soit 13 fr. 75 c. le mètre de 225 grammes, et 61 fr. le kilog.

Ces cinq échantillons de la fabrique de *tchang-tchou-fou* ne sont qu'un objet de simple curiosité; mais leurs dessins bizarres doivent devenir l'objet de l'attention des dessinateurs pour l'étude des objets fantastiques des Chinois.

Voici comment était installé le métier qui opérait cette fabrication :

Ce métier avait 4 lisses de poil et 4 lisses de fonds, outre un corps de maillons, ou mailles en soie pour le façonné. Le poil était placé sur des ensuples suspendus dans une excavation maçonnée, où l'on mettait de l'eau, lorsque la chaleur de l'atmosphère le rendait nécessaire, et afin de tenir la soie dans un léger état d'humidité. Les fils étaient passés dans deux grilles de bambou superposées. 800 roquets formaient la cantre, au-dessus de laquelle étaient deux grands rouleaux pour la toile. Quatre ouvriers étaient occupés à cette fabrication, l'un pour le tissage, le passage des fers et le coupage du velours, le second pour aider la hausse et la baisse des remisses, les deux autres, placés supérieurement pour le tirage des lats.

702. *Ta-hwa-twan-tchen*, grand tapis en satin broché, de fabrication chinoise, donné, en 1808, par Napoléon, au Conservatoire des arts et métiers de Lyon.

Ce tapis, tout en soie et fonds satin 8 lisses, cramoisi, est un carré de trois mètres de côté, divisé dans la largeur en quatre laises de 75 centimètres chaque.

Le talon, de 7 centimètres, est un broché bleu, formé de branches et fleurs de couleurs variées. La bordure, de 25 centimètres, est semée de bouquets et d'oiseaux fantastiques. Elle est terminée par un petit encadrement de deux filets d'or. Au centre sont quatre dragons rayonnant autour d'une sphère ; deux grands et deux petits enlacés de banderolles, à queues et crinières flamboyantes, le tout broché en plumes d'oiseau, en soie et autres matières. Le fond est semé de vases et de corbeilles de fruits et de fleurs, d'instruments de musique, de miroirs magiques, d'ornements de toilettes, d'éventails, de bijoux, de pinceaux, de livres, de papillons, de caméléons et autres animaux symbolique de la mythologie chinoise.

L'étoffe est fabriquée sur un peigne de 35 portées, soit 1,400 dents, ou 18 2/3 dents au centimètre. On a passé huit fils en dent, huit fils au maillon, et chaque huitième fil a été en outre repassé sur deux lisses de rabbat pour le liage.

L'ourdissage est de 140 portées de chaîne à fils doubles de soie grège cuite, ou plutôt poil légèrement tordu.

La combinaison du dessin est telle, que la laise de droite et celle de gauche sont faites avec les mêmes lats, la première en marchant en avant et la seconde en allant à retour, puis renversée pour l'assemblage du tapis. Les deux laises du centre ont encore une partie faite avec le même dessin, en avant et à retour. Cette partie est la rosace des dragons, dont le côté gauche a dû être également renversé pour l'assemblage du tapis.

On a compté dans ce dessin 20,864 lats. Les retours et renversements font une économie de 7,859 lats, en admettant que toutes les couleurs du broché peuvent se passer sur le même lat. Il existe encore pour le dessin 14,720 lats, sans parler des divisions qu'il faut faire pour diminuer le nombre de coups de brochés.

Les coups de fonds sont de 45,164, à deux coups sur le lat.

Ce dessin est une copie du tapis lui-même qui a figuré à la dernière exposition, et qui a été réduite au cinquième de grandeur naturelle, par M. Bonthoux de Lyon, élève de St-Pierre.

Renvoi au n° 1817 du Catalogue de l'Exposition lyonnaise.

703. *Ta-tsaï-twan-tchen*, grand tapis broché, appartenant à M. E. Maisiat, professeur de fabrique à l'école de la Martinière de Lyon, et l'auteur du chef-d'œuvre de fabrique le Testament de Louis XVI.

Ce tapis est probablement d'origine chinoise, d'après les matières qui le composent. Il est cependant privé des dorures, sur papier, et qui sont un indice irrécusable des fabriques chinoises et japonaises. Il doit être d'une date plus récente que le grand tapis impérial dont il vient d'être fait mention. Son exécution paraît appartenir à l'époque de notre grand compatriote Philippe de Lasalle. Comment ce genre a-t-il été introduit en Chine? c'est une question difficile à résoudre. Quoiqu'il en soit, la composition annonce plus de connaissance de l'art du dessin que dans le grand tapis impérial, et elle a dû avoir lieu pour une consommation étrangère à la Chine, attendu qu'on n'y rencontre aucun des sujets favoris de cette contrée, tirés de l'histoire mythologique. Les objets représentés sont des bateaux, des chevaux, des pavillons, des hommes, des femmes, des fruits, des fleurs, des insectes et autres sujets naturels.

La hauteur du dessin est de 3 mètres 60, sur une largeur de 2 mètres 40; elle suppose un nombre de lats plus considérable que celui indiqué pour le tapis impérial.

704. *Ké-sz'-lien*, tableau en taffetas espouliné, genre particulier à la ville de Sou-Tcheou, et appelé *ké-sz'*, c'est-à-dire, soie en relief. Ce travail, fait dans le genre des Gobelins, a été exécuté sur un métier dans le genre du tableau 4 du n° 349 et du n° 612 précédent (1).

(1) Le P. Bruyère, de Tence, directeur du séminaire de *Wan-dom*, a annoncé à M. Hedde l'envoi d'un modèle de métier à tisser le *Ké'-Sz'*.

Dans l'*Encyclopédie chinoise*, on dit que cette étoffe a été inventée sous la dynastie des *Song* (de 960 à 1278 de notre ère) et qu'elle a pris naissance à *Tsing-Tcheou*, de la province du *Tchi-Li*.

Ce tissu est un taffetas à un fil cru en dent, dont la réduction est de 22 fils au centimètre, et battu à raison de 34 coups au centimètre. Les grandes masses, dont se compose le dessin, ont été espoulinées et puis les détails ont été finis au pinceau. Le ciel du tableau est d'un ponceau vif, semé de nuages azurés, vert et rouge. Une divinité paraît dans les airs, portée sur un griffon ailé, dont la queue perpendiculaire est formée de deux longues plumes d'argus. Deux suivantes sont à ses côtés, portant chacune un éventail. Une grue descend du ciel avec un bâton doré dans son bec.

Sur les rochers, au milieu des bois, s'élève un temple. Divers personnages, demi-dieux, rois et gardes en occupent le parvis. Des pèlerins s'avancent dans des sentiers couverts de verdure, tandis que de jeunes filles fendent les eaux sur un tronc d'arbre, pour venir apporter des fruits et des fleurs. Ce sujet est emprunté à la mythologie chinoise.

Ce tableau, le premier de ce genre qui ait été signalé au commerce français, avait été commandé par M. Hedde pendant son séjour à Sou-Tchou. Il lui est parvenu, par l'entremise du prêtre chinois *Sen*, et celle du P. Bruyère de Tence. Son emballage se composait d'une enveloppe en *hwa-twan*, satin liseré vert, et d'une boîte de bois précieux, garni de *ling*, satin 5 lisses jonquille ; les cordons d'attache étaient formés de *sou-taï*, deux laises de rubans taffetas, unis doublés ensemble.

705 * *Kin-pou-tz'*, plastrons héraldiques en *ké-tz'*, tissu dans le genre du précédent, dont les trames sont quelquefois formées de plumes d'oiseaux. Ces plastrons sont portés sur le dos et la poitrine par les personnages de distinction.

706 * *Ké-sz'-wang-paou*, robe de dignitaire chinois, en *ké-sz'*, tissu dans le genre du précédent.

707 * *Ké-sz'-sieou*, manches en *ké-sz'*, tissu dans le genre du précédent.

708 * *Ké-sz'-tai*, sac à tabac en *ké-sz'*, tissu dans le genre du précédent.

709. *Ké-sz'-ho-pao*, bourses en *ké-sz'*, tissu dans le genre du précédent.

710 * *Ke-sz'-tcha*, étui d'éventail en *ké-sz'*, tissu dans le genre des précédents.

711. Copie réduite d'une robe en *ké-sz'*, avec échelle de proportion et description des différentes parties qui la composent, par M. Bonthoux, élève de Saint-Pierre, de Lyon.

712 * *In-hwa-kin*, mouchoir crêpe façonné, imprimé sans envers; largeur, 33 centimètres; longueur, 66 centimètres; poids, 15 grammes; prix, 1/4 dollar.

713 * *In-hwa-kin*, mouchoir crêpe façonné, imprimé sans envers; largeur, 33 centimètres; longueur, 66 centimètres; poids, 15 grammes; prix, 1/4 dollar.

714 * *In-hwa-kin*, mouchoir crêpe façonné, imprimé sans envers; largeur, 34 centimètres; longueur, 68 centimètres; poids, 15 grammes; prix, 1/4 dollar.

715 * *In-hwa-kin*, mouchoir crêpe façonné, imprimé sans envers; largeur, 36 centimètres; longueur, 80 centimètres; poids, 20 grammes; prix, 1/4 dollar.

716 * *In-hwa-sheou-pé*, laise en crêpe façonné, imprimé sans envers, pour mouchoir; largeur, 29 cent.; longueur, 58 centimètres; poids, 22 grammes; prix, 1/4 dollar.

717 * *In-hwa-sheou-pé*, laise en crêpe façonné, imprimé sans envers, pour mouchoir; largeur, 33 cent.; longueur, 65 centimètres; poids, 15 grammes; prix, 1/4 dollar.

718 * *In-hwa-sheou-pé*, laise en crêpe façonné, imprimé sans envers, pour mouchoir; largeur, 33 cent.; longueur, 68 centimètres; poids, 15 grammes; prix, 1/4 dollar.

719 * *In-hwa-sheou-pé*, laise en crêpe façonné, imprimé sans envers, pour mouchoir; largeur, 29 cent.; longueur, 58 centimètres; poids, 15 grammes; prix, 1/4 dollar.

Ces impressions, à plusieurs couleurs, ont lieu à Sou-Tchou. Elles sont faites au moyen de planches en parchemin, produit de l'arbre *ko*, *broussonetia papyrfera*. Ces planches sont découpées suivant la forme du dessin, et l'on y passe la couleur à la brosse.

720 * *In-hwa-yao-taï*, ceinture, crêpe noir façonné, imprimé sans envers; largeur, 27 centimètres; longueur, 8 mètres 85 centimètres; poids, 100 gr.; prix, 2 dollars.

Cette impression, d'une solidité à toute épreuve, se fait particulièrement à *Toung-Yang*, du département de *Kin-Hwa*, dans la province du *Tché-Kiang*. Elle est faite à réserve et à la chaux. On en fait également à Chusan, à Shang-Haï et à Ning-Po, ıais elles ne sont pas aussi estimées.

Renvoi, pour les diverses impressions de Chine et du Japon, aux N°s 347, 348, 670 à 672, ainsi qu'aux notices spéciales du délégué des cotons, N° 385, suite des documents sur le commerce extérieur, pages 33 et suivantes.

721 * *Hwa-yang-kin,* mouchoir foulard imprimé carré, de 69 centimètres de côté ; poids, 23 grammes ; prix, 1 dollar.

Cet article provient de tissus unis dits *Tou-Tcheou,* exportés de Canton dans l'Inde et en Amérique, et puis réimportés, après l'impression, dans le nord de la Chine principalement.

722. *Tchou-ma*, cadre à broder.

Cet appareil est absolument semblable à ceux dont nous faisons usage. Il est composé de deux lames parallèles assemblées par deux traverses. Le tissu est tenu tirant par des ligatures sur les quatre côtés.

Renvoi aux tableaux 13, 14 et 15 du N° 349, ainsi qu'à la planche 130 des dessins de *Tin-Kwa*, et planches 117 à 119 des dessins de *Sun-Kwa*.

723. *Tchin*, aiguille à broder.

Les aiguilles de Ning-Po sont particulièrement renommées, ainsi que ses broderies. Elles ne sont pas d'un prix plus élevé que les nôtres, malgré l'énorme différence de la main-d'œuvre. Ces aiguilles sont confectionnées une à une. Pour le forage de l'œil, les Chinois emploient l'instrument appelé *diable,* dont ils placent la mèche perpendiculairement sur la tête de l'aiguille.

Renvoi, pour les détails de cette fabrication, aux

notes spéciales du délégué de l'Industrie de Paris, N° 385, suite des documents sur le commerce extérieur, page 433, ainsi qu'à la planche 34 de la petite Encyclopédie chinoise, N° 1036, de la 3me partie.

724 * *Sieou-hwa-kin,* châle crêpe blanc brodé, première qualité, franges nouvelles *à l'épi;* carré de 169 c. de côté; poids, 1,025 grammes; prix, 45 dollars, soit 247 fr. 50 c.

725 * *Sieou-hwa-kin*, châle crêpe blanc brodé, deuxième qualité, franges nouvelles *à l'épi;* carré de 187 c. de côté; poids, 1000 grammes; prix, 40 dollars, soit 220 fr.

726 * *Sieou-hwa-kin,* châle crêpe blanc brodé, troisième qualité, franges nouvelles *à l'épi;* carré de 165 c. de côté; poids, 955 grammes; prix, 35 dollars, soit 192 fr. 50 c.

727 * *Sieou-hwa-kin,* châle crêpe blanc brodé, quatrième qualité, franges nouvelles *à l'épi;* carré de 167 c. de côté; poids, 855 grammes; prix, 30 dollars, soit 165 fr.

728 * *Sieou-hwa-kin,* châle crêpe blanc brodé, cinquième qualité, franges nouvelles *à l'épi;* carré de 168 c.; poids, 800 grammes; prix, 28 dollars, soit 192 fr.

Ces châles ont été brodés à Canton chez *Yé-Shing*. Ils forment un article entièrement étranger aux habitudes chinoises. La plus grande consommation a lieu pour l'Amérique du Sud, où ils sont portés par les deux sexes. M. Hedde a vu broder un magnifique châle en fond écarlate, qui était destiné au vêtement d'un général péruvien. Le prix était de 200 dollars, soit 1,100 fr.

729 * *Sieou-sheou-ping,* tableau en gros de Naples, brodé par les soins de *Lin-Hing*, fabricant le plus renommé de Canton, représentant le délégué des soies.

Cet objet est déposé au ministère de l'agriculture et du commerce.

730 *Sieou-ping-fong*, écran brodé sur satin scabieuse, exécuté pour Mme de Lagrenée, par Lin-Hing, le fabricant le plus renommé de Canton.

Cette pièce remarquable a été confiée à la Chambre de Commerce de Saint-Étienne par M. de Lagrenée, chef de la mission commerciale en Chine. Elle représente une femme en costume ordinaire, conduisant un enfant. Sur le premier plan, est un chien; un amandier, un rosier, une liane, un singe, un serpent, des passereaux, des nymphales et des libellules complètent le tableau.

Cet écran a coûté 50 dollars, soit 275 fr.

731 * *Ping-fong-tou,* modèle de l'écran ci-dessus, exécuté par *Sun-kwa*, de Macao, d'après les indications de M. Hedde.

732 * *Ping-fong-tou,* autre modèle d'écran, exécuté par *Sun-kwa*, de Macao, d'après les indications de M. Hedde.

733 * *Sieou-hwa*, tableau en soie brodée, représentant des paons et des piroles sur un arbre de pagode, *ficus nitida*.

734 * *Sieou-hwa*, tableau en soie brodée, représentant des coqs, des bengalis et des plantes bizarres.

Ces broderies, à points d'armes, sont, en quelque sorte, inimitables, dans l'état actuel de nos connaissances en broderies. C'est l'ouvrage le plus parfait qui soit connu dans ce genre. Elles étaient exécutées à Sou-Tchou dans le XVIIe siècle.

735 * *Sieou-sheou-pé*, mouchoir de main, brodé en *sou-lo*, foulard uni à fil de tour; carré de 45 centim. de côté; poids, 20 grammes; prix, 1/4 dollar.

736 * *Sieou-sheou-pé*, mouchoir de main, brodé en *hwa-lo*, foulard façonné à fil de tour; carré de 50 centimètres de côté; poids, 40 grammes; prix, 1/2 dollar.

737 * *Sieou-sieou*, manches de robes de femmes, en gaze damassée lilas *hiang-yun-sha*, brodées; prix, 1 dollar.

738 * *Sieou-sieou*, manches de robes de femmes, en satin uni blanc *sou-twan*, brodées; prix, 1 dollar.

739 * *Sieou-sieou*, manches de robes de femmes en satin bleu de ciel uni *sou-twan*, brodées; prix, 1 dollar.

740 * *Sieou-sieou*, manches de robes de femmes, en gaze

unie écrue, fil de tour *sou-sha*, brodées en points de tapisserie ; prix, 1 dollar.

741 * *Sieou-sieou*, manches de robe de femme en crêpe façonné jonquille *hwa-tseou-sha*, brodées ; prix, 2 dollars.

742 * *Sieou-sieou*, manches de robe de femme, en satin uni bleu clair *sou-twan*, brodées ; prix, 2 dollars.

Ces broderies pour manches de femme doivent être le point de mire des fabricants de rubans qui voudraient essayer quelques dessins propres à la consommation chinoise. Nul doute, que quelques articles bien entendus dans ce genre auraient un grand succès parmi les élégantes de Nankin, de Sou-tchou et de Hang-tchou.

743 * *Sieou-twan*, petits panneaux avec application de broderies sur satin bleu ; prix, 1 dollar les deux.

744 * *Sieou-twan*, grands panneaux avec broderies et applications mélangées, représentant des sujets chrétiens, d'après les idées japonaises ; prix, 10 dollars les deux, soit 27 fr. 50 c. chaque.

745 * *Wei-kiun*, tabliers, avec application de broderies ; prix, 8 dollars les deux, soit 22 fr. chaque.

746 * *Sieou-sz'*, collection de dessins sur soie, brodés en gros relief, pour application sur tissus ; les deux cartes coûtent 4 dollars, soit 22 fr. les deux.

Ces quatre derniers numéros appartiennent à

l'industrie de Ning-Po, où l'on fait à l'aiguille toutes sortes de sujets remarquables.

747 * *Lien*, dessin sur soie, représentant un saule près d'une habitation sur le bord de l'eau, des saules et des rochers, des personnages et des fleurs brodés.

748 * *Toui-twan-jin-voe,* tableau représentant des figures en relief sur fond satin cramoisi.

Les Chinois exécutent en ce genre des tableaux d'un effet surprenant. A cet effet, on découpe des morceaux d'étoffes de diverses sortes et de diverses couleurs que l'on ouate à l'intérieur; puis, on en façonne des personnages dont les chairs sont imitées au pinceau. Ces objets sont collés sur le fond. Quelquefois les figures sont dessinées sur ivoire, ainsi qu'on le remarquera dans les tableaux suivants.

Renvoi à la planche 140 des dessins de Sun-Kwa.

749 * *Kang-tchi-tou*, album de vingt-quatre dessins représentant la culture du riz en Chine, en fond taffetas, avec application d'étoffes en relief et figures en ivoire, par Ha-Foung, de Canton, et le même procédé indiqué ci-dessus.

750 * *Long-tchong-tou,* vingt-quatre dessins sur papier colorié, avec application de soie et ivoire, représentant des scènes de la vie privée.

751 * *Toui-tcheou-jin-voe*, deux tableaux sur papier, avec application de personnages en relief.

752 * *Lien*, deux tableaux sur taffetas, sujet religieux, pélerinage.

753 * *Lien*, huit grands tableaux sur taffetas, représentant des sujets historiques et religieux.

754. *Lien*, deux laises représentant les occupations des femmes dans l'intérieur du palais, à Pékin.

755. *Lien*, deux tableaux sur taffetas, encadrés d'une grecque en bois.

756 * *Lien*, dessin sur soie. Perruche avec amandier et jacinthe; chats sauvages guettant un oiseau et chrysanthèmes.

757 * *Lien*, dessin sur soie. Canards, mâle et femelle, avec malvacée.

758 * *Ta-tang-kaï-kwo-koung-tchen-tou*, deux albums sur soie, représentant les hauts dignitaires de la dynastie Tang (620 à 904 de notre ère), dont voici le détail :

1. *Tchen-seu*, intendant général;
2. *Tchang-hiang*, gouverneur général;
3. *Wei-tchi*, lieutenant général;
4. *Kao-seu-lien*, adjudant général;
5. *Fang-yuen-ling*, ministre de l'intérieur;
6. *Yu-shi-nan*, grand-maître des cérémonies;
7. *Tseu-kiao*, gouverneur de province;
8. *Tchang-seun-tchwen-taï*, lieutenant gouverneur;
9. *Tching-tchi-siai*, ministre de la guerre;
10. *Tchoan-tchi-hien*, gouverneur du palais;

11. *Tchwai-nou-toug*, général en chef;
12. *Pan-kaï-shan*, général en second.

759 * *Lien*, quatre tableaux, oiseaux et fleurs sur papier; sujets mystiques sur soie.

760 * *Lien*, tableau sur soie; paysages avec saules; mûriers et autres végétaux. Oiseau dans le genre du cardinal, avec jacinthe et autres fleurs; scène d'enfants; présence d'esprit d'un jeune garçon; cyprès et rochers fantastiques.

Voici, au sujet de ce dernier dessin, comment les Chinois traitent l'apologue dans leurs tableaux servant de tapisserie à l'intérieur des appartements :

On avait défendu à des écoliers d'aller jouer au bord de l'eau; mais ils ne tinrent aucun compte de cette recommandation. L'un d'eux monta sur les bords d'une grande jarre d'eau et se laissa tomber dedans. Tous ses camarades s'enfuirent; mais, le seul qui n'avait pas voulu l'imiter dans sa désobéissance, quitta son travail pour voler à son secours. Il prit un caillou, brisa la jarre et délivra son camarade.

MORALE.

Il ne faut jamais désobéir à ses maîtres;
On ne doit pas jouer au bord de l'eau;
La présence d'esprit est nécessaire à tout âge.

761 * *Tchong-hwa-kwa-loui*, album sur soie : Insectes, fleurs et fruits.

N° 1. Ordre des orthoptères, famille des Blattiens B. ou Blattaires (Blattæ) Kakerlac americana, L.

2. Coléoptère, famille des Curculionites, genre Cléone, D. Trois hyménoptères, famille des pupivores, deux voisins au cinyps et le troisième aux Chalcis, S.
3. Coléoptères, Cérambix proprement dit, famille des longicornes, F.
4. Orthoptère. Thespis, front sillonné (thespis sulcatifrons) famille des mantides, S.
5. Famille des locustaires, orthoptère, voisin des sauterelles, S.
6. Même que le précédent, et mollusque.
7. Hyménoptère, famille des mellifères, voisin des Eucères; Hémiptère, famille des cicadaires, S.
8. Deux orthoptères, famille des Acridites, voisin des Criquets, S.
9. Coléoptère, famille des lamellicornes, genre Bousier (copris proprement dit), F; trois hyménoptères, famille des mellifères, S.
10. Deux hyménoptères, famille des pupivores, S.
11. Coléoptère, famille des curculionites, voisin des cléones, D.
12. Coléoptère, famille des Brachelites, D. Deux lépidoptères, famille des sphyngides, F.

B désigne Emile Blanchard.
D — le comte Dejean.
F — Fabricius.
S — Audouin Serville.

Ces insectes ont été déterminés par M. Garden, membre de la Société d'Histoire naturelle de St-Etienne.

762 * *Niao-kwo-shou-loui*, album sur soie, représentant des oiseaux, des fruits et des plantes.

En voici le détail, d'après M. Mignot, de Saint-Étienne :

1. Ordre des passereaux planirostres, hirondelles de cheminée de la Chine, vues en dessus et en dessous, mâle et femelle, sur pêcher en fleur.
2. Passereau conirostre, genre tangara, mâle et femelle;
3. Les mêmes, sur hortensia.
4. Echassier cultrirostre, héron grand aigrette, mâle et femelle. Nénuphar à fleur rose.
5. Passereau dentirostre, genre traquet, mâle et femelle, sur branche à fleurs roses.
6. Passereau conirostre, ordre tangara, fleurs de pêcher.
7. Passereaux dentirostres, se rapprochant de l'alouette, mâle et femelle, avec rose de Chine.

8. Passereau conirostre, se rapprochant de la sitelle, avec pommier à fleurs blanches.

9. Passereaux dentirostres, genre bergeronette, se rapprochant de la bergeronette de printemps, mâle et femelle, dans un champ de riz.

10. Passereau conirostre, se rapprochant du tangara huppé, sur pommier à fleurs roses.

11. Passereau conirostre, genre tangara, sur branche de cerisier épineux.

12. Passereau dentirostre, genre traquet, posé sur un tertre, avec chrysanthèmes.

763 *Sz'-yu-san*, parapluie en soie à l'instar et usage des Européens, fabrique des chinois de Macao; prix, 1/2 doll.

764 * *Sz'-yu-san*, parasols et ombrelles en satin doublés, fabrique de Canton, exportation pour l'Amérique du Sud. Ces objets méritent une attention particulière de la part des fabricants; ils sont déposés au Ministère du Commerce.

Renvoi au Rapport n° 25 de M. Hedde.

765 * *Tsay-tcheou-kong-tz'*, poupées en tissus de couleurs diverses.

A l'approche du nouvel an, on fait des processions en l'honneur des dieux, alors on façonne des poupées revêtues de tissus de soie de diverses couleurs, et qui sont quelquefois de grandeur naturelle. On les promène dans les rues, et chacun se réjouit de la vue de ce spectacle.

Deux modèles, rapportés par M. Hedde, sont déposés au Ministère du Commerce.

Renvoi à la planche 139 des dessins de *Sun-kwa*.

766 * *Ho*, cinq boites en satin blanc, avec médaillons

brodés, servant aux châles précédents, nos 724, à 728.

767 * *Ho*, boîte en satin façonné servant aux deux châles nº 666 précédent.

768 * *Siang*, boîte d'album couverte de satin cramoisi.

769 * *Men-shu*, couvertures d'album diverses.

770 * *Siang*, étui en bois doublé de ling jonquille, et couverture en *tan-tsaï* vert, servant au tableau *ké-Sz*, nº 704 précédent.

771 *Tcheou-twan-pou*, intérieur d'un magasin pour la vente en gros et en détail des soieries. Ce dessin représente la boutique de Lin-hing, le fabricant et marchand le plus important de la rue *Old-china-street*, à Canton. Cette gouache est de *Yeou-kwa*.

772 * *Ko-kwan-tcheou-twan*, collection de tissus de fabrique chinoise.

		larg. cent.	poids gr.	prix fr. c.
1. *Pé si-ling*, damas 5 lisses, blanc,		41	30	2
2. *Siao hong*, *hang-ling*, satin uni, rose de Chine,		41	36	2 65
3. *Lan*, *si-ling*, damas bleu Louise,		41 1/2	35	2 20
4. *Tcha-lan*, *hang-ling*, satin uni, bleu Louise,		41 1/2	35	2 20
5. *Tcha*, *hang-ling*,	» bouton d'or,	41 1/2	35	2 20
6. *Ya*, *hang-ling*,	» paille,	41 1/2	35	2 20

Le nom de *hang* indique que ces articles sont de la fabrique de Hang-tchou, d'où viennent les meilleures qualités de satin 5 lisses unis et façonnés.

7. *Hwa-hong-se*, *hwa-shin-tcheou*, foulard faço., ponceau,		45	30	3
8. *Ya-se*, *hwa-shin-tcheou*	» paille,	44	30	2 40

		larg. cent.	poids gr.	prix fr. c.
9.	*Lou-se, sou-pou-youen-tcheou*, foulard uni, vert,	40	30	1 85
10.	*Eull-lan, sou-youen tcheou*, foulard uni, bleu,	40	30	1 85
11.	*Youen-tsing, kien-tcheou*, foulard gauffré, noir,	40	50	2 60
12.	*Eull-lan, kien-tcheou*, foulard gauffré, bleu,	40	50	2 80
13.	*Pé-se, kien-tcheou*, foulard gauffré, blanc,	40	50	2 45

Ce gauffrage n'a pas été bien compris, malgré les planches qui en expliquent la fabrication, n°s 122 à 135 de l'Album *Sun-kwa*. Quelques personnes ont cru reconnaître, dans les plis de divers tissus, notamment des satins n°s 651 et 652 précédents, l'explication du système de compression qui a présidé au gauffrage du *Kien-tcheou*.

14.	*Lan, ki-sha*, florence bleu de ciel,	35	7	0 55
15.	*Tsao-hong, ki-sha*, florence cerise,	35	7	0 70
16.	*Lou-se, ki-sha*, florence vert,	35	7	0 45
17.	*Tcha se, ki-sha*, florence jonquille,	35	7	0 50

Ces articles, généralement faits en qualités légères et inférieures, sont employés pour ornements de pagode, et comme papier pour y tracer des caractères et des dessins.

18.	*Pé-se, sou-tseou-sha*, crêpe uni, blanc,	48	63	4 50
19.	*Eull lan, sou-tseou-sha*, crêpe uni, bleu,	48	63	4 80
20.	*Ou-shoui se, hwa-tseou-sha*, crêpe façonné, céleste,	50	63	5
21.	*Lan-se, hwa-tseou-sha*, crêpe façonné, cramoisi,	51	67	5 50

Le prix de ces articles est trop élevé, comparativement à ceux établis sur le marché de Shang-haï. Dans cette dernière ville, on calcule généralement le prix marchand des tissus crêpe de 35 à 37 cents le tael, soit francs 48 à 50 le kilogr. Renvoi aux n°s 640 à 650 précédents.

22.	*Hwa-hong-se, hwa-mien-tcheou*, popeline coton cerise,	50	45	1 40
23.	*Lou-se, hwa-mien-tcheou*, popeline coton, vert,	50	45	1 20
24.	*In-hong-se, hwa-mien tcheou*, popeline coton, rose de Chine,	50	45	1 30
25.	*Eull lan, sou-mien tcheou*, popeline coton unie, bleu,	50	45	1 10
26.	*Youen-tsing, sou-mien-tcheou*, popeline coton unie, noir,	50	45	1

Ces articles sont actuellement de peu d'importance ; c'est ce qui explique le silence du Délégué des cotons, dans son Rapport général au Ministre du Commerce. Néanmoins, ils offrent un intérêt particulier, à l'égard de la teinture. Renvoi aux essais 1 et 5 de M. Vidalin au n° 380 précédent.

27.	*Tchoan-hoei, sse-tchouen-tcheou*, foulard gris de fer du Ssetchuen,	47	30	1 60

C'est un tissu fabriqué avec des soies de vers sauvages.

	larg. cent.	poids gr.	prix fr. c.
28. *Shou-liang-tsing, seng-tcheou*, taffetas gommé, noir,	50	65	1 50
29. *Hong-se-shou-liang,seng tcheou*,taffetas gommé,marron,	51	65	1 45

Description de cette teinture à l'article 2 du n° 573 précédent, ainsi qu'aux planches 133 à 135 des dessins de Sun-Kwa.

30. *Youen-tsing, kwei-hwa tcheou*, brillantine, noir,	51	50	3 10
31. *Ou-shoui-se, kwei-hwa-tcheou*, brillantine céleste,	51	50	3 10

Ces articles,qui rappellent certaines étoffes,anciennement exécutées à Lyon, sont principalement de la fabrique de Canton. Elles portent le nom de *Kwei*, parce qu'elles représentent des fleurs de laurier (*cassia lignea*).

32. *Youen-se, seng-sha*, crêpe-lisse écru,	54	21	1 70

Ce tissu est employé pour vêtement d'été.

33. *Eull-lan, fang-tcheou*, foulard bleu foncé,	57	70	5 20
34. *Tcha-lan, fang-tcheou*, foulard bleu clair,	57	70	5 10

Les prix de ces deux échantillons remarquables sont trop élevés; mais il n'y a rien d'étonnant, puisqu'ils résultent de la côte de Canton qui, dans certains articles qui lui sont étrangers,a des prix hors de proportion comparativement à ceux de Shang-haï, qui tire ces tissus de Hang-tchou. Renvoi aux articles similaires, n°s 633 et 634 précédents.

35. *Tcha-lan, hwa-shou-lo*, foulard, à fil de tour, façonné, bleu,	55	60	4 85
36. *Pe, sou-shou-lo*, foulard, à fil de tour,uni, bleu,	55	60	4 20
37. *Eull-lan, sou-shou-lo*, foulard,à fil de tour, uni, bleu,	55	60	4 30
38. *Ou-shoui, hwa-shou-lo*, foulard façon,à fil de tour,bleu clair,	55	60	4 75

Cette étoffe à jour est extrêmement remarquable, et sera facile à être imitée par l'emploi de la lisse chinoise (dite à pantins); Voir n° 607 précédent. Le nom de *lo* s'applique à toute étoffe à fil de tour, fabriquée au moyen de cette lisse.

39. *Tsong-pe, ke-sha-na*, taffetas écossais, blanc et grenat,	63	25	1 55
40. *Lan-tcha-se, ke-sha-tcheou*, taffetas écossais, rouge et jaune,	63	25	1 85

Imitation Européenne.

41. *Tsong-se, sou-sien-tseou*, pou-de-soie grenat,	63	75	4 40
42. *Lan-se, sou-sien-tseou*, pou-de-soie bleu,	63	75	4 40

Cet article porte, à Canton, le nom vulgaire de *Camlet*, en ce qu'il représente les camelots laines vendus par les Hollandais en Chine. On distingue deux qualités principales, l'une pour vendre aux étrangers, qui s'appelle *Yang-tchwang-sien-tseou*, et l'autre, supérieur, à l'usage du pays, *Tou-tchwang-sien-tseou*. Renvoi au n° 640 précédent.

	larg. cent.	poids gr.	prix. fr. c.
43. *Hoei-se, hwa-sien-tseou*, gros de Naples façonné gris,	63	70	5 50
44. *Lou-se, hwa-sien-tseou*, gros de Naples façonné vert,	63	70	5 50

On reconnaît l'origine chinoise de ces deux derniers échantillons, fabriqués pour la consommation américaine : 1° à la chaîne en soie grège un peu tordue et employée à fils doubles cuits ; 2° aux cordons fonds louisine ; 3° à la trame, grosse soie grège cuite, employée à quatre bouts ; 4° au peigne passé à 4 fils en dents ; 5° à la distance des chemins qui sont irréguliers.

45. *Eull-lan, hwa-sha*, taffetas façonné à jour, bleu.	68	40	4

Cet article, d'une exécution difficile avec nos procédés ordinaires, peut se fabriquer avec la plus grande facilité, même en qualité supérieure, au moyen de la lisse chinoise, dite à pantins.

46. *Lou-lan, ta-hwa-twan*, lampas bleu et vert,	72	77	5 50

Renvoi au n° 660 précédent.

47. *Ya-lan, twan*, satin uni, cramoisi,	75	98	9 80

Cet article en chaîne organsin et trame grège, est à 8 fils en dents. Il est à l'usage local, ainsi que pour les étrangers.

48. *Pao-lan, niou-lang*, taffetas bleu,	73	95	6

Ce taffetas est dans le genre des n°s 33 et 34 du présent article. Il est connu, à Canton, sous le nom de *Senshaw*, corruption de *Sien-tcheou*, c'est-à-dire, taffetas à fil tordu.

49. *Pao-lan, pa-sz'*, satin uni, 8 fils, bleu,	73	95	6
50. *Tcha-se, pa-sz'*, satin uni, 8 fils, bouton d'or,	74	85	6
51. *Tchu-sé, pa-sz'*, satin uni, 8 fils, bleu clair,	73	95	6
52. *Kwan-lou-sz'*, satin uni, 8 fils, vert,	73	95	6

On remarque que tous ces satins, comme la plupart des tissus chinois, sont faits avec une grège légère et tordue. Ce tors résulte probablement de la manière dont s'opèrent les différentes manutentions. On peut l'évaluer à 46 torsions, par mètre, savoir :

Dévidage,	1 mèt. de diamètre.		(Voir n° 591 précédent) soit	1 torsion par mèt.		
Ourdissage,	6 »	»	(voir n° 594 précédent)	15	»	»
Cannetage,	6 »	»	(voir n° 595 précédent)	15	»	»
Doublage,	6 »	»	(voir n° 349 précédent)	45	»	»

Tout cela est très peu, comparativement à nos organsins poussés jusqu'à plus de 300 torsions au mètre ; mais ce faible apprêt de 46 torsions paraît suffisant pour empêcher le duvetage de la soie à l'emploi.

773 * *Ko-kwan-tcheou-twan*, suite de la collection de tissus de fabrique chinoise.

	larg. cent.	poids gr.	prix. fr. c.
53. *Hwang*, *ta-kin*, satin lancé jonquille,	72	75	4 80 le m.
54. *Pé*, *ta-kin*, satin lancé blanc,	72	75	4 80
55. *Pé*, *siao-kin*, satin lancé blanc,	72	75	4 70
56. *Lou*, *siao-kin*, satin lancé vert,	72	75	4 70

Ces articles, fabriqués pour couvertures de livres et d'albums, sont faits pour imiter la dorure. Le caractère *kin* qui s'applique aux tissus brochés or et argent, est formé de deux parties, dont l'une signifie or, et l'autre tissu. Il y a de petits et de grand *kins*. Celui-ci est une imitation des articles plus riches de ce nom fabriqué à Sou-tchou.

57. *Lou-se*, *hwa-sha*, gaze damassée vert, 72 30 3 45

Les observations faites à l'égard du n° 45 peuvent s'appliquer à celui-ci ; on doit toutefois ajouter que nos articles tulles pourront peut-être avantageusement les remplacer en Chine.

58. *Lou-se*, *sou-leang*, gaze zéphire unie, vert, 72 25 2

C'est encore une gaze à fil de tour, mais qui présente peu d'intérêt. Son nom de *leang* fait allusion à la fraîcheur que ce tissu offre pout l'été.

59. *Pé*, *sha-na*, florence écru, blanc, 73 26 1 50

Ce tissu est vulgairement appelé *sarcenet* dont l'étymologie, suivant Dryden, est *saracineum*, tissu des Sarrazins.

60. *Tiao-hong*, *tchu-sha*, gaze Pékin, rayée rouge et blanc,	75	18	1 20
61. *Lan-pé*, *tchu-sha*, gaze Pékin, rayée rouge et blanc,	75	18	1 20
62. *Lou pé*, *tchu-sha*, gaze Pékin, rayée vert et blanc,	75	18	1 20
63. *Lan-pé*, *tchu-sha*, gaze Pékin, rayée cramoisi et blanc,	75	18	1 20

Ces articles, destinés à la saison d'été, sont particulièrement achetés par les *parsis* pour la vente de l'Inde. Le nom de *tchu* indique qu'ils sont rayés.

64. *Sié-wen-huen*, serge 6 lisses, glacé, 75 60 6

Les Chinois font des lévantines, ou satins corrompus, 5 lisses, qu'ils appellent *sié-wen-vouc-sz-twan*; la collection n'en possède pas.

65. *Youen-tsing*, *sha-na*, florence noir, 75 29 1 20

Renvoi au n° 59 du présent article.

66. *Youen-tsing*, *nieou-lang*, taffetas noir. 75 32 1

Renvoi au n° 48 précédent.

67. *Eull-lan*, *hyang-yun-sha*, foulard à jour, bleu,	73	40	4 60
68. *Ou-shou*, *hiang-yun-sha*, foulard à jour céleste,	73	40	4 50

		larg. cent.	poids gr.	prix fr. c.
69.	*Pé, hiang-yun-sha*, foulard à jour, blanc,	75	40	4 40
70.	*Youen-tsing, hiang-yun-sha*, foulard à jour, noir,	75	40	4 50

Ces articles sont parfaitement entendus, et méritent toute l'attention du fabricant, particulièrement en ce qui concerne les moyens de fabrication. Renvoi, à cet égard, au n° 45.

71.	*Lou-se', sz'-kuen*, taffetas vert,	75	28	2

Cet échantillon est un de ceux connus à Canton sous le nom de *lutestring*. Renvoi aux n°s 626 à 634 précédents.

72.	*Tan-tsaï*, satin liseré,	75	70	4 25
73.	*Tan-tsaï*, satin liseré,	75	70	4 25
74.	*Tan-tsaï*, satin liseré,	75	70	4 25
75.	*Tan-tsaï*, satin liseré,	85	70	4 10

C'est un tissu de même emploi que les n°s 53 à 56 du présent article.

76.	*Lou, ta-hwa*, damas vert,	75	85	5 65
77.	*Lan-se, ta-hwa*, damas cramoisi,	75	85	5 90
78.	*Tcha-se, ta-hwa*, damas jonquille,	75	85	5 65

Les circonstances signalées aux n°s 49 à 52 se rencontrent également dans les tissus qui sont fabriqués sur 16 lisses, 8 de levée et 8 de rabat.

79.	*Tien-tching, kin-in-twan*, satin fort, noir de Chine,	80	140	12

C'est ce que l'on appelle, en jargon de Canton, *satin mandarin*. Le nom chinois de *kin-in* signifie que ce tissu vaut son poids d'argent.

80.	*Eull-lan, shin-pé, kio-twan*, satin damas bleu,	79	91	13 50

C'est le satin le plus riche qui se fabrique en Chine; il est porté par la classe la plus élevée.

81.	*Toan-loung, yn-twan*, popeline laine, grenat,	82	170	7

Pour cet article qui, suivant le délégué des laines, porte, à Canton, le nom de *polemiet* hollandais, renvoi aux n°s 636 et 637 précédents.

82.	*Sou, pien-kin*, drap d'or uni,	63	89	6 50
83.	*Hwa, pien-kin*, drap d'or, façonné,	63	89	7

Les Chinois font usage de deux espèces de dorures, le *yang-kin*, ou filet d'or tiré d'Europe, qui se vend à des prix élevés, et le *sou-kin*, ou papier verni, fabriqué à *Sou-tchou*, qui imite parfaitement la dorure. Cette dernière qualité s'emploie de deux manières: 1° en lamelles qui se tissent à plat, et en fils entourés d'une lame très-étroite. Le papier argenté est de même genre. Renvoi aux n°s 686 à 689 précédents.

84.	*Tsong-se, ta-hwa*, damas grenat,	75	85	5 65

Renvoi au n° 78.

	larg. cent.	poids gr.	prix. fr.	c.
85. *Youen-tsing, sie-wen-kwen*, serge noir,	75	65	5	80

Renvoi au n° 64 qui, ainsi que ce tissu, est employé pour doublures de vêtements.

86. *Youen-tsing, sien-kwen*, taffetas noir,	78	51	4	

Renvoi au n° 71.

87. *Eull-lan, toan-loung, ning-tcheou*, gros de Naples sergé, bleu,	78	125	10	50

Cet article est fabriqué en pièce d'une longueur déterminée pour vêtements.

88. *Youen-tsing, sou, ning-tcheou*, sergé, noir de Chine,	78	110	8	50
89. *Youen-tsing, sou, ning-tcheou*, sergé, noir de Chine,	78	130	10	
90. *Eull-lan, ning-tcheou*, sergé, bleu,	78	130	10	25

Les observations faites à l'égard du n° 645 précédent peuvent être appuyées par l'examen des trois échantillons ci-dessus. On reconnaît facilement, à la loupe, l'effet du fil double dont chaque brin se détache, ce qui doit résulter de la disposition particulière de l'ourdissage et du remettage. La chaîne est ourdie à fils simples, et deux de ces fils simples poils, ou grège légèrement tordue, sont passés à fils simples dans chaque maille d'un double remisse de trois lisses chaque. Trois lisses sont en levée et trois en rabat, armées en sergé de 2 lie le 3e, mais les fils sont piqués en peigne à fils doubles. La trame est également poil, mais moins tordue que la chaîne : elle est formée de la réunion de six bouts.

91. *Tcha-lan, kio-twan*, satin sans envers, bleu,	76	91	12	50
92. *Tsong-se, kio-twan*, satin riche, sans envers, grenat,	76	91	12	
93. *Ya-se, kio-twan*, satin riche sans envers, bleu foncé,	76	91	12	50
94. *Eull--lan, kio-twan*, satin riche, sans envers, bleu foncé,	76	91	12	50

Cet article porte également le nom de *han-fou-twan*. Il se fabrique à *Han-yang-fou*, province de *Hou-pé*.

95. *Ke-kiun*, taffetas quadrillé bleu et blanc,	79	50	5	
96. *Ke-kiun*, taffetas quadrillé grenat et blanc,	79	50	4	90

Ces tissus sont fabriqués pour la consommation Américaine. Ils sont imités de nos produits similaires. Renvoi au n° 86 précédent.

774 * *Ko-kwan-tcheou-twan*, suite de la collection de tissus de fabrique chinoise.

97. *Pé, tchi-jong*, peluche blanche en laine et coton,	40	55	2	15

larg. cent. — poids gr. — prix. fr. c.

98. *Youen-tsing, tchi-jong*, peluche noir en laine, 40 55 2 15

Cet article a été fait en imitation des peaux d'astracan. C'est un tissu fort simple, des fabriques du *Shen-se'*. Les Japonais fabriquent en soie un article de ce genre, appelé *tien-go-jong*, c'est-à-dire à duvet de cygne, qui est de la plus grande richesse.

99. *Ou, hia-pou*, tissu de *ma* noir, 43 33 1 85

100. *Pé-se, hia-pou*, tissu de *ma* blanc, 43 30 2

101. *Youen-se, hia-pou*, tissu de *ma* écru, 43 33 1 85

102. *Yu-lan, hia-pou*, tissu de *ma* bleu, 43 33 1 85

Ce tissu, que l'on a surnommé la Batiste de la Chine, est le produit des filaments de plusieurs végétaux, les principaux sont l'*urtica-nivea* et le *canabis-indica*. Il en sera particulièrement question dans la troisième partie du catalogue à l'article spécial du *ma*, nos 970 à 977.

103. *Mao-lao, sou, tsien-jong*, velours-soie grenat, 50 110 9

104. *Tiao jong*, peluche jaspée, 52 93 7 60

105. *Tiao-jong*, peluche soie, 52 93 7 50

106. *Tcha-jong*, velours liseré, 50 94 8 40

207. *Youen-tsing, sou-tsien-jong*, velours noir, 52 110 9

108 *Tchu-jong* velours liseré, 50 94 8 40

109. *Youen-tsing, hwa-tsien-jong*, velours façonnés, 50 110 9 50

Renvoi aux nos 690 à 701 précédents.

110. *Pao-lan-se, tchu-jong*, gros grains, lancé, étoffe pour gilets, à l'usage des étrangers.

775. *Ko-kwan-tcheou-twan*, suite de la collection de tissus de fabrique chinoise.

111. *Tcha-lan-se, hwa-twan*, satin cramoisi et jaune, 76 95 6 50

Satin 8 fils dans le genre des nos 52 et 92, mais tramé de couleur différente de la chaîne.

112. *Eull-lan-ya-pé, ji pen, ké-sha-tcheou*, taffetas écossais du Japon, fond bleu, rayé jaune et blanc, 79 50 4 50

C'est un article exporté de Décima par les Hollandais.

113. *Youen-tsing, si-pa-sheou-wo tchang-jong*, velours noir, sans pareil, frisé et coupé. 58 236 9 40

Renvoi au no 695 précédent.

114. *Lou-ya-houg, ta-hwa twan*, satin fonds ponceau, à grandes fleurs, vert et jaune, 75 207 18

115. *Ko-se, ké-sz*, broché, espouliné de *Sou-tchou*, 75 100 6

Renvoi au no 704 et suivants.

	larg. cent.	fonds gr.	prix fr. c.
116. *Ji-pen-in-hwa-tcheou*, crêpe imprimé du Japon,	42	22	2 50

Renvoi aux n°s 668 et suivants.

117. *Youen-tsing, li-kou-twan*, reps à bandes satin noir,	60	80	4 50

Cet article appartient à une consommation particulière. Il est fabriqué à Canton, mais n'est pas porté par les indigènes.

118. *Pé-sen-fong*, *hwa-sié-wen-kuen*, lévantine façonnée, blanc er rose,	73	124	10

C'est encore un article de consommation étrangère.

119. *Tsoung-hong-se, hwa-twan*, tissu fort, satin brun façonné. sergé, ponceau,	76	180	9
120. *Pé-sou, seng-fang-tcheou*, taffetas apprêté, blanc,	49	37	1 40

Renvoi au n° 634 précédent.

121. *Hwa-hong-se, si-ling*, damas 5 lisses, ponceau,	42	36	2 70

Article dans le genre des n°s 1 et 3 précédents.

122. *Pe, sou-seng-fang-tcheou*, taffetas écru blanc,	55	38	1 60

Renvoi au n° 619 précedent.

123. *Pé, sou, seng-tchang*, taffetas écru blanc, de Tchang-tcheou.	49	37	1 40

Renvoi au n° 620 précédent.

124. *Ya-lan, hwa-shou-lo*, foulard à jour façonné,	53	57	4 80

Renvoi au n° 45.

125. *Pé, sou, fang-tcheou*, foulard blanc uni,			
126. *Lieou-se, tsien jong*, velours coupé, grenat,	58	220	9 50

Renvoi au n° 109 et suivants du présent article.

127. *Sou, sse-tchuen-tcheou*, foulard de Ss-tchuen,	49	70	1 35

Renvoi au n° 616 précédent article.

128. *Tsing, sou, ning-tcheou*, sergé, gros bleu,	78	136	10

Renvoi aux n°s 88 à 90. On doit néanmoins faire remarquer que cet article, qui est un sergé, porte, en chinois, le nom de foulard de Ning-po.

Tous les prix mentionnés ont été fournis par Lin-hing, Wa-shing et King-wa, trois des marchands de soieries le plus en réputation à Canton. Ils ont ensuite été vérifiés par M. Paul S. Forbes, consul américain, de la maison Russell et Ce, et M. David Jardine, de la maison Jardine Matheson et Ce.

Ces prix doivent s'entendre, valeur comptant, sur le marché de Chine. Pour avoir le prix coûtant de la marchandise aux entrepôts français, il faut ajouter environ 20 p. % de frais divers, non compris ceux de douane.

La piastre a été évaluée 5 fr. 50 cent., c'est la moyenne de dix ans, d'après le *Guide Commercial* de R. Morrison.

776 Tissus comparatifs de fabrication française, exécutés sur des modèles et dessins chinois.

1 Gros de Naples imprimé sur chaîne, exécuté par MM. Grangé, Schultz et Ce, de Lyon. Cette étoffe, pour robe, a été communiquée par MM. Bonet et Augereau, de l'ancienne maison Delile, de Paris.

2 Rubans gaze et rubans gauffrés, exécutés sur les métiers brodeurs, par MM. Grangier frères, de St-Chamond.

3 Rubans satin, brochés, de MM. Martin et Ce, de St-Etienne, exécutés sur les métiers à la barre, battant brocheur.

4 Rubans satin, brochés, de M. A. Descours, de St-Etienne, exécutés d'après le même procédé.

5 Dessins pour rubans, d'après les modèles chinois, communiqués par M. A. Descours, de St-Etienne.

777 Tableau tissé sur fonds taffetas et poil traînant, représentant la visite de M. I. Hedde aux ateliers de Sou-tchou, exécuté sur un métier à la barre.

Ce dessin est la copie exacte du tableau précédent n° 389. On a supprimé quelques caractères chinois en laissant seulement ceux du *yaou-ki*, métier à l'imitation de ceux du *ke'-sz*, tissu à soie en relief. Les plantes des tableaux du précédent ont eté remplacées à gauche par le *hong-hwa* ou *carthamus tinctorius*, et, à droite, par le *hwa-tsiao* ou fagarier du Japon.

Voici la traduction de la légende à gauche :

« M. Isidore Hedde ayant été délégué, en Chine, par la fabrique de St-Etienne, pour l'étude des soies et soieries ; »

La traduction de droite dit :

« Dans l'année 1848, M. Peyret (Hy. P. L., fabricant de rubans), avec les soins de M. Balançard (dessinateur), a exécuté ce tissu commandé par la Chambre de Commerce, aux frais de l'administration municipale.

Le titre supérieur est la traduction littérale des caractères inférieurs placés dans toute la largeur du tableau.

778 Mise en carte du tableau tissé précédent, exécutée par M. Balançard.

L'exécution du tissu comprend 4056 fils simples et 714 cartons ; sur une mécanique à la Jacquard, en 1000 cordes, le fonds sur deux planches : la largeur du tissu est de 10 cent., sur 18 de longueur.

RUBANS.

Si la soie est appelée chez nous à fournir au luxe les plus riches parures, c'est dans le ruban chinois, qu'on remarque les dessins les plus fantastiques ; les fleurs, les arbres, les oiseaux, les insectes s'y montrent sous les formes les plus bizarres et les couleurs les plus brillantes. Le ruban de la Chine appelle à son aide toutes les fictions de la mythologie, tous les usages de la civilisation, toutes les plantes et les productions les plus variées du règne végétal. On y voit représentés :

« Le pêcher déployant son tissu d'écarlate, et le saule son or suspendu ;
« Le prunier, étendant l'ombrage de son jaspe éclatant de blancheur ;
« Et la pivoine, dont l'œil ne peut compter les pétales ;
« Et mille pierres précieuses recueillies dans le calice des fleurs » (*Iukiao-li*, tome Ier).

Le ruban est un article d'une grande consommation, en Chine, comme chez nous. Il est à Nankin, Sou-tchou et Hang-tchou, ce qu'il est à Paris à la sortie des fabriques de la Loire. C'est le ruban qui fournit des parures aux plus élégantes et qui, principalement à Sou-tchou, se mêle à la chevelure des femmes, donne de l'éclat aux fêtes et aux représentations publiques, et influe d'une manière toute particulière sur le goût des vêtements et les caprices de la mode.

Les difficultés que le délégué des soies a éprouvées dans ses recherches, ne lui ont pas permis de recueillir tous les renseignements qu'il aurait désirés dans l'intérêt de cette industrie; car ce n'est pas tout de présenter des échantillons, encore faut-il en connaître exactement les prix, l'emploi ; en apprécier les couleurs et la distinction, en scruter la fabrication ; il faut, surtout dans les rubans chinois, étudier les mœurs, les usages du peuple extraordinaire qui les a créés et qui les emploie ; c'est une recherche dont M. Hedde livre la continuation aux hommes qui le suivront dans la voie où il a pénétré.

Voici une ébauche bien incomplète, sans doute,

de ce travail où M. Hedde a été secondé par nos sinologues les plus éclairés (1).

779 * *Sou-yang-taï*, ruban galon uni, noir; largeur, 74 millimètres, poids, 11 grammes 1/3 le mèt.; prix, 5 à 6 doll. le catti, soit 52 à 62 cent. le mèt., et 46 à 55 fr. le kilog.

Cet article, parfaitement fabriqué et en noir solide, ne peut s'établir aux mêmes prix dans nos fabriques. Il a été fabriqué à Canton. Son nom de *yang* signifie qu'il est à l'usage des étrangers qui l'emploient sur place pour cravates, et l'exportent en assez grandes quantités.

780 * *Sou-yang-taï*, ruban galon uni, noir; largeur, 67 millim., poids, 10 gram. le mèt.; prix, 5 à 6 doll. le catty, soit 46 à 55 cent. le mèt., et 46 à 55 fr. le kilog.

781 * *Sou-yang-taï*, ruban galon uni, noir; largeur, 59 millim., poids, 9 gram. le mèt.; prix, 5 à 6 doll. le catty, soit 41 à 50 cent. le mèt., et 46 à 55 fr. le kilog.

782 * *Sou-yang-taï*, ruban galon uni, noir; largeur, 72 millim., poids, 15 gram. le mèt.; prix, 5 doll. le catty, soit 69 cent. le mèt., et 46 fr. le kilog.

783 *Sou-yang-taï*, ruban galon uni, noir; largeur, 72 millim., poids, 15 gram. le mèt.; prix, 5 doll. le catty, soit 69 cent. le mèt., et 46 fr. le kilog.

(1) M. Stanislas Julien, membre de l'Institut, professeur de langue chinoise au lycée de France, et M. Florent, membre de la Société asiatique.

784 *Sou-yang-taï*, ruban galon uni, noir; largeur, 72 millim.; poids, 15 gram. le mèt.; prix, 5 doll. le catty, soit 69 cent. le mèt., et 16 fr. le kilog.

785 *Sou-yang-taï*, ruban galon uni, noir; largeur, 38 millim., poids, 8 gram. le mèt.; prix, 4 à 5 doll. le catty, soit 30 à 37 cent. le mèt., et 39 à 46 fr. le kilog.

786 *Sou-yang-taï*, ruban galon uni, noir; largeur, 27 millim.; poids, 6 gram. le mèt.; 4 à 5 doll. le catty, soit 22 à 28 cent. le mèt., et 37 à 46 fr. le kilog.

787 *Sou-yang-taï*, ruban galon uni, noir; largeur, 27 millim.; poids, 6 gram. le mèt.; prix, 4 à 5 doll. le catty, soit 22 à 28 cent. le mèt., et 37 à 46 fr. le kilog.

On a calculé que tous ces articles ne pouvaient être établis en qualités égales, à moins de 40 à 50 p. °/₀ en sus dans nos fabriques, à moins toutefois que l'on ne put obtenir des matières premières à meilleur marché.

788 * *Pien-taï*, ruban taffetas uni, faveur; largeur, 3 millim.; poids, 15 gram. les 100 mèt.; prix, 9 à 12 doll. le catty, soit 1 à 1 fr. 65 cent. les 100 mèt., et 64 à 110 fr. le kilog.

789 * *Niu-kio-taï*, ruban galon uni, lilas; largeur, 8 cent.; longueur, avec franges de chaque côté, 1 mèt. 10 millim.; poids, 25 gram.; prix, 1/2 doll. la paire, soit 67 fr. le kilog.

C'est un article de fabrique de Canton et de

consommation locale. On s'en sert pour bandelettes ou attaches de petits pieds de femmes. Il rentre dans la catégorie et le bon marché des premiers articles.

790 * *Niu-kio-taï*, ruban cordon uni, jardinière, pour attaches de petits pieds de femme; largeur, 53 millim.; longueur avec les franges, 1 mèt. 10 millim.; poids, 40 gram.; prix, 1 doll. la pièce, soit 69 fr. le kilog.

Cet article a été exécuté sur le métier sans marches, décrit au n° 599 précédent.

791 * *Niu-kio-taï*, ruban cordon uni, ponceau, pour attaches de petits pieds de femme; largeur, 5 cent.; poids, 45 gram. les deux mèt.; prix, 1 doll., soit 120 fr. le kilog.

792 * *Niu-kio-taï*, ruban cordon uni, vert, pour attaches de pieds de femme; largeur, 17 millim.; longueur, 2 mèt. avec franges; poids, 27 gram.; prix, 7 doll. le catty, soit 64 fr. le kilog.

793 * *Toung-sin-shing*, lacets plats; prix, 6 doll. le catti, soit 55 fr. le kilogr.

794 * *I-pien*, lacets plats; prix, 6 doll. le catty, soit 55 fr. le kilog.

Ces deux articles méritent toute l'attention de nos fabricants et exportateurs.

795 *Si-taï*, lacets ronds, à trois branches, pour genouillères; prix, 4 doll. 1/2 le catti, soit 41 fr. le kilog.

796 *Mien-taï*, bourrelet en soie, avec âme coton; prix, 3 doll. le catty, soit 27 fr. le kilog.

797 *Si-taï*, genouillères en crèpe uni, formant ruban; prix, 1/4 de doll. la paire.

798 *Yao-taï*, ceinturon, ruban cordon gros bleu; longueur, 1 mèt. avec son agraphe en verre; prix, 1/4 de doll.

799 *Toung-ti*, dentelle blanche et bleu, passementerie; largeur, 8 millim.; poids, 10 gram. les 10 mèt.; prix, 7 à 8 doll. le catty, soit 64 à 73 fr. le kil., ou 6 à 7 cent. le gram. ou le mèt.

800 *Yao-taï*, ceinture écharpe, jonquille, à 6 doll. le catty, soit fr. 54 le kilogr.

801 *Yao-taï*, ceinture en crèpe façonné, noir; largeur, 28 centim.; longueur, 2 mèt. 1/2; prix, 1 doll.

802 *Toung-ti*, dentelle noire, largeur, 4 millim.; poids, 11 gram. les 10 mèt.; prix, environ 6 à 7 doll. le catty, soit 55 à 64 fr. le kilog., ou 6 à 7 cent. le gram., et 5 à 6 cent. le mèt.

803 *Keou-ya-pien*, ruban taffetas façonné, blanc, à dents; largeur, 12 millim.; poids, 13 gram. les 10 mèt.; prix, 12 doll. le catty, soit 110 fr. le kilog., ou 11 cent. le gram. et 1 fr. 43 cent. les 10 mèt. On appelle *lan kan*, les rubans à picots.

804 *Keou-ya-pien*, ruban taffetas façonné, bleu, à dents; largeur, 12 millim.; poids, 15 gram. les 10 mèt.;

prix, 12 doll. le catty, soit 110 fr. le kilog., ou 11 cent. le gram., et 1 fr. 65 cent. les 10 mèt.

Ces deux derniers numéros se trouvent dans la cathégorie des articles dont le Commerce français peut tenter l'expédition en Chine. Nos métiers à la barre, à plusieurs pièces (*passementer-stuhl*), nous donnent un avantage sur la main-d'œuvre, malgré le bas prix des matières de la Chine.

805 * *Niu-yao-taï*, cordon pour ceinture de femme, façonné bleu et blanc, fabriqué sur le métier sans marches N° 599 précédent, pour lequel on a employé autant de demi-lisses qu'il y a de découpures au dessin ; largeur, 3 centimètres ; poids, 25 gram. les deux mètres ; prix, 13 dollars le catty, soit 119 fr. le kil. ou 1 fr. 20 c. le mètre.

806 * *Yao-taï*, ceinture écharpe filet cramoisi ; longueur, 3 mètres ; largeur, 30 à 35 centimètres ; prix, 5 dollars ; poids, 285 grammes ; soit 96 fr. le kil.

807 * *Hwa-pien*, étoffe lancée soie et or dont le dessin est disposé diagonalement en laises de 3 centimètr. de largeur pour former des rubans ; largeur de l'étoffe, 76 centimètres ; poids, 95 grammes le mètre ; prix, 1/2 dollar le mètre, soit 8 fr. 25 c., et 92 fr. le kilogramme.

808 * *Keou-ya-pien*, ruban taffetas façonné bleu ; largeur, 3 millimètres ; poids, 30 grammes les 100 mètr. ; prix, 16 dollars le catty, soit 147 fr. le kilogr.

809 * *In-hwa-pien*, ruban taffetas façonné lamé argent ; largeur, 7 millimètres ; longueur, 10 mètres ; poids, 15 grammes ; prix, 16 dollars le catty, soit 147 fr. le kilogramme.

810 * *Kin-hwa-pien*, ruban taffetas façonné jonquille; largeur, 22 millimètres; poids des 10 mètres, 15 grammes; prix, 12 dollars le catty, soit 110 fr. le kilogramme.

811 * *Hwa-yang-taï*, ruban cordon broché, à l'instar et à l'usage des Européens.

L'origine chinoise est démontrée par la nature de la soie employée pour chaîne et pour trame, la 1re à six fils triples, grége cuite légèrement tordue, la seconde, gros bout de six brins de grége cuite, qui n'a reçu qu'un faible apprêt. Voici, à cet égard, ce qu'on lit dans le journal quotidien de M. Hedde.

Dans la rue *Tan-kaï-foung*, bien avant dans le faubourg ouest de Canton, sont des fabricants de rubans. Le nommé Ouing est particulièrement renommé par ces articles. Sa boutique est composée de six métiers liés deux à deux, c'est-à-dire, qu'une seule carcasse forme deux métiers. Quatre ouvriers travaillent ensemble, deux à tirer les lats, en haut du semple, et deux sont en bas pour tisser chacun de leur côté. Ces métiers sont parfaitement installés et exécutent toutes sortes d'articles: rubans cordons, rubans satins, rubans velours, gros grains, taffetas, etc. Voici les rubans qui étaient en exécution lors du passage de M. Hedde:

1° *Hwa-yang-taï*, ruban fond satin, largeur, 60 millimèt., longueur, 18 yards., poids, 3 taels 3 mace, prix, 4 1/2 doll., soit fr. 198 le kilogr. et fr. 1,80 le mèt. de 8 gram.

2° *Hwa-tsien-jong taï*, velours façonné coupé: largeur, 65 millimet., longueur, 18 yards, poids, 4 taels 2 mace, prix, 4 doll. soit fr. 138 le kilogr. et fr. 1,46 le mèt. de 10 gram.

3° *Hwa-yangtaï*: largeur, 60 millimet., longueur, 15 yards, poids, 4 taels 3 mace, prix, 4 doll. soit fr. 136 le kilogr. et fr. 1,60 le mèt. de 12 gram.

Tels étaient les articles que l'on remarquait en état d'exécution dans la boutique du chef d'atelier Ouing, où fut coupée la dernière pièce qui donna lieu, à l'exposition Lyonnaise, à des discussions animées et intéressantes entre les fabricants. Aux yeux des personnes qui doutaient de l'origine chinoise, car il y en avait, la difficulté n'existait pas dans le dessin, quel que fût son origine stéphanoise; mais c'était dans la fabrication du tissu lui-même. Les Chinois, ne faisant usage que du semple pour l'exécution des dessins, et le découpage par fil étant une grande difficulté à vaincre, surtout pour un tissu très serré en compte de chaîne. On sait que, pendant l'évolution du semple, toutes les cordes, entr'elles, subissent, une à une, dans un certain point de leur étendue, un frottement d'autant plus considérable, que leur accumulation est plus grande.

Voici comment on explique le procédé long et patient des Chinois pour fabriquer, soit les rubans dans le genre des derniers articles, soit les tissus n° 43 et 44 de la grande collection chinoise, article 772 et suivants:

Les collets des arcades se divisent en deux corps par pair et impair, et se tirent au cassin, tantôt à droite, tantôt à gauche, les embarbes étant divisées en deux parties. Il est évident alors que les cordes entr'elles opèrent très peu de frottement, et que la succession des lats ne détermine que moitié d'envergeure dans les collets de tirage. Renvoi à la planche 94 des dessins de Sun-kwa.

812 * Ceinture taffetas japonnaise à liseré bleu ; largeur, 16 centimètres ; longueur, 3 mètres 75 centim. ; poids, 80 grammes ; prix à Batavia, 5 florins.

813 * *Sieou-hwa-taï*, ruban gros de Naples brodé ; largeur, 8 centimètres ; longueur, 90 centimètres ; prix, 1 dollar.

814. *Sieou-hwa-sha*, étoffe pour ruban, gaze brodée ; largeur, 52 centimètres ; prix, 3 dollars le yard de 60 grammes, soit 184 fr. le kilogramme et 18 fr. 50 c. le mètre.

Cette broderie a fait naître des doutes sur le prix indiqué ci-dessus, ou sur son exécution à la main par les procédés ordinaires. Quelques personnes ont pensé qu'elle pouvait avoir été opérée par un procédé mécanique ; M. Hedde, qui a vu les brodeurs (1) à l'œuvre, affirme qu'on opère comme chez nous. Alors comment expliquer, à moins de 20 fr., le prix d'un tissu dont le mètre comprend près de quatre-vingts rubans brodés, dont chacun exige plus d'un jour de travail. C'est un de ces problèmes qui ne seront résolus que lorsqu'on sera plus avancé dans la connaissance de l'industrie des Chinois.

(1) Les plus belles broderies sont exécutées par les hommes : les plus communes le sont par les femmes.

Le chef-d'œuvre de broderie mentionné au n° 734 précédent, est en effet le produit d'un homme, ainsi que l'indiquent les caractères sigillaires de la légende.

815. *Yuen-tsing-sou-tsien-jong-tai*, velours uni noir, coupés en laises étroites pour former rubans.

Ces articles, d'une grande consommation en Chine, doivent être remplacés par nos rubans velours fabriqués sur nos métiers à plusieurs pièces doubles, et à la barre.

816. *Taï-hao-tié*, étiquettes de rubans velours, premiers articles de soierie propres à la consommation chinoise, envoyés, en 1846, par la maison Ponson aîné, Philippe et Vibert, de Saint-Étienne.

Voici la traduction de ces étiquettes :

France. — Saint-Étienne. — Rubans velours noir. Longueur, 20 mètres, N° ..... Expédiés sur les indications de M. Hedde, délégué pour les soies.

817 * *Taï-pien-toung-tz'*, collection des principaux articles de rubanerie et passementerie de Kwang-Tchou, de Hang-Tchou et de Sou-Tchou.

Les *pien-taï*, ou rubans en général, sont appelés *lan-han*, c'est-à-dire, à balustrade, quand la frange est à picots, ou à un seul crin. On les appèle *Keou-ya-pien*, ou rubans à dents de chien, lorsqu'ils sont à dents de scie, soit à plusieurs crins. Ces franges ne sont que d'un seul côté. Les noms suivants se rapportent à la couleur et à la forme du dessin, quelquefois à l'usage auquel il est destiné.

	larg. mill.	poids. gram.	prix. fr. c.	long. les 10 mèt.
1. *Youen-lien*, taffetas noir noir et poil façonné,	13	9	0 90	»

Le nom de *youen-lien* est celui de la couleur, c'est-à-dire, noir naturel de *nénuphar*, (*nelumbium speciosum*, *Williams*).

2. *Tchi-mei*, taffetas bouton d'or et poil façonné,	7	6	0 90	»

L'arbre *mei* est souvent reproduit dans les peintures chinoises : il est célèbre en littérature à cause de ses fleurs simples, mais charmantes. D'après le P. Basile, ce serait un abricotier sauvage, *mala armenica acida*. Callery et Medhurst le désignent sous le nom de prunier.

3. *Meou-tan*, taffetas bleu céleste et poil façonné,	7	6	0 90	»
4. *Meou-tan*, taffetas façonné bleu Louise,	7	6	0 80	»

Pæonia meou-tan, W. est une pivoine de Chine.

5. *Pe-fou*, taffetas bleu Louise et poil façonné,	6	6	0 80	»

Le nom signifie « Aux cent Chauve-souris. »

	larg. mill.	poids. gram.	prix. fr. c.	loug. les 10 mèt.
6. *Tchong-mei*, taffetas vert d'eau et poil façonné,	6	6	0 80	»
7. *Tchong-mei*, taffetas blanc et poil façonné,	6	6	0 80	»
8. *Tchong-mei*, taffetas émeraude et poil façonné,	6	6	0 80	»
9. *Tchong-mei*, taffetas eau du Nil et poil façonné,	6	6	0 80	»
10. *Tchong-mei*, taffetas jonquille et poil façonné,	6	6	0 80	»
11. *Tchong-mei*, taffetas noir et poil façonné,	6	6	0 80	»

Le nom de *tchong* signifie milieu, et *tchong-mei* indique que le dessin représente le calice de la fleur de *mei*. Renvoi au n° 2.

12. *Se-lien*, taffetas bleu Louise et poil façonné,	12	8	1 00	»

Couleur de nénuphar. Renvoi au n° 1.

13. *Youen-tan*, taffetas façonné noir,	10	10	0 65	»
14. *Sou-yang-taï*, galon uni, noir,	27	6	0 25	le mèt.
15. *Hwang-pien-taï*, faveur paille,	3	20	1 45	les 100m.
16. *Hong-pien-taï*, faveur ponceau,	3	20	1 70	les 100m.

Le prix est plus élevé que celui du précédent, en raison de la couleur fine.

17. *Kin-sien*, lacet noir à fils d'or, / *In-sien*, » à fils d'argent,	3	100	10	les 10 m.

Cet article représente un n° 5 des lacets de nos fabriques, c'est-à-dire, un 21 fuseaux, dont le prix comparatif tout soie, noir fin, est de fr. 8,40.

18. *I-pien*, lacets plats, ronds, etc.	2	100	2 75	les 100m.

Il y aurait un bénéfice énorme sur tous ces articles fabriqués en coton, puisque le prix français comparatif serait de fr. 0,77. Mais il est probable que dans le prix de fr. 2,75 on comprend un assortiment où se trouvent des lacets en soie, fleuret et peut-être laine.

19. *Kwo-taï*, cordon broché lamé,	60	12	1 60	le mèt.

C'est un article dans le genre du n° d'ordre 811, à part le lamé, qui est formé d'un bout de plusieurs brins de soie grège légèrement tordue, recouvert d'une lamelle très mince de papier doré verni, tordue à l'entour.

20. *Kwo-pien-taï*, ruban galon uni, noir,	74	11 1/3	0 56	le mèt.

Renvoi au même article n° d'ordre 779.

21. *Sieou-keou-kin-hwo*, satin broché lamé,	110	16	2 35	»

Ce ruban est le plus large de ceux de la collection : il rentre dans la catégorie des articles de mode qui doivent attirer toute l'attention des fabricants.

22. *Tsié-pien-taï*, galon uni, noir,	30	6	0 25	»

Renvoi au n° 20 précédent.

23. *Mei*, ruban taffetas, façonné lamé,	5	6	0 88	les 10m.

Tous ces articles ont été comptés au prix le plus élevé, c'est-à-dire, à fr. 147 le kilogr.

Renvoi aux n°s 6 et suivants.

24. *Meou-tan*, ruban taffetas, façonné lamé,	7	8	1 18	»

Renvoi au n° 3.

25. *Kia-ta*, ruban taffetas, façonné lamé,	9	10	1 00	»

Cette dénomination de « grandeur et largeur », indique probablement que c'est un des rubans les plus larges pour l'emploi auquel il est destiné.

	larg. mill.	poids. gram.	prix. fr. c.	long. les 10 mèt.
26. *Siao-kin*, ruban taffetas, façonné lamé,	3	4	0 68	»
27. *Siao-kin*, ruban taffetas, façonné lamé,	3	4	0 68	»
Cette dénomination indique un tissu étroit lamé.				
28. *Lan*, ruban taffetas, façonné lamé,	10	12	1 76	»
Le nom de *lan* se rapporte, suivant Basile, au genre de fleurs monophyles, et suivant Gonzalvès, ce serait un *ginandria*.				
29. *Kin-tan*, ruban taffetas, façonné lamé,	9	11	1 60	»
Fleur *meou-tan*, voir n° 3, sur or.				
30. *Kin-lien*, ruban taffetas, façonné lamé,	14	15	2 20	»
« Fleur *lien* (voir n° 12) sur or ».				
31. *Lieou-loung*, ruban taffetas, façonné lamé,	10	12	1 76	»
Dessin de « dragon sans fin ».				
On a calculé que ce dessin a plus de 50 centimètres de longueur, ce qui représente 1250 lats, en ne comptant que 25 coups au centimètre.				
32. *Kio-hwa*, ruban taffetas, façonné lamé,	10	12	1 76	»
Fleur de chrysanthème. *Chrysanthemum sinense*, W.				
33. *Tchoan-tchi*, ruban taffetas, façonné lamé,	8	9	0 90	»
Dessin « à branches enlacées ».				
34. *Youan-yang*, satin, couleur, bleu et blanc,	11	10	0 55	»
Cet article, tramé coton, est coté 6 à 7 dollars, le catti. Il présenterait quelque chance pour la concurrence, mais il est peut-être nécessaire de recourir à de nouvelles côtes pour être parfaitement renseigné.				
Le nom de *youan-yang* signifie l'union de deux couleurs.				
35. *Thin-tchu*, lézarde perlée, bleu et blanc,	2	100	6 60	les 100m.
Cet article rentre dans le genre de ceux de nos fabriques, et pourrait offrir quelque chance, à l'exportation, surtout si l'on y mélangeait du coton.				
36. *Youan-yang*, satin, en deux couleurs, bleu et blanc,	16	17	0 93	les 10 m.
Voir n° 34 précédent.				
37. *Yang-kio*, ruban taffetas, façonné poil traînant,	13	14	1 40	»
Le nom de *kio* indique le genre du dessin. Voir n° 32.				
Celui d'*yang* désigne la consommation étrangère.				
38. *Toung-ti*, dentelle passementerie, blanc et bleu,	8	105	4 75	les 100m.
39. *Toung-ti*, dentelle passementerie, noir,	8	110	4 95	»
40. *Toung-ti*, dentelle passementerie, blanc et bleu,	8	105	4 75	»
Le nom de *toung-ti* signifie fonds à jour. Cet article, dans le genre de ceux que l'on fabrique au carreau, dans la Haute-Loire, rentre, pour le prix, dans la catégorie des n°s 17 et 18 précédents.				
41. *Youan-yang*, ruban taffetas ombré,	6	15	1 30	»
42. »	6	15	1 30	»

On a vu, au n° 36, que le nom de *youan-yang* signifie l'union de deux couleurs. Il s'applique ici à la désignation de l'ouvrage, qui est la succession ou l'union des nuances d'une seule couleur. Pour bien comprendre le sens chinois, il suffira de lire l'explication de Medhurst : « Le *youan-yang* est le canard de la Chine, célèbre par sa fidélité conjugale. Le mâle et la femelle ne se séparent jamais : si l'un vient à manquer, l'autre se désole jusqu'à la mort. »

	larg. mill.	poids. gram.	prix. fr. c.	long. les 10 mèt.
43. *Kio-hwa*, taffetas façonné, poil traînant,	13	14	1 40	»

Même disposition que le nº 27, si ce n'est que le premier est sur fonds blanc, et celui-ci sur fonds noir. Pour le nom, voir le nº 32.

44. *Tchi-mei*, taffetas doubleté,	12	15	1 65	»

Voir nº 2.

45. *I-pien*, lacet noir,	9	120	5	les 100 m.
46. *I-pien*, »	5	70	2 95	»
47. *I-pien*, »	3	40	1 70	»

Renvoi au nº 18.

48. *Youan-yang*, taffetas ombré,	3	20	1 75	»

Renvoi au nº 42.

49. *Yao-li-pien-taï*, crête application,	17	20	1 55	le m.

Le nom indique probablement qu'il est employé pour bordures de parasols. Un article similaire de Tours a été coté 45 c. le mètre. Cet article mérite donc quelqu'attention. Voici les autres articles qui rentrent dans la même catégorie :

Bourrelet, tout soie, 40 millimètres de circonférence, poids, 10 taels, prix, 3 dollars, longueur, 15 yards.

Bourrelet, intérieur coton, 40 millimètres de circonférence, poids, 10 taels, prix, 2 dollars 1/2, longueur, 15 yards.

Glands en soie, intérieur en bois, hauteur, 20 centim. prix, 1/2 doll. le gland.

Franges en soie noire, largeur de la bordure, 4 mill.
tresse 30 »
franges 66 »
largeur totale, 10 cent.
prix, 6 doll. le catty.

50. *Ta-pien-taï*, satin glacé liseré à bords unis,	64	10	1 30	le m.
51. *Ta-pien-taï*, taffetas et poil,	44	7	1 10	»
52. *Ta-pien-taï*, taffetas doubleté,	49	8	0 90	»
53. *Ta-pien-taï*, taffetas camullé,	44	7	1 05	»
54. *Ta-pien-taï*, taffetas et poil,	57	9	1 15	»
55. *Ta-pien-taï*, taffetas et poil,	46	7	1 10	»
56. *Shoui-po-man-sz'-taï*, cordon ombré moiré,	60	10	0 80	»

Outre les moirés, les Chinois distinguent les glacés, tissus caméléons ou changeants, qu'en jargon de Canton, on appèle *dgendgibou*, corruption du dialecte mandarin. On connaît également les rubans imprimés et peints, qui portent le nom de *yin-hwa*, et les chinés qui portent, à Canton, le nom de *him-fa*, et en mandarin, celui de *shin-hwa*. Ce dernier mot serait-il l'origine du nom de *chiné?* Renvoi au nº 189 de la première partie.

Le premier nom vient de la ressemblance du moiré avec les vagues formées par la mer.

57. *Ta-pien-taï*, cordon et poil,	48	10	1 25	»
58. *Shoui-po-man-sz'-taï*, cordon ombré moiré,	60	10	0 80	»

Renvoi au nº 56.

	larg. mill.	poids. gram.	prix fr.	c.	long. le mètre.
59. *Ta-pien-taï*, taffetas et poil,	32	6	0	90	»
60. *Shoui-po-man-sz'-taï*, cordon ombré moiré,	60	10	0	80	»
61. *Ta-pien-taï*, » »	57	9	0	75	»
62. *Ta-pien-taï*, » »	58	9	0	75	»
63. *Shoui-po-man-sz'-taï*, cordon paille moiré, Renvoi au nº 58.	60	10	0	80	»
64. *Ta-pien-taï*, » ombré,	61	10	0	80	»
65. *Ta-pien-taï*, » »	60	10	0	80	»
66. *Ta-pien-taï*, taffetas à poil,	45	7	1	10	»
67. *Ta-pien-taï*, cordon rayé ombré,	60	10	0	80	»
68. *Ta-pien-taï*, cordon poil traînant,	41	7	1	10	»
69. *Shoui-po-man-sz'-taï*, cordon ombré moiré,	57	9	0	80	»
70. *Ta-pien-taï*, cordon ombré,	57	9	0	80	»
71. *Ou-tsaï-kio-tie*, taffetas lamé tripleté,	19	20	2	94	les 10 m.
Ce nom signifie que le dessin représente en cinq couleurs des chrysanthèmes et des papillons.					
72. *Shoui-sien*, taffetas satiné, lamé,	19	20	2	95	»
Le nom indique que le dessin représente la fleur du narcissus tazetta, suivant Williams.					
73. *Toung-lo-foung-lien*, taffetas satiné, noir et blanc,	57	9	0	85	le mètre.
Ce ruban, destiné aux représentations théatrales, représente « les jeux des enfants dans une année d'abondance. »					
74. *Lieou-kin-lien*, taffetas satiné, lamé,	18	19	2	84	les 10 m.
Le nom indique un « dessin lamé, représentant d'une manière suivie « la fleur du nénuphar. »					
75. *Lieou-kwai*, taffetas satiné, lamé,	18	19	2	84	«
Le nom indique que le dessin représente « le fruit du grenadier (*shi-licou punica granatum*, W. et B.), et la fleur du cannelier de la Chine (*cassialignea*, *Bridgman*, *Olea fragrans*, *Williams*).					
76. *Tiao-sheou*; taffetas bleu, tripleté,	30	29	3	74	»
Le nom désigne la fleur du pêcher, *amygdalus persica W.*, qui sert d'emblème au jour de la naissance.					
77. *Wan-tseu*, taffetas satiné, noir et bleu,	60	55	0	86	le mètre.
Ce ruban, employé dans les représentations théatrales, est une grecque désignée sous le nom de « dix mille caractères. »					
78. *Tseu-siun-wan-taï*, taffetas tripleté,	56	29	2	74	les 10 m.
Le nom de ce ruban indique le souhait de « dix mille générations de fils et de petits fils. »					
79. *Mei-lan-yng hiong*, taffetas lamé, satiné,	29	30	3	31	»
L'assemblage des noms de fleurs de l'abricotier et du *ginandria* G., mêlés avec ceux de héros et talent supérieur indiquent que ce ruban est employé dans de grandes occasions pour célébrer les héros et les hommes distingués.					
80. *Lieou-mei*, taffetas lamé, satiné,	7	8	1	17	»
Le dessin et la signification rentrent dans la cathégorie des nºs 7 et suivants.					

	larg. mill.	poids. gram.	prix. fr. c.	long. les 10 mèt.
81. *Lien-licou*, taffetas satiné, lamé,	31	32	3 52	»
C'est-à dire, fleurs de nenuphar et fruits du grenadier.				
82. *Yu-lan*, taffetas satiné, lancé,	7	8	1 17	»
Fleurs du *magnolia corespicua W.*				
83. *Wan-sheou*, taffetas satiné; lancé	31	33	3 52	»
Le dessin représente deux caractères du genre sigillaire qui signifient « dix mille aniversaires. » Ce ruban est probablement porté aux fêtes du souverain, dont le caractère *sheou* est un des signes distinctifs.				
84. *Lien*, taffetas façonné, doubleté,	12	9	1	»
Renvoi au n° 1.				
85. *Koung-heou-fou-kueï*, taffetas façonné, tripleté,	19	11	1 18	»
Les deux premiers caractères désignent une dignité à laquelle est sans doute réservé ce dessin «riche et noble.»				
86. *Yu-lo-pa-ki*, taffetas façonné, tripleté,	18	11	1 18	»
Dessin employé dans certaine circonstance, où l'ornement qui est désigné par les deux divers caractères est probablement de rigueur.				
87. *Shouang-yu-ki-king*, taffetas façonné, tripleté,	18	11	1 18	»
Autre allusion au signe des poissons qui porte bonheur.				
88. *Lien*, taffetas façonné, tripleté,	12	9	1 »	»
Renvoi au n° 1.				
89. *Meou-tan*, taffetas façonné, tripleté,	7	6	1 66	»
Renvoi au n° 3.				
90. *Pa-pao*, taffetas façonné, tripleté,	32	22	2 »	»
Les huit choses précieuses. Ce nom se rapporte à certains objets qui sont très-estimés des Chinois, parmi lesquels la soie tient un des premiers rangs. (Renvoi au grand tapis impérial, n° 702 précédent, dont le fonds en donne le détail.)				
91. *Jou-i-shoang-hi*, taffetas façonné, tripleté	29	19	1 70	»
Autre ruban employé dans les fêtes publiques et qui porte un double caractère, employé dans le style sigillaire et désignant la réjouissance.				
92. *Hi-pao-san-youen*, taffetas façonné, tripleté,	31	20	1 80	»
Ce ruban est sans doute, d'après le sens chinois, porté sur les habits de circonstances aux réceptions des docteurs à un grade élevé.				
93. *Sheou-ho*, taffetas façonné, doubleté,	30	18	1 65	»
Le nom fait allusion au dessin qui représente le caractère sheou (voir n° 83) et le cigne d'après Gonzalvès.				
94. *Lien*, taffetas façonné, tripleté,	11	8	1	»
95. *Lien*, taffetas façonné, tripleté,	11	8		»
Renvoi au n° 1.				
96. *Pa-ki-tsiang*, taffetas tripleté,	28	12	1 15	»
Autre ruban faisant allusion aux huit objets précieux. Renvoi au n° 90.				
97. *Tsing-lien-po-kou*, taffetas tripleté,	29	15	1 40	»
Le dessin représente « une fleur blanche de nénuphar ombrée d'un caractère antique. »				

	larg. mill.	poids. gram.	prix. fr.	c.	long. les 10 mèt.
98. *Fong-tchoan-meou-tan*, taffetas tripleté,	29	16	1	45	«
Le dessin représente des phénix entremêlés de pivoines. Renvoi au n° 3.					
99. *Jou-i-hi-sheou*, taffetas tripleté,	29	16	1	45	«
Le jou i est un ornement qui sert dans les jours d'anniversaire. Voir n° 91.					
100. *Shoui-po-mao-taï*, cordon ombré moiré,	57	8	0	55	le mètre.
101. *Tan-kaï-yang-taï*, cordon ombré moiré,	61	9	9	60	»
102. *Tan-kaï-yang-taï*, cordon ombré moiré,	59	8	0	55	»
103. *Tan-kai-yang-taï*, cordon ombré moiré,	56	8	0	55	»
104. *Tan-kaï-yang-taï*, cordon ombré moiré,	58	8	0	55	»
105. *Tan-kaï-yang-taï*, satin broché, deux navettes,	50	12	0	68	»
106. *Tan-kaï-yang-taï*, cordon et poil trainet,	47	7	0	45	»
107. *Taï-kaï-yang-taï*, cordon ombré.	59	8	0	55	»
108. *Hou-lin-kié-kié*, taffetas doubleté, lamé,	26	30	3	30	»
Le dessin représente des « courges, *curcubita lageneria W.*, mêlées avec une espèce d'oranges. »					
109. *Tan-kaï-yang-taï*, cordon et poil traînant,	48	10	0	95	»
110. *Ti-hwa-yang-taï*, cordon broché, blanc,	62	12	1	53	»
111. *Ti-hwa-yang-taï*, cordon broché, des couleurs,	62	12	1	63	»
112. *Ti-hwa-yang-taï*, taffetas et poil traînant,	59	10	0	93	»
113. *Ti-hwa-yang-taï*, taffetas et poil traînant,	40	9	0	85	»
114. *Ti-hwa-yang-taï*, cordon et poil traînant,	61	12	1	10	»
115. *Ti-hwa-yang-taï*, cordon et poil traînant,	62	12	1	10	»
116. *Ti-hwa-yang-taï*, cordon et poil traînant,	60	12	1	10	»
117. *Lieou-po-kou*, taffetas satiné, lamé,	19	20	2	20	les 10 m.
Dessin continu, grecque antique.					
118. *Youan-yang*, taffetas ombré,	9	25	2	20	les 100 m.
Renvoi au n° 41.					
119. *Lieou-kin-mei-lan*, taffetas satiné lancé,	36	6	0	66	le mèt.
Dessin continu lamé or de *mei* et de *lieou*. Voir n°s 2 et 1.					
120. *Youan-yang*, taffetas ombré,	9	25	2	20	les 100 m.
Renvoi au n° 41.					
121. *Tchoan-kiou*, taffetas satiné lamé,	18	19	2	80	les 10 m.
Le dessin représente une branche d'arbre à feuilles composées, et un fruit dit fruit sacré par les Chinois, et que les Anglais appellent *fingered citrus*. Ce dessin n'a aucun rapport avec les caractères.					
122. *Mei-kié*, taffetas satiné lamé,	18	19	2	80	»
Fleurs de mei (voir n° 2) avec grecque.					
123. *Wan-sheou-fou-kwei*, taffetas satiné lamé,	30	31	3	30	»
Autre ruban dont le dessin fait allusion aux compliments et souhaits présentés aux anniversaires. Voir n° 83.					
124. *Kwei-loung-kio-kié*, taffetas façonné satiné,	30	31	3	30	»
Dessin représentant des fleurs de mauves, *althea rosea*, W., des dragons et des chrysanthêmes enlacées.					
125. *Po-kou-shoang-tiao*, taffetas satin lamé,	18	19	2	80	»
Fleur de pêcher (voir n° 76) double avec grecque antique.					

	larg. mill.	poids. gram.	prix. fr. c.	long. les 10 mèt.
126. *Pa-pao*, taffetas tripleté,	26	15	1 35	»

Voir n° 90.

127. *San-sien-fou-shou*, taffetas satiné,	59	9	0 85	le mèt.

Ce ruban, employé dans les représentations théâtrales, est désigné par ce nom « Heureux anniversaire des trois immortels ».

128. *Kwa-tié-lien*, taffetas tripleté,	30	18	1 65	les 10 m.

Dessin représentant des « concombres (*tricosanthes anguina*, W. et B.) des papillons et des nénuphars ».

129. *Ping-mei*, taffetas tripleté,	26	15	1 35	»

Dessin représentant des fleurs « d'abricotier dans un réseau de glace. »

130. *Eull-tou-mei-hwa*, taffetas satiné lamé,	56	6	0 66	le mèt.

Personnages et « fleurs d'abricotier de deux grandeurs. »

131. *Tié-mei-tsio-kiou*, taffetas tripleté,	32	18	1 65	les 10 m.

Dessin représentant des « papillons, des fleurs d'abricotier, des pies et des chrysanthèmes.

132. *Kwei-loung-fou-sheou*, taffetas satiné lamé.	30	31	3 30	les 10 m.

Dessin des mauves (voir n° **124**), des dragons, etc., des chrysanthèmes enlacées.

133. *Kwei-loung-pa-ki*, taffetas satiné lamé,	56	6	0 66	le mèt.

Mauves (voir n° **124**) dragons, heureux pronostics.

Renvoi au n° 96.

134. *Ou-tsaï-tsié-kio*, taffetas tripleté, lamé,	30	38	4 10	les 10 m.

Dessin aux « cinq couleurs des papillons et des chrysanthèmes. »

135. *Hiang-tchoon-kio-kié*, taffetas tripleté,	30	18	1 65	les 10 m.

Dessin aux « fruits parfumés et chrysanthèmes enlacés. »

136. *Po-kou-lou-ting*, taffetas satiné lamé,	58	6	0 66	le mèt.

Ce ruban est destiné aux cérémonies religieuses. Le nom indique des « vases et urnes de genre antique. »

137 et 138. *Tchong-se-yen-king*, taffetas tripleté,	28	16	1 40	les 10 m.

Le dessin représente des sauterelles et des fleurs, et le nom désigne un « bonheur qui se répand comme les sauterelles. » Gonzalvès dit au caractère *tchong* : je lui souhaite une prospérité multipliée comme les sauterelles. Souhait à un nouveau marié.

139. *Mei-kié*, taffetas satiné lamé,	30	31	3 30	»

Renvoi au n° 122.

140. *Leou-in-wan-tszeu*, taffetas satiné lamé,	38	39	4 30	»

Dessin lame argent et satin bleu représentant une grecque continue.

141. *Kin-tsien*, taffetas satiné lamé,	36	37	4 05	»

Dessin à « monnaies d'or. »

142. *Wan tsz'*, taffetas et poil,	30	31	2 70	»

Grecque, en chinois « dix mille caractères. »

143. *Kin-tsaï-seng-lien*, taffetas tripleté, lamé,	28	35	3 90	»

Dessin de couleur d'or, représentant la flûte de Pan et des fleurs de nénuphar.

	larg. mill.	poids. gram.	prix. fr. c.	long. les 10 mèt.
144. *Fou-yun*, taffetas tripleté,	27	16	1 40	»
Dessin aux « chauve-souris et aux nuages. »				
145. *Tsien-kio*, taffetas tripleté,	19	11	1 20	»
Dessin aux « chrysanthèmes et aux monnaies. »				
146. *Kio-mei*, taffetas satiné,	11	7	0 90	»
Dessin « aux chrysanthèmes et fleurs d'abricotier. »				
147. *Ko-yé*, taffetas tripleté,	16	9	0 90	»
Dessin aux feuilles de marais. *Ko*, suivant Mudhurst, signifie marais. Le caractère *ho*, qui est le même, signifie, d'après Basile, la fleur du nénuphar.				
148. *Sse-ki-lien*, taffetas tripleté,	18	11	1 20	»
Dessin au « nénuphar des quatre saisons. »				
149. *Meou-tan-fou-sheou*, taffetas satiné,	27	16	1 40	»
Dessin fond blanc, satin bleu pour « anniversaire, avec pivoine (voir n° 3) et aux chauve-souris. »				
150. *Lien-sheou-shoang-tiao*, taffetas tripleté,	31	18	1 55	»
Dessin fond noir, représentant la fleur du nénuphar avec le caractère *sheou* (*anniversaire*) réuni aux fleurs de pêcher.				
151. *Yang-kio*, taffetas et poil ombré,	14	8	0 90	»
Renvoi au n° 37.				
152. *Mei-pien*, taffetas tripleté,	11	7	0 90	»
Ruban fond blanc, à bords unis, dessin à fleurs d'abricotier.				
153. *Sheou-tz'*, taffetas et poil,	15	9	0 90	»
Ruban fond blanc, poil ponceau avec grecque pour anniversaire (caractère *sheou*).				
154. *Kwei-hwa*, taffetas tripleté,	16	9	0 90	»
Fond blanc, dessin à fleurs de mauves. (Voir n° 124.)				
155. *Yang-lien*, taffetas tripleté,	18	9	0 90	»
Fond blanc ; le nom du dessin est « nénuphar d'Europe. »				
156. *Tchi-mei*, taffetas tripleté,	14	8	0 90	»
Fond blanc, dessin à « branches d'abricotier. » (Voir n° 2.)				
157. *Tchou-mei*, taffetas tripleté,	15	8	0 90	»
Fond bleu, dessin à « bambous et fleurs d'abricotier. »				
158. *Po-kou*, taffetas tripleté,	16	8	0 90	»
Fond bleu, dessin à « grecque antique. »				
159. *Mei-tié*, taffetas tripleté,	12	7	0 90	»
Fond noir et bords unis. Dessin représentant des fleurs d'abricotier et des papillons.				
160. *Leou-mey*, taffetas satiné lamé,	10	6	0 90	»
Ce ruban, lamé or satin noir, dessin à fleur d'abricotier, est dans le genre des n°s 23 et suivants.				
161. *Wan-tz'*, taffetas satiné lamé,	20	21	2 35	»
Ce ruban lamé argent, satin bleu, représente une grecque dans le genre du n° 142.				

	larg. mill.	poids. gram.	prix. fr. c.	long. les 10 mèt.
162. *Kio-tié*, taffetas satiné lamé,	20	21	2 35	»
Fond lamé or, poil satin noir, dessin de chrysanthèmes et de papillons.				
163. *Po-kou*, taffetas satiné lamé,	20	21	2 35	»
Fond lamé or, poil satin noir, dessin dans le genre du n° 158.				
164. *Kiou-kie*, taffetas satiné lamé,	20	21	2 35	»
Fond lamé or, poil satin noir, dessin de chrysanthèmes et de figures dans le genre de celles du n° 135.				
165. *Si-fan*, taffetas satiné lamé,	20	21	2 35	»
Fond lamé or, poil satin noir, dessin à feuilles étrangères.				
166. *Kwa-tie*, taffetas satiné lamé,	12	13	1 90	»
Fond satin lamé or, à bords unis, dessin représentant « des concombres et des papillons. » Voir n° 128.				
167. *Lieou-kwei*, taffetas satiné lamé,	20	21	2 35	»
Fond lamé or, satin noir, dessin « aux grenades et aux fleurs du cannelier. » Voir n° 75.				
168. *Kin-tsaï-po-kou*, taffetas tripleté,	30	38	4 20	»
Fond lamé or, dessin aux cinq couleurs et grecque antique. Renvoi au n° 158.				
169. *Pa-pao*, taffetas satiné,	20	21	2 75	»
Fond lamé or, satin noir, dessin aux « huit choses précieuses. Voir le n° 90.				
170. *Si-fan*, taffetas tripleté,	15	19	2 10	»
Fond lamé or, dessin dans le genre du n° 165.				
171. *Kwei-loung*, taffetas satiné,	18	19	2 10	»
Fond lamé or, satin noir, dessin à grecque, dite des « mauves et des dragons. » Renvoi au n° 124.				
172. *Sse-yeou*, taffetas satiné,	20	21	2 35	»
Fond lamé or, satin noir, dessin à grecque, dite aux « quatre amis. »				
173. *Pa-pao*, taffetas satiné,	20	21	2 35	»
Fond lamé or, satin noir, dessin aux « huit choses précieuses. » Voir n° 90.				
174. *Kwei-loung*, taffetas satiné,	30	31	3 40	»
Fond lamé or, satin noir, dessin à grecque, dans le genre du n° 171.				
175. *Kwa-tie*, taffetas satiné,	22	23	2 55	»
Fond lamé or, satin noir, dessin dans le genre du n° 166.				
176. *Mei-kio*, taffetas satiné,	20	21	2 35	»
Fond lamé or, satin noir, dessin dans le genre du n° 146.				
177. *Kio-kie*, taffetas satiné,	19	20	2 20	»
Fond et satin comme dans les précédents, dessin à grecque différente du n° 164 dont elle porte le nom.				
178. *Wan-sheou*, taffetas satiné,	35	36	3 95	»
Fond et satin comme dans les précédents, dessin à grecque dont le nom est appelé « dix mille anniversaires. » D'après Gonzalvez, ce nom s'expliquerait par l'âge du souverain, *annos de imperador* : c'est probablement le ruban porté à la fête de l'empereur.				

	larg. mill.	poids. gram.	prix fr. c.	long. les 10 mèt.
179. *Wan-tz'*, taffetas satiné,	31	32	3 55	les 10 m.

Même fond et satin que dans les précédents, dessin à grecque dans le genre du n° 161.

180. *Shoang-tiao, fou-kwei*, taffetas satiné, 31 32 3 55 les 10 m.

Même fond et satin que dans le précédent, dessin à grecque dont le nom ne s'applique pas au dessin.

181. *Fou-tie*, taffetas satiné, 19 50 2 20 les 10 m.

Même fond et satin que dans les précédents, autre grecque aux « chauves-souris et papillons. »

182. *Tchi-mei*, taffetas tripleté, 29 18 1 60 les 10 m.

Fond blanc, dessin aux branches d'abricotier. Voir n° 2.

183. *Kwa-tie-mien mien*, taffetas tripleté, 55 4 0 35 le mètre.

Ce ruban, fond jaune, est à bords unis; il porte deux filets d'or de chaque côté. Le dessin indique, d'après le nom chinois, des « courges et des papillons sans interruption. »

184. *Tie-scheou*, taffetas tripleté. 30 18 1 60 les 10 m.

Fond blanc à franges d'un côté, dessin à papillon et au caractère *sheou* (anniversaire.)

185. *Yu-lo-po-ki*, taffetas tripleté, 30 18 1 60 les 10 m.

Fond comme le précédent. Dessin aux huîtres et aux poissons, « heureux présage. »

186. *Kin-tsien*, taffetas satiné, 37 4 0 35 les 10 m.

Ruban fond blanc, poil satin noir, à bords unis. Le nom signifie « monnaie d'or, » qui a quelque rapport par la forme avec le dessin.

187. *Wan-tz'*, taffetas satiné, 31 18 1 60 les 10 m.

Ruban fond blanc, poil satin noir, dessin à grecque, dans le genre du n° 77.

188. *Po-kou*, taffetas tripleté, 30 18 1 60 »

Fond blanc, grecque à fleurs dans le genre du n° 126.

189. *Kin tsien-fou-sheou*, taffetas satiné, 39 4 0 35 le mèt.

Fond blanc, satin noir, bords unis, dessin représentant le « caractère *sheou* (*anniversaire*) au milieu de monnaies d'or et de chauve-souris. »

190. *Tchoan-kio*, taffetas tripleté, 30 18 1 60 les 10 m.

Fond blanc, à franges d'un côté, dessin à chrysanthèmes enlacées.

191. *Tiao-sheou*, taffetas doubleté, 15 10 0 90 »

Fond blanc, dessin aux fleurs de pêcher et caractère *sheou*.

192. *Seng-kwei*, taffetas façonné, 29 18 1 60 »

Ruban noir : dessin dont le nom désigne l'instrument *seng* et la fleur du cannelier.

193. *I-pin-wang-heou*, taffetas tripleté, 29 18 1 60 »

Fond noir, dessin dont le nom indique un nom de dignité de première classe (*wang-heou.*)

194. *Hou-lou-sheou-siang*, taffetas satiné, 30 18 1 60 »

Fond orange, satin bleu, dessin au caractère *sheou* et à la fleur d'*hedysarum*? W.

	larg. mill.	poids. gram.	prix. fr. c.	long. les 10 mèt.
195. *Tsio-mei*, taffetas tripleté,	29	16	1 40	»
Fond blanc, dessin aux pies et fleurs d'abricotier.				
196. *Leou-tchu*, taffetas et poil,	19	14	1 20	»
Fond blanc, poil noir, dessin de « bambous continus. »				
197. *Lien-seng-kweï-tz'*, taffetas tripleté,	31	18	1 60	»
Fond noir, dessin au nénuphar, à l'instrument *seng* (*flûte de Pan*) et à la fleur du cannellier.				
198. *Hi-sheou*, taffetas et poil,	30	18	1 60	»
Fond blanc, poil noir, dessin au caractère *sheou*, « Anniversaire de réjouissance. » Voir n° 99.				
199. *Loung-pien-tchoan-tchi*, taffetas tripleté,	30	18	1 60	»
Fond noir, dessin « à la bordure de dragons entremêlés de branches. »				
200. *Kwei-loung*, taffetas satiné,	19	14	1 20	»
Ruban lamé or, satin noir, dessin aux mauves. Voir n° 124.				
201. *Tchi-mei*, taffetas tripleté,	16	10	0 90	»
Fond noir, bord à dents, dessin à branches d'abricotier.				
202. *Hou-lou-ta-ki*, taffetas tripleté,	27	16	1 40	»
Fond bleu, dessin représentant la plante du « *cucurbita lagenaria* W. (qui est un pronostic de) grand bonheur. » Renvoi au n° 194.				
203. *Hi-tsio-kio-tie*, taffetas tripleté,	30	18	1 60	»
Fond jonquille, dessin pour « ruban de fête, aux pies, aux chrysanthèmes et aux papillons. »				
204. *Tsio-mei*, taffetas tripleté,	30	18	1 60	»
Fond vert avec filet d'or de chaque côté, dessin représentant des pies et des fleurs d'abricotier.				
205. *Fo-sheou*, taffetas tripleté,	15	9	0 90	»
Fond noir, dessin au fruit sacré (main de Boudha), en anglais *fingered citrus*.				
206. *Pé-sheou*, taffetas et poil,	13	9	0 90	»
Fond noir, dessin au caractère *sheou* en blanc.				
207. *Tchang-tchun-pa-ki*, taffetas tripleté,	27	16	1 40	»
Fond vert, dessin dont le nom signifie « long printemps, huit bonheurs », c'est-à-dire grande abondance.				
208. *Lien-tao-sheou*, taffetas et poil,	35	21	1 85	»
Fond blanc, dessin au caractère *sheou*, avec nénuphar et pêcher.				
209. *Ping-mei*, taffetas tripleté,	26	15	1 35	»
Fond blanc, dessin dans le genre du n° 129.				
210. *Tchouan-kio*, taffetas tripleté,	16	10	0 90	»
Fond bleu, dessin dans le genre du n° 190.				
211. *Si-fan*, taffetas tripleté,	15	10	0 90	»
Fond blanc, dessin dans le genre du n° 170.				
212. *Sheou-ho*, taffetas tripleté,	29	18	1 60	»
Fond blanc, dessin au caractère *sheou* et à la cigogne. Suivant Gonzalvez, *ho* est le cigne.				

	larg. mill.	poids. gram.	prix. fr. c.	long. les 10 m.
213. *Kwei-hwa*, taffetas tripleté,	36	22	1 90	»
Fond gris lilaté, dessin aux mauves. Voir n° 124.				
214. *Foung-tchoan-meou-tan*, taffetas tripleté,	27	16	1 90	»
Fond blanc, dessin aux phénix et *meou tan*. Voir n° 3.				
215. *Po-kou*, taffetas tripleté,	16	10	0 90	»
Fond blanc, dessin dans le genre du n° 188.				
216 *Shoang-yu-ki-king*, taffetas tripleté,	27	16	1 40	»
Fond blanc, dessin aux « deux poissons, heureux présage. »				
217. *Kwei-loung-fou-sheou*, taffetas tripleté,	37	4	0 35	le mètre.
Fond blanc à bords unis, dessin dans le genre du n° 132.				
218. *Ou-tsaï-yun-fou*, taffetas tripleté,	27	16	1 40	les 10 mèt.
Fond blanc, à bord frangé, dessin aux « nuages et papillons à cinq couleurs. »				
219. *Po-kou-mei-tié*, taffetas tripleté,	29	17	1 50	»
Fond bouton d'or, dessin à grecque antique, enlaçant des fleurs d'abricotier et des papillons.				
220. *Kwei-loung-sheou-siang*, taffetas satiné,	37	4	0 35	le mètre.
Ruban à bords unis, fond blanc, poil noir, employé pour représentations publiques et représentant des mauves, des dragons, le caractère *sheou* et des éléphants.				
221. *Pa-pao*, taffetas tripleté,	28	16	1 40	les 10 m.
Ruban frangé, fond bouton d'or, dessin dans le genre du n° 90.				
222. *Ki tsiang*, taffetas tripleté,	31	18	1 60	»
Fond noir, dessin à « heureux présage. »				
223. *Toung-lo foung-nien*, taffetas satiné,	38	4	0 35	le mètre.
Ruban à bords unis, fond blanc, poil noir, de même emploi que le n° 220. Dessin représentant des « enfants se réjouissant d'une abondante année. »				
224. *Tie-mei*, taffetas tripleté,	30	18	1 60	les 10 m.
Ruban frangé, fond noir, dessin représentant des papillons et des fleurs d'abricotier.				
225. *Fo-sheou-kio*, taffetas tripleté,	30	18	1 60	les 10 m.
Fond coquelicot, dessin à fruits sacrés et chrysanthème. Voir n° 205.				
226. *Tchoung taï-fen pié*, taffetas satiné,	36	4	0 35	les 100 m.
Ruban à bords unis, fond blanc, poil noir, destiné aux cérémonies religieuses, et dessin représentant des ustensiles de sacrifices. Le texte difficile à expliquer semblerait indiquer, d'après Medhurst, que le ruban sert à « *distinguer le serviteur des serviteurs* » probablement le bonze chargé des sacrifices.				
227. *Jou-i-hi-sheou*, taffetas tripleté,	29	18	1 60	le mètre.
Fond coquelicot, dessin dans le genre du n° 99.				
228. *Yu-lo pa-ki*, taffatas et poil,	31	18	1 60	les 10 m.
Fond blanc, satin noir, dessin dans le genre du n° 185.				

	larg. mill.	poids. gram.	prix. fr. c.	long.
229. *Kwei-loung-pa-ki*, taffetas et poil,	58	4	0 35	le mètre.

Ruban à bords unis, fond blanc, satin noir, dessin dans le genre du n° 133.

230. *Pa-pao*, taffetas et poil,	28	17	1 50	»

Ruban à franges, fond blanc, satin noir, dessin aux huit choses précieuses.
Renvoi au n° 90:

231. *Soung-tchu-ing-hiong*, taffetas et poil,	30	18	1 60	»

Fond blanc, le texte semble indiquer que ce ruban qui porte des dragones fantastiques, est destiné à célébrer les héros.

232. *Wan-sheou fou-kwei*, taffetas et poil,	57	4	0 35	»

Ruban à bords unis, fond blanc, satin noir, destiné aux fêtes et anniversaires, ainsi que l'indique son nom.
Renvoi au n° 244.

233. *Mei-lan kio-tie*, taffetas et poil,	31	18	1 60	les 10 m.

Ruban à franges, fond blanc, satin noir, dessin aux fleurs d'abricotier, de Magnolia (voir n° 82), de chrysanthèmes et de papillons.

234. *Ho-sheou*, taffetas tripleté,	9	6	0 90	»

Fond bleu, dessin dans le genre du n° 212. On remarque la petite différence qui existe dans le nom et dans le dessin du n° 212, c'est-à-dire que, dans le premier, le signe est placé devant, et, dans le dernier, il est derrière.

235. *Kong-heou-fou-kweï*, taffetas tripleté,	30	18	1 60	»

Fond blanc, dessin dont le nom signifie dignité publique, richesses et honneurs.

236. *Pa-pao*, taffetas et poil,	45	27	3	»

Fond blanc, or, satin noir, dessin aux «huit choses précieuses,» voir n° 90.

237. *Hi-pao-san-youen*, taffetas tripleté,	29	18	1 90	»

Fond blanc, dessin dans le genre du n° 92.

238, *Ki-tsiang*, taffetas tripleté,	13	9	1 »	»

Fond bleu, dessin dans le genre du n° 222.

239. *Ou-tsaï-pa-pao*, taffetas tripleté,	29	35	3 85	»

Fond lamé or, satin blanc, dessin aux «huit choses précieuses à cinq couleurs.»

240. *Kwei-loung-ing hiong*, taffetas et poil,	52	4	0 35	le mètre.

Ruban à bords unis, fond lamé argent, satin bleu, et dont le nom signifie *mauves, dragons et héros.*
Renvoi au n° 231.

241. *Mei-lan-kio-tie*, taffetas et poil,	29	18	1 60	les 10 m.

Ruban à franges, fond lamé or, satin noir, dessin dans le genre du n° 233.

242. *Kwei-loung kio kie*, taffetas et poil,	29	18	1 60	»

Fond lamé or, satin noir, dessin dans le genre du n° 124.

243. *Ta-wan-tz*, taffetas et poil,	57	4	0 35	le mètre.

Ruban à bords unis, fond lamé or, satin noir, dessin à grande grecque.
Voir n° 77.

larg. mill. — poids. gram. — prix. fr. c. — long.

244. *Wan-sheou-fou-hwei*, taffetas et poil. 31 18 1 60 les 10 m.
Ruban à frange, fond lamé or, satin noir, dessin dont le nom signifie dix mille *sheou* (anniversaire), richesses et honneurs.

245. *Ing-hiong-fou-sheou*, taffetas et poil, 19 11 1 20 »
Fond lamé or, satin noir, dessin dont le nom signifie héros, richesses et honneurs.

246. *Kwei-loung-mei-kio*, taffetas et poil, 68 7 0 77 le mètre.
Ruban à bords unis, fond lamé or, satin noir, dessin aux mauves, aux dragons, aux fleurs d'abricotier et chrysanthème.

247. *Mei-lan-kio-tchou*, taffetas et poil, 23 24 2 65 les 10 m.
Fond lamé or, satin noir, dessin « aux fleurs d'abricotier, de magnolia, aux chrysanthèmes et aux bambous. »

248. *Po-kou-pa-pao*, taffetas et poil, 30 31 3 45 »
Fond lamé or, satin noir, dessin « grecque antique, aux huit choses précieuses. »
Voir n° 90.

249. *Po-kou-ing-hiong*, taffetas et poil, 57 5 0 55 le mètre,
Ruban à bords unis, fond lamé or, satin noir, dessin représentant « une grecque antique en mémoire des héros. »
Renvoi au n° 231.

250. *Eull-loung-tsing-tchu*, taffetas et poil, 28 29 3 20 les 10 m.
Ruban à frange, fond lamé or, satin noir, dessin représentant « deux dragons se disputant une perle. »

251. *Kweï-loung-sheou-lou*, taffetas et poil, 30 31 3 45 »
Fond lamé or, satin noir, dessin aux « mauves, aux dragons, aux *sheou*, aux cerfs. »

252. *Loung-foung-haï-ou*, taffetas et poil, 58 5 0 55 le mètre.
Fond lamé or, satin noir, dessin aux « dragons et aux phénix habitant les mers. »

253. *Yu-lo-pa-ki*, taffetas et poil,
Fond lamé or, satin noir, dessin aux « huit bonheurs, poissons et coquillages. »

254. *Song tchu-ing-hiong*, taffetas et poil, 29 30 3 30 les 10 m.
Fond lamé or, satin noir, dessin dans le genre du n° 251.

255. *Meï-lan-hio-tchu*, taffetas et poil, 29 30 3 30 »
Ruban à bords unis, lamé argent, satin noir. dessin dans le genre du n° 247.

256. *Wan-tz'-hwa tié*, taffetas et poil, 29 30 3 30 «
Ruban à frange, lamé or, satin noir, dessin aux « dix mille fleurs de *kwa* et papillons. Voir le n° 166.

257. *Po-kou-yu-kie*, taffetas et poil, 30 31 3 45
Fond lamé or, satin bleu, dessin à la grecque antique avec mélange de poisson.

258. *Hi-tsio-teng-mei*, taffetas et poil, 56 5 0 80 »
Ruban à bords unis, fond lamé or, satin cramoisi, dessin représentant des « pies jouant sur des branches d'abricotier. «

	larg. mill.	poids. gram.	prix. poids.	long. les 10 mèt.
259. *Po kou-lou-tsing*, taffetas et poil,	29	30	3 50	«

Ruban à frange, fond lamé or, satin bleu, dessin à grecque antique avec urnes et vases à parfums.

260. *Pa-pao*, taffetas et poil,	30	31	3 45	

Fond lamé or, satin noir, dessin aux huit choses précieuses. Voir n° 90.

261. *Shin-leou-haï-shi*, taffetas et poil,	57	5	0 55	le mètre.

Ruban à bords unis, fond lamé or, satin noir, dessin représentant un marché fantastique avec tours sur le bord de la mer (Basile au caractère *shin*).

262. *Kweï-loung-sse-yeou*, taffetas et poil.	30	31	3 45	les 10 m.

Ruban à franges, fond lamé or, satin noir, dessin aux mauves et aux dragons et à grecque dans le genre du n° 172.

263. *Kweï-loung-pa-pao*, taffetas et poil,	57	38	4 20	»

Fond lamé or, satin noir, dessin aux « mauves, aux dragons et aux huit choses précieuses. » Voir n° 90.

264. *Kwei loung-kou-sien*, taffetas et poil,	56	5	0 55	

Ruban à bords unis, fond lamé or, satin noir, dessin aux « mauves, avec dragons, et au génie antique. »

265. *Fei-kin-tseou-sheou*, taffetas et poil,	57	38	4 20	

Ruban à franges, fond lamé or, satin noir, dessin aux « oiseaux qui volent et aux animaux qui courent. »

266. *Jin-wé-pa-sien*, taffetas tripleté,	30	18	1 60	

Fond blanc, dessin aux huit personnages immortels (*jin-wé*, personnages d'après Prémare.

267. *Se-tz'-yun-fou*, taffetas tripleté,	76	5	0 45	le mètre.

Ruban à bords unis, fond blanc, dessin aux « lions, aux nuages et aux chauves-souris.

268. *Hou-foung-ou-niao*, taffetas tripleté,	31	18	1 60	»

Ruban à franges, fond blanc, dessin aux « vases, aux phénix et aux cinq oiseaux. »

Renvoi pour la fabrication de tous les rubans de la collection au tableau 3 du n° 349, industrie de Ning-po, au métier à banc n° 650, ainsi qu'aux planches 68, 72, 93 et 95 des dessins de Tin-kwa et aux planches 103, 105, 106, 111, 112 et 114 des dessins de Sun-kwa placés à la fin de la deuxième partie du Catalogue.

COSTUMES ET VÊTEMENTS.

818. * *Niu-kou*, pantalons en crêpe ponceau, façonné, à bordures brodées.

819. * *Toung-tz'-pou*, vêtement de satin brodé pour enfant.

820. * *Tcheou-pou*, veste de couli, en taffetas teint et gommé au *shou-liang*, ou gambier.

821. * *Tcheou-kou*, pantalon de même genre.

822. * *Tcheou-po*, camisole en foulard décrué et apprêté.

823. * *Tcheou-kou*, pantalon en *mien-tcheou*, popeline coton.

824. * *Kwan*, bonnet de magistrat, à bouton blanc. Cette couleur indique les dignitaires inférieurs.

825. * *Ting-mao*, bonnet d'homme du peuple, à pompon.

826. * *Mao*, bonnet de matelot.

827. * *Ting-mao*, bonnet de commis.

828. * *Niu-hiai*, petits souliers pour femme chinoise.

829. * *Niu-hiai*, souliers, en soie brodée, pour femme tartare.

830. * *Niu-hiai*, souliers de batelière.

831. * *Niu-hiai*, souliers d'ouvrier.

832. * *Hong-kwan*, bonnet d'officier, à bouton rouge. Cette couleur est la distinction des grades supérieurs.

833. * *Hiang-tsio-mo*, calotte brodée or.

834. * *Hiang-tsio-mo*, calotte en crin.

835. * *Hiang-tsio-mo*, calotte en velours.

836. * *Yang-mao*, chapeau Gibus, monté à Canton, sur un modèle de Paris.

VÊTEMENT D'UN HABITANT DU TON-KING.

837. * Bonnet.

838. * Collier.

839. * Camisole, voir N° 270 de la première partie.

840. * Mouchoir imprimé.

841. * Ceinture noire imprimée.

842. * Pantalon cerise brodé.

843. * Bas blancs.

844. * Souliers avec dessins.

845. * Kabaye, ou robe de chambre, en foulard du Japon.

846. Oreiller en cuir.

847. Pipe.

848. Éventail.

849. Hamac en cordes de *ma*, *canabis indica.*

COSTUME D'OUVRIER ET DE MARCHAND.

850. * *Hong-wi-mo,* chapeau en feutre, à franges en soie ponceau, employé dans les courses au dehors.

851. * *Hiang-tsiou-mo*, bonnet en satin pour porter dans l'intérieur des maisons ou dans les bateaux pour remplacer le chapeau.

852. * *Sio-mo-tseu*, calotte placée à l'intérieur du chapeau ou du bonnet, servant à tenir la queue des personnes privées de cheveux.

853. * *Pie-tseu*, queue en cheveux avec bout en soie.

854. * *Pou-sain,* chemise en tissu de coton.

855. * *Ma*, bas en tissu de coton.

856. * *Ma-ta,* jarretières en taffetas de bourre de soie.

857. * *Kou-tz'*, caleçons en tissu de coton.

858. * *To-kou*, cuissards fourrés en *ling*, damas bleu.

859. * *Kou-tz'-ta,* ceinture en tissu de bourre de soie, pour retenir les caleçons.

860. * *Ka-kou*, culotte de soie.

861. * *Ka-kou-ta*, ceinture pour retenir les culottes.

862. * *Ting-tz'*, collier de velours garni de satin.

863. * *Ling-ka-tz'*, support du collier.

864. * *Jin-fou*, pèlerine satin uni gros bleu.

865. * *Kao-ka-tz'*, tunique longue, en brillantine violette, modèle employé par les missionnaires catholiques dans l'intérieur de la Chine.

866. * *Mo-ko*, pardessus riche, porté pendant les courses à pied.

867 * *Sio-mio*, pardessus ordinaire porté pendant le voyage en bateau.

868. * *Ha-tz'*, souliers.

869. *Shin*, éventail en papier.

870. *Shin-tcha*, porte-éventail.

871. *Yen-tong*, pipe longue.

872. *Yen-taï*, étui à tabac.

873. * *Yen-tching-taï*, étui à porter les lunettes.

874. * *Wa-taï*, jarretières en soie.

875. * *Si-taï*, genouillères en crêpe noir.

876. * *Ho-pao*, bourse en laine, brodée en soie, attachée par devant à la ceinture.

877. *Yen-king*, lunettes avec attaches derrière l'oreille.

878. * *Sheou-pé*, mouchoir en *shou-lo*, foulard à fil de tour.

879. * *Sheou-tao*, gants en crêpe, à l'usage des Européens établis en Chine. Les indigènes emploient des gants en filets appelés *sheou-li*. En voir la fabri-

cation à la planche 116 des dessins de Sun-Kwa. Ce costume est celui porté par M. Hedde, dans son excursion à Sou-Tchou.

COSTUME DE DIGNITAIRE CHINOIS.

880. * *Kwan*, bonnet pointu, en satin bleu, orné de franges en soie ponceau et surmonté d'un bouton bleu, signe de distinction élevée.

881. *Yen-king*, lunettes. Les meilleurs verres sont en cristal de roche de Tchang-Fou, dans le Fokien.

882. * *Jin-fou*, pélerine en sergé *ning-tcheou* gros bleu, à médaillons.

883. * *Kao-ka-tz'*, tunique longue taffetas bleu avec médaillons en sergé.

884. * *Ké-sz'-wang-pou*, robe de dignitaire chinois, en étoffe espoulinée appelée *ké-sz*, par un procédé particulier dans le genre des Gobelins. Renvoi au N° 704 précédent.

885. * *Wei*, bottes en satin noir.

886. * *Sheou-pé*, mouchoir de main.

887. * *Ji-pan-san*, parasol du Japon, en papier peint.

888. * *Ke-sz'-mang-pou*, tunique de dignitaire.

Ce vêtement se compose de deux pièces, chacune de 2,82 mètres de longueur, sur 64 centimètres de largeur. Ces pièces sont réunies par une couture qui règne sur la moitié de la longueur, de sorte qu'une partie forme le haut et l'autre le bas du vêtement.

Au milieu est un vide circulaire de 32 centimètres de diamètre, qui est l'ouverture du cou. Là, se place un collier, tissé à part, de 12 centimètres de largeur, laissant un vide intérieur de 20 centimètres.

La partie droite du devant du vêtement est détachée. Elle est cintrée et forme une patte qui s'attache sur le côté gauche par un bouton de métal. On y applique une bordure, tissée à part, de 12 centimètres de largeur.

Dans la partie supérieure et de chaque côté sont les épaulettes, figurées, comme le reste du dessin, par des dragons fantastiques. A la suite sont les manches, auxquelles on adapte des bordures de 12 centimètres de largeur et tissées à part.

Le tissu est un foulard à 1 fil cru en dent, et le dessin représente des figures fantastiques, des nuages et des rayures à couleurs bigarrées et dont la direction, en biais, a été donnée par un apprêt appliqué après le tissage.

La distinction des fonds différents qui se remarquent dans ce tissu remarquable, est indiquée dans la légende du dessin exécuté par M. Bouthoux, élève de Saint-Pierre, à Lyon.

COSTUME DE JEUNE FEMME ÉLÉGANTE DE LA CLASSE OUVRIÈRE.

889. *Tong-hwa*, fleurs artificielles.

890. *Ta-so*, grand peigne, en écaille noire, pour les cheveux.

891. *Siao-so*, quatre petits peignes pour soutenir l'arrangement des cheveux.

892. *Tcha*, aiguilles longues dorées, pour les cheveux.

893. *Yu-nghé*, bracelets de jade.

894. *Sou-pao*, ferronnière en velours et broderies.

895. *Eull-pin*, pendants d'oreilles en verroteries.

896. * *Kien-taï*, écharpe à franges, impression et peinture du Japon.

897. * *Tié-taï*, cordon en soie ponceau.

898. * *Hiang-tcha*, sachet à essence, brodé.

899. * *Yen-tcha*, étui à tabac.

900. * *Foung-ling*, collier en soie.

901. * *Shin*, éventail.

902. *Shin-tcha*, porte-éventail.

903. *Yen-tong*, pipe.

904. * *Sheou-pé*, mouchoir en *hwa-lo*, foulard jonquille, à fil de tour, façonné et brodé.

905. * *Niu-fou*, pélerine en crèpe façonné céleste, avec

bordure en satin blanc brodé, rubans unis lamés or, et rubans taffetas unis ombrés.

906. **Pao-ngo*, robe en *hwa-sha* vert clair, avec impressions et peintures représentant les *pa-pao* ou huit choses précieuses de la Chine. Voir N° 90 de la grande collection des rubans.

907. **Wei-kiuen*, tabliers en crêpe imprimé et peint du Japon, avec bordure brodée.

908. **Ngo*, pardessous en *hwa-sha*, gaze damassée brodée, avec bordure satin rayé noir, bleu et blanc.

909. *Niu-hiai*, petits souliers, de 88 millimètres de longueur, à talons de bois et à bordures de rubans lamés.

910. **Mien-taï*, attaches intérieures, en toile de coton, pour comprimer le pied.

911. *Tchan-taï*, attaches extérieures en soie et à franges.

912. *Hwa-shou*, livre de peintures et de fleurs.

913. *Si-kwan*, miroir, fabrique de Canton.

914 à 939. *Sz'-Kiay*, description par tableaux de l'industrie de la soie en Chine.

Renvoi au Catalogue de l'exposition de Lyon, 1° pour les 36 dessins coloriés de You-kwa ; 2° pour les 144 dessins au trait noir de Sun-kwa ; 3° pour les 144 dessins au trait noir de Tin-kim ; 4° pour les 23 planches de la partie sérigène du *Kang tchi-tou* ; 5° pour les 32 planches du *Tsan-sang-ho pien* ; 6° pour les divers autres albums, dont le détail n'a pu être inséré ici, par suite d'événements imprévus. Renvoi, d'autre part, au supplément inséré aux n°s 1082 et suivants de la troisième partie du Catalogue.

FIN DE LA DEUXIÈME PARTIE.

TROISIÈME PARTIE.

萬華貨物解

EXPOSITION

DES

PRODUITS DIVERS DE LA CHINE.

OBSERVATIONS PRÉLIMINAIRES.

Dans les deux premières parties précédentes, on a mentionné, d'abord, les objets qui se rapportent particulièrement aux contrées visitées par M. Hedde, et puis, ceux qui concernent spécialement l'industrie de la soie en Chine. Dans cette troisième et dernière nomenclature, on citera les objets différents qui ont été recueillis par ce délégué, et qui sont d'un intérêt plus général. Ils comprendront quatre catégories, savoir : l'histoire naturelle, l'agriculture, les arts et le commerce.

HISTOIRE NATURELLE.

940 Minéraux divers des côtes de la Chine.

941 Houilles diverses.

Ces substances ont été déterminées, à Lyon, par M. Jourdan, conservateur du muséum de zoologie, au palais St-Pierre. Renvoi aux n°s 1 à 57 du catalogue de l'exposition de Lyon.

942 Coquilles.

Les échantillons ont été classés par M. Terver, naturaliste à Lyon. Renvoi aux n°s 691 à 734 du catalogue de l'exposition de cette ville.

943 * *Hiai-pang-loui*, dessins coloriés sur papier de moelle d'arbre, représentant des coquilles terrestres, fluviatiles et marines de la Chine.

1, Pêcher, Cassis. 2, Pyrula. 3, Turbo ou Delphenalia. 4, Triton, Purpura, Pyrula ou Cassis. 5, Voluta, Phasianella, Trochus, Pyrula. 6, Tube, Fusus, Natica. 7, Cancellaria, Voluta, Voluta. 8, Harpa. 9, Pyrula, Pyrula, Méconnaissable, Voluta. 10, Voluta. 11. Voluta, Murex, Purpura. 12, Diverses.

Toute la collection, au nombre de 132 planches, dont chacune comprend plusieurs sujets, a été soumise à M. Terver, naturaliste à Lyon, qui a déterminé presque toutes les coquilles. Renvoi aux n°s 48 à 168, et 735 à 746 du catalogue de l'exposition de cette ville.

944 * *Yu-loui*, dessins coloriés sur papier de moelle d'arbre, représentant les poissons des rivières et des mers de la Chine, déterminés par M. Vignal, préparateur de chimie au muséum de zoologie, au palais Saint-Pierre, à Lyon.

1, Cyprin. 2, Percoïde, Centropiste. 3, Percoïde, Cirrhitte, Saurus. 4, Percoïde. 5, Sole, Percoïde, Demi-bec, Brochet. 6, Percoïde, Espèce de lotte, Squille. 7, Percoïde. 8, Percoïde, Turbot, Lotte. 9, Cyprin. 10, Cyprin, Squale, Requin-Roussette. 11, Percoïde. 12, Espèce d'Anableps, Cyprin.

Renvoi, pour la suite de la collection qui comprend 132 planches, aux n°s 204 à 335 du catalogue de l'exposition de Lyon.

945 *Kwan-tchong-loui*, dessins coloriés, sur papier de

moelle d'arbre, représentant les insectes de la Chine, déterminés par M. Perret, préparateur de chimie, au muséum de zoologie, au palais Saint-Pierre, à Lyon.

1 (Hyménoptère.) (Orthoptère.) Xiphium. (Coléoptère). Copris (Hémiptère). Pentatome.
2 (Hymén. Orth.) Blatte. (Arachnide). Mygale.
3 Guêpes avec nids.
4 (Hymén.) Pelopées. Libellule. (Coléop.) Copris, Longicorne.
5 Ichneumon. Mygale. Blatte.
6 (Hymén.) Libellule. Grillet: Cicadelle. Copris. Locuste. Chenille de Sphinx.
7 (Hymén.) Fulgore. Locuste. Copris. Chenille de Sphynx.
8 (Hymén.) Cicadelle. Copris. Conocéphale.
9 Cigale. Hélice. Ranette. Grillet.
10 (Hymén. Hémipt.) Chenille. Locuste. (Coléopt.) Hétéromère. (Orthopt.) Conocéphale. Vanesse. (Hémipt.) Punaise d'eau singulière. Punaise de terre.
11 (Orthopt.) Mante. (Coléopt.) Longicorne et Bupreste. Chrysoméline.
12 ?

Renvoi, pour la suite de la collection, aux n°s 547 à 569 du catalogue de l'exposition de Lyon.

946 **Hou-tié-loui*, dessins coloriés sur papier de moelle d'arbre, représentant les papillons de la Chine, déterminés par M. Perret, de Lyon.

1, Papillons proprement dits, Sarpedon, Polites, Piérides. 2, Polites, Danaïdes, Piérides. 3, Piérides. 4, Nymphale très-beau, Piérides. 5, Piérides. 6, Nymphales et Piérides. 7, Voisin des Démoles, Piérides. 8, Papillons, Héliconées, Nymphales et Piérides. 9, Nymphales, Mysipes, Piérides et Coliades. 10, Polites, Nymphales, Coliades. 11, Voisin des Polites, Coliades, Piérides. 12, Voisin d'Agénor.

Renvoi, pour la suite de la collection, aux n°s 513 à 546 du catalogue de l'exposition de Lyon.

947 **Fei-kin-loui*, dessins coloriés sur papier de moelle d'arbre, représentant les oiseaux de la Chine, déterminés par M. Perret, de Lyon.

1 Oiseau du Paradis, Grand Emeraude, *Paradisea apoda*, sur un arbre de fantaisie.

2 Promérops? sur un rameau de Sideroxylon.

3 Faisan argenté, *Phasianus Nicthimirus* (linnée).

4 Espèce de Loriot, voisin de l'*Oriolus Chinensis*.

5 Padda Orizyvora, sur une branche de bois d'Amboine.

6 Faisan, voisin du *Chinensis*, avec un rameau d'amaudier nain, *Amygdalus nana*.

7 Deux Bengalis sur un *Serissa fœtida?*

8 Deux Gobe-Mouches[1], avoisinant le genre Pomatorrhin, sur une jolie plante, *ex Genere ignoto*.

9 Jolie espèce de Tragepan, très voisin du Satyrus, sur un bambou.

10 Charmant perroquet, le Lori *Garrulus*.

11 Faisan, voisin du *Chinensis*.

12 Phibalure de Vieillot, sur un pêcher nain de la Chine.

Renvoi, pour la suite de la collection, aux n°s 570 à 615 du catalogue de l'exposition de Lyon.

948 **Kwo-tz'*, dessins coloriés sur papier de moelle d'arbre, représentant les fruits de la Chine, déterminés par M. Perret, de Lyon.

1 Arboisier avec fruits, *Li-tchi dimocarpus*, B. *Euphoria*, *Li-tchi*, W.

2 Concombre, Cucumis, P.

3 Dolichos et pommes.

4 Fruits d'*Artocarpus*, arbre à pain, Rameau portant des prunes, *Red heart plum*, B. Les feuilles sont composées probablement par erreur.

5 Bizarre légumineuse avec des fruits ouverts, bois d'Amboine.

6 Goyaviers avec fruits, *Guava*, B.

7 Raisins sauvages, Espèce de Bryone, P.

8 Pistachiers.

9 Melon d'eau, *Water melon*, B. *Cucurbita Citrulus*, W.

10 Plaqueminier Diospyros, *Diospyros*, B.

11 Rameau de Rosacée, avec des fruits longuement pedonculés, ressemblant à des fruits d'amandiers.

12 Ananas.

Renvoi, pour la suite, aux n°s 616 à 651 du catalogue de l'exposition de Lyon. M. Blansubé, d.-m., membre de la Société d'Histoire naturelle de Saint-Etienne, prépare un beau travail sur cette collection.

949 **Ming-hwa-loui*, dessins coloriés, sur papier de moelle d'arbre, représentant les différentes fleurs de la Chine, déterminés par M. Perret, de Lyon.

1, Camélia, Myrthe. 2, Myrthe, Myctaginée. 3, Amaranthe, Dianthus. 4, Amygdalus pana, Orange. 5, *Hotta sinensis*. 6, Azédérac. 7, Nymphea, Lotos. 8, Rose, Spomea, 9, Ixora Coccinea, Azédérac? 10, Rose, Myrthe. 11, Althea. 12, Composée, Caryophilées.

Renvoi, pour la suite, aux n°s 664 à 685 du catalogue de l'exposition de Lyon.

950 *Dessins coloriés, sur feuilles naturelles de *Pou-tai*, représentant des fruits, des fleurs et des personnages.

951 * Grands tableaux, pour tapisserie, représentant des sujets d'histoire naturelle.

1 Oiseau de la famille des passereaux du genre jaseur, sur l'arbre *Sha-li*, du genre *malus*.
2 Faucon dévorant un Bengali.
3 Oiseau de proie attaché.
4 Bièvre, avec amarante et malvacée.
5 Oiseau de la famille des passereaux, sur un arbre portant des fleurs rouges, de la forme du lys, O. (1).
6 Héron pourpré et nénuphar, O.
7 Héron blanc et pin, O.
8 Coq sauvage et pivoine, O.
9 Pyroles sur un amandier à fleurs blanches.
10 Pies sur un pin.
11 Faucon sur une branche morte et liane.
12 Bengali sur un amandier et feuilles de bananier.
13 Faisan à colier et malvacée.
14 Geai, sur un rhus.
15 Canard et bananier.
16 Lagopède, genre tetras, sur un tronc de *Kou*, (Broussonetia papyrifera) et chrysenthèmes.
17 Faucon dévorant un Bengali sur un pin entouré de lianes.
18 Coq de Chine sur un rocher et roseau.
19 Martin-pêcheur et petits poissons.
20 Philidon sur azédérac.
21 Pyroles sur diospyros.

(1) Les tableaux marqués d'un O sont sur fond semé d'or; les autres sont sur papier blanc ordinaire : ils sont tous exécutés au pinceau.

22 Perruche et amandier.
23 Héron blanc et nénuphar.
24 Bengali sur amandier, O.
25 Héron pourpré et nénuphar, O.
26 Canard de la Chine et saule.
27 Martin-pêcheur, et malvacée.
28 Guêpiers sur azédérac, O.
29 Faisan et pivoine, O.
30 Chat guettant un papillon et pivoine.
31 Héron blanc et nénuphar.
32 Bec-fins sur un rocher.
33 Veuves sur amandier et grenadier.
34 Bengalis sur amandier et bambou, O.
35 Tourterelles sur un rocher et azédérac, O.
36 Bergeronnettes et amandier nain.
37 Faucon sur un cyprès, guettant un Bengali.
38 Gallinacées et Bengali, O,
39 Gallinacées et Bengali, avec azédérac, O.
40 Canard et saule.
41 Oiseau de la famille des passereaux, dans le genre cardinal avec lys.
42 Ecureuil et vigne sauvage.
43 Bengalis sur amandier et malvacée.
44 Vase contenant un bouquet de fleurs, et mime.
45 Bengalis et Jacinthe.
46 Canard et saules.
47 Lapin et chrysenthème.
48 Faisan, mâle et femelle, avec bambou.
49 Canard avec liserons.
50 Tourterelles sur cyprès.
51 Chasse à cheval en Tartarie, avec l'arc et la lance. Faucon chasseur, Canards sauvages et Bec-fins, Lévriers, Lièvres, Biches, Chat sauvage, Pins et autres végétaux communs dans le pays.

Ces sujets ont été classés par M. Offray jeune, enthomologiste à Saint-Etienne.

952 *Pan-tsao* ou livre des plantes.

Cet ouvrage est divisé en 37 chapitres, sous cinq grandes nomenclatures, savoir :

1° Tsao, les herbes.
2° Kou, les grains.
3° Tsaï, les végétaux.
4° Kwo, les fruits.
5° Mou, les arbres.

La première est subdivisée en neuf chapitres qui comprennent 1° les plantes de montagne ou sauvages, 70 espèces, telles que le liquoris, le ginseng, le narcisse, etc.; 2° les plantes odoriférantes, 56 espèces, telles que *pivoine*, le curcuma, etc.; 3° les plantes marécageuses, 126 espèces, telles que le bananier, les chrysenthèmes, etc.; 4° les plantes nuisibles ou vénéneuses, 27 espèces, telles que la rhubarbe, le baume, etc.; 5° les plantes rampantes, 73 espèces, telles que l'esquine, le concombre, etc.; 6° les plantes aquatiques, 22 espèces telles que les acorus, les azolla, etc.; 7° les plantes qui vivent dans les terrains rocailleux, 19 espèces, telles que les fougères, les saxifrages, etc.; 8° les plantes de la famille des mousses, des lichens comptent 16 espèces; 9° les plantes diverses dont on ne fait pas usage en médecine, comptent en totalité 162 espèces différentes.

La seconde nomenclature est celle des grains. Elle comprend trois chapitres principaux : 1° La famille du chanvre, du blé, du riz, etc., en 12 espèces; 2° la famille du maïs, du millet, etc., en 18 espèces, la famille des légumes, en 14 espèces; 3° la famille des substances susceptibles de fermentation, en 29 espèces.

La troisième nomenclature est celle des végétaux propres à la nourriture. Elle comprend cinq chapitres : 1° Les plantes piquantes, en 22 espèces, telles que la moutarde, le gingembre, etc.; 2° les plantes douces et juteuses, en 41 espèces, telles que les lys, les rejetons de bambous, etc.; 3° les végétaux à fruits qui reposent sur le sol, en 11 espèces, telles que les tomates, les melons, etc.; 4° les végétaux aquatiques, en 6 espèces, telles que les *fucus*, les algues, etc.; 5° Les plantes de la famille des champignons et des mousserons, en 15 espèces.

La quatrième nomenclature comprend six chapitres : 1° Les fruits cultivés, en 11 espèces, dans le genre de la prune, de la datte, etc.; 2° les fruits sauvages, en 34 espèces, telles que l'orange, le citron, etc.; 3° les fruits étrangers, en 32 espèces, telles que la figue, la noix d'arec, etc.; 4° la famille des aromates, en 14 espèces, telles que le poivre, le thé, etc.; 5° les fruits portés sur le sol, en 9 espèces, telles que le raisin, la canne à sucre, etc.; 6° les fruits aquatiques, en 6 espèces, telles que la noisette d'eau, le caladium, etc.

La cinquième nomenclature comprend six familles d'arbres : 1° les bois aromatiques, en 35 espèces, telles que le camphre, le canelier, etc.; 2° les bois durs, en 25 espèces, telles que le tamarinier, l'arbre à vernis, etc.; 3° les arbres à végétations luxuriantes, en 50 espèces, telles que le mûrier, le cotonier, etc.; 4° les arbres parasites, en 12 espèces; 5° les bois flexibles, en 4 espèces, telles que les bambous, etc.; 6° les arbres divers comprenant 27 espèces.

L'ouvrage comprend, en tout, 30 familles et 1,094 espèces; renvoi à la partie botanique de la chrestomathie de Bridgman.

953 *Po-voue-tchi*, livre des toutes choses.

Cet ouvrage, en 32 volumes, donne beaucoup de détails sur toutes les substances indigènes de la Chine. En parlant de la soie, il dit qu'elle se recueille principalement dans les provinces suivantes :

1° Kiang-nam, département de Soung-kiang et Kwan-té.
2° Hou-pé, département de Ngan-lou.
3° Sse-tchuen, département de Shun-king.
4° Shan-tong, département de Toung-tchang.
5° Kwang-toung, département de Kwang-tchou.
6° Tché-kiang, département 1° de Shao-hing, où l'on fabrique les foulards *tcheou*, très remarquables ; 2° de Kia-shing, d'où viennent les fameux satins brochés lamés, appelés *kin-twan*, les plus beaux de la Chine ; 3° de Siou-Shouei, où se fabriquent ces belles étoffes *yun-kiuen*, gros de Naples à dessins de nuages ; 4° de Hang-tchou, d'où viennent les meilleurs tissus mélangés de coton ; 5° de Ou-tchou, où se fabriquent les *ling* unis et façonnés, satins 5 lisses, fabriqués en grèges et teints après fabrication.

954 Fruits moulés en cire.

Renvoi aux n°[s] 203, 346 à 354, 363 à 369, 380 à 387, 390 à 404 du catalogue de l'exposition de Lyon.

955 Divers pieds et mains de femmes chinoises, moulés en cire, par M. Edouard Renard, délégué de l'industrie parisienne.

956 Quatre tableaux d'anatomie chinoise.

Planche 1re, représentant la splanchnologie, ou les principaux viscères du corps humain.

1, Coupe verticale du crâne. 2, Lobe moyen du cerveau. 3, Protubérance annulaire. 4, Moelle épinière, traversant le canal rachidien. 5, Muscle orbiculaire des lèvres. 6, Cartylage thyroïde. 7, Anneaux de la trachée-artère. 8, OEsophage. 9. Ouverture cardiaque de l'estomac. 10, Estomac. 11, Plexus solaire (ganglion du grand sympathique). 12, Ouverture pylorique de l'estomac. 13, Intestins grêles : duodenum, jejnuum, iléon. 14, Colon, gros intestin se terminant par le rectum. 15, Vessie. 16, Le cœur, composé de deux oreillettes et de deux ventricules. 17, Veine cave supérieure (formée par les deux troncs brachio-cépholiques et se rendant dans l'oreillette droite). 18, Veine-cave inférieure, recevant le tronc de la veine-porte. 19,

Le principe de la veine azigos. 20, Lobes du poumon (dans lesquels se distribuent les radicales bronchiques). 21. Section des lobes du foie, y compris celui de spigel. 22, Portion inférieure de la vésicule du fiel. 23, section du muscle diaphragme séparant la cavité thoracique de la cavité abdominale. 24, Section des vertèbres cervicales, dorsales, lombaires sacrées (coccys). 25, Parois de l'abdomen formées par le péritoine, les muscles abdominaux et la peau.

ANGEIOLOGIE.

Planche 2. La peau, ainsi que les téguments de toute la portion antérieure du corps n'existent pas.

Chaque artère est souvent accompagnée d'un plexus veineux du même nom.

1, Branches de la carotide externe fournissant : 2, L'artère faciale. 3, L'artère coronaire des lèvres. 4, La petite zigomatique. 5, La grande zigomatique. 6, L'artère temporale. 7, Les artères canines. 8, L'artère nazale et les deux collatérales. 9, L'artère auriculaire antérieure. 10, L'artère buccinatrice. 11, Les trois branches de la veine frontale. 12, les deux artères latérales du menton. 13, La thyroïdienne supérieure. 14, Les veines jugulaires externes. 15, Les artères cervicales. 16, L'artère sous-clavière. 17, La veine sous-clavière et axillaire. 18, L'artère humérale. 19, La veine médiane basilique et la médiane céphalique, passant au-devant de l'articulation du coude, région vulgairement nommée la saignée, lors de l'opération dite phlébotomie. 20, L'artère radiale. 21, Rameaux de l'artère interosseuse radiale, distribuant dans l'éminence épithénao et hypothénao. 22, La veine salvatelle. 23, L'artère palmaire 24, Artères collatérales des phalanges digitales. 25, Artère mammaire externe. 26, Artères intercostales, douze à droite et douze à gauche. 27, Nombril ou ombilic. 28, Artère ombilicale. 29. Veines abdominales s'anastomosant avec des branches de la mammaire. 30, Artère obturatrice. 31. Iliaque externe. 32, Ramuscules de l'artère honteuse, 33, Artère épigastrique, très importantes à connaître aux chirurgiens à cause de ses rapports avec l'arcade crurale, l'anneau et le canal inguinal, partie où a lieu le débridement dans l'opération de la hernie étranglée. 34, Artère crurale ou fémorale. 34 bis, Rotule. 35, Artère poplitée. 36, Artère tibiale inférieure. 37, Artère tibio-péronnière, se distribuant avec quelques rameaux de la tibiale, dans les muscles gémeaux ou gastro-gnémiens. 38, Artère tibiale postérieure. 39, Artère pédieuse. 40, Artère dorsale du pied. 41, Artère plantaire. 42, Artère collatérale des orteils.

Planche 3. Système veineux. La peau de toute la partie postérieure du cadavre a été enlevée.

1, Toute la partie postérieure du crâne est dénudée du cuir chevelu. 2, Veines occipitales avec leurs rameaux. 3, Veines auriculaires postérieures. 4, Les scapulums ou deux omoplates. 5, Les veines sus et sous-scapulaires 6, Les cervicales. 7, Les veines thoraciques latérales ou intercostales. 8, Les musculaires supérieures et inférieures. 9, Veines dorsales descendantes. 10, Veines dorsales latérales. 11, Vertèbres cervicales, dorsales, lombaires et sacrées. 12, (Veines émanant du plexus sacré). 13, Veines sacro-lombaires. 14, Veines crurales ou fémorales. 15, Veine poplitée. 16, Veines gastro-gnémienes. 17, Veines tibio-péronnières. 18. Musculo-cutanées. 19, Veines saphènes. 20. Artère et veine tibiale. 21, Veines anastomosées avec des branches, des artères et veines tibio-péronières. 22, Veines tibiales latérales. 23, Veines venant d'un rameau de la tibiale et passant sous l'aponévrose pour donner : 24, La tarsienne superficielle. 25, Les veines pédieuses. 26, Les collatérales des orteils. 27, La veine brachiale. 28, La cubitale. 29, Les veines profondes ou interosseuses. 30, Les veines musculaires. 31, La veine salvatelle. 32, Les veines sur-carpiennes formant les rameaux des veines collatérales des doigts, etc.

Planche 4. Cadavre chinois, vu de profil. La partie latérale gauche du corps a été enlevée.

1, Veine nazale suivant l'axe du nez. 2, Veine frontale s'anastomosant avec un rameau de la veine occipitale. 3, Veines occipitales. 4, Le nez et sa partie cartilagineuse transversale. 5, Veine faciale s'anastomosant avec l'auriculaire postérieur, 6, Veine, grande zigomatique traversant l'arcade zigomatique. 7, Artère opthalmique s'anastomosant avec le rameau inférieur et descendant de l'artère occipitale. 8. Artère coronaire labiale. 9, Ouverture de la bouche. 10, L'œil et le sourcil. 11, Artère nazale latérales. 12, Artère sous-mentonnière. 13, Artère faciale latérale, contournant le rameau supérieur de l'artère thoracique. 14, Veine massétérine et rameaux des veines faciales, s'anastomosant avec des branches de la cervicale postérieure. 15, Oreille. 16, Artère temporale. 17, La main droite avec les cinq doigts, la peau du bras et de l'avant-bras étant renversée sur le poignet ou région carpo-métacarpienne. 18, Veine thoracique passant devant le sternum. 19, Artère mammaire externe envoyant des rameaux thoraciques. 20. Les douze côtes s'articulant avec les facettes des apophises transverses des vertèbres dorsales. 21. Veine sous-clavière. 22, Veine axillaire. 23, Veine jugulaire externe. 24, Le bras, l'avant-bras, la face dorsale et digitale gauche. 25, Veine sur-scapulaire s'unissant à l'humérale transverse pour former la cubitale et les rameaux des veines superficielles de l'avant-bras. 26. Veine radiale antérieure s'unissant avec des rameaux et des ramuscules des veines interosseuses. 27, Veines sur-capiennes. 28, Les cinq doigts recevant chacun une artère et veine collatérale. 29, Veines dorsales de la main. 30, Veines et artères collatérales des doigts ou phalanges digitales. 31, Section de la peau des parois abdominales qui la sépare des membres intérieurs. 32, La cuisse. 33. La rotule. 34, La peau de la cuisse et de toute la jambe gauche a été disséquée et rejettée sur la partie latérale. 35. Veine fémorale superficielle contournant l'aponévrose jambière qui revêt les ligaments rotuliens. 36. Veine tibio-péronière. 37, Veines musculo-cutanées s'unissant avec les rameaux descendant de la veine saphène et jumelle, pour passer sous l'arcade sur-tarsienne. 38, Veines collatérales des orteils. 39, Artère et veine plantaire envoyant quelques ramuscules aux musles vermiformes du pied.

Ces planches, malgré leur imperfection, démontrent que les Chinois connaissent parfaitement l'anatomie du corps humain. Renvoi, d'ailleurs, pour l'étude de la médecine des Chinois, aux dissertations du P. Duhalde, sur les secrets des sept pouls et les différentes recettes médicales, tome troisième.

L'étude de ces planches est due à M. Ad. Chevillard, médecin et pharmacien de la Faculté de Paris.

958 *Eull-ya*, livre des plantes, des arbres, des insectes et des choses diverses.

TOME PREMIER.

Préface, ornements dans le texte et culs de lampe, Suite de préface, ornements, planche d'architecture et texte. 1 à 6, vases et ustensiles divers. 7 à 9, houes de plusieurs formes. 10 à 14, pêcheurs à l'épervier, à la nasse, à la chasse et à la main. 15, Chasseur au tombereau. 16, Chasseur de lapins au panneau. 17, Construction en pisé. 18, Cordes. 19 à 23, Vases divers, ornements, culs de lampe et texte.

24 à 42, instruments de musique. Culs de lampe et texte.

43 à 46, plantes, culs de lampe et texte.

47 à 66, astronomie, étoiles, planètes et comètes, culs de lampe et texte.

67 à 69, chasses au chevreuil, à la grue, à l'antilope et au sanglier. 70, Retour de chasse. 71, Chasse au filet.

72. Chasse au lièvre et au renard, à Courre. 73, départ pour la chasse au faucon. 74, Retour de la chasse, texte, culs de lampe.

75 à 81, Étendards et bannières, texte, culs de lampe.

82 à 85, Monstruosités animales, poisson double, oiseau double, gazelle double, homme double et culs de lampe.

86, Costumes divers, culs de lampe et texte.

TOME DEUXIÈME.

Herbes et plantes, titre et culs de lampe.

1 à 4, Plantes bulbeuses de la nature du poireau. 5, Espèce de sureau. 6, Dalhia et plante grasse. 7 et 8, Chardons. 9, Arbuste. 10, Herbe. 11 à 15, Arbustes. 16, Herbe. 17, Plante à grappes. 18, Racine dans le genre de la betterave. 19, Graminée. 20, Plante bulbeuse. 21, Concombre. 22, Variété d'accacia nain. 23, Variété de potiron. 24, Chardon. 25, Plante à fruits ou fleurs de forme ronde. 26, Chardon. 27, Panis. 28, Millet, 29, Légumineuse avec gousses. 30, Graminée. 31, Plante grimpante sur un buisson sec. 32, Plante marécageuse. 33 et 34, Plantes diverses. 35, Betteraves. 36, Plante qui croît sur les rochers. 37, Pousses de bambous. 38, Bambous. 39, Bruyère. 40. Plante, 41, Plante aquatique. 42, Plante bulbeuse. 43, Plante qui croît sur les rochers, dans le genre du n° 34. 44, Liane avec graines formées, dans le genre du n° 31. 45, Betterave. 46, Roseau. 47, Plante dont la fleur ressemble à l'œillet. 48, 49 et 50, Plantes de même genre, mais à différents états. 51, Courge. 52, Jonc. 53, Herbe marécageuse. 54, Graminée. 55, Chardon. 56, Plante dans le genre du n° 32. 57, Plante dans le genre du n° 50. 58, Graminée de Marais. 59, Roseau. 60, Plante analogue au panis. 61 à 63, Plantes de riz. 64, Plante aquatique. 65, Plante marécageuse dans le genre du n° 32. 66. Graminée. 67, Plante dans le genre du n° 43. 68, Plante dans le genre de celle du tabac. 69, ortie. 70, Liane. 71 et 72, Plantes marécageuses. 73, Plante aquatique dans le genre du n° 41. 74, Jonc. 75, Liane. 76, Champignon. 77, Plante marécageuse, 78, Liane fougère. 79, Plante à feuilles dans le genre du n° 43. 80, Liane. 81, Autre plante grimpante. 82, Plante dans le genre du n° 32. 83, Plante qui croît sur les rochers. 84, Plante grimpante. 85, Jonc. 86, Plante de riz. 87 et 88, nénuphar. 89, Plante marécageuse. 90, Plante bulbeuse. 91, Espèce de chardon. 92, Plante marécageuse. 93, Plante dans le genre du n° 18. 94 et 95, Plantes marécageuses. 96, Plante qui croît sur les rochers. 97 à 101, Diverses plantes marécageuses. 102, Plante avec épi. 103, Jonc. 104, Arbustes, 105, Plante avec fruit en forme de coupe. 106, Plante de rocher. 107, Herbe marécageuse. 108, Plante qui croît sur les rochers. 109, Chardon. 110, Espèce de riz. 111, Plantes dans le genre du n° 43. 112, Plante aquatique. 113, Chrysenthèmes. 114. Liane sèche sur un buisson épineux. 115, Plantes à fleurs dans le genre du lys. 116, Fougère. 117, Malvacée, rose trémière. 118, Plante grasse. 119, Liane. 120, Tchu-ma-mou , plante filamenteuse. 121 à 127, Plantes diverses. 128, Malvacée. 129, Liane. 130, Plante dans le genre

du n° 89. 131, Riz. 132, Arbustes. 133, Plante dans le genre du n° 36. 134, Plante dans le genre du n° 34. 135, Malvacée. 136, Plante dans le genre du n° 57. 137, Chardon. 138, Plante aquatique. 139, Champignon. 140, Plante aquatique. 141, Riz. 142 et 143, Plantes aquatiques. 144, *Si-Shan-ma*, plante filamenteuse. 145, 146, 147 et 148, Bambous. 149 et 150, Herbes aquatiques. 151 et 152, Plantes marécageuses. 153, Chardons. 154 et 155, Lianes. 156, Herbe dans le genre du n° 107. 157, Plante dans le genre du n° 57. 158, Rejetons. 159, Plante dans le genre du n° 157, mais à un autre état. 160, Plante dans le genre du n° 20. 161, Riz. 162, herbe aquatique. 163, Pavot. 164, Arbustes. 165 et 166, Plantes diverses. 167, Buisson sec épineux. 168, Arbuste. 169, Algues. 170, Liane avec fruits et fleurs. 171, Arbuste. 172, Plantin. 173 et 174, Plantes diverses. 175, Arbuste. 176, Plante dans le genre du n° 137.

Cette nomenclature est de M. Mignot, de Saint-Etienne.

Arbres. 80 espèces diverses. Texte, cul de lampe.

Insectes :

Planches.	Ordre.	Famille.	Genre.	Espèce.	Auteurs.
1	Orthoptères.	Grilloniens.	Voisin des Courtillères.		Latreille.
2	Coléoptères.	Hélopiens.	Omophles (voisin des).		Déj.
3	Myriapodes.	Chilapodes.	Scolopendra Gigantea.		Latreille.
4	Hémiptères.	Cicadaires.	Cigale proprement dite.		Latreille.
5 à 10	»	»	»	»	»
11	Larve de	Coléoptères.			
12	Coléoptères.	Lamellicornes.	Melalouthe proprement dit.		Fab.
13	»	Longicornes.	Voisin des Cerambix. (1)		
14	»	»	»	»	
15	»	Sternox.	Buprestes proprement dit.		
16	»	Inconnus.	N'ont pu être observés.		
17	Orthoptères.	Grilloniens.	Voisin des Courtillères.		Latreille.
18		Inconnus.			
19 et 20	Orthoptères.	Mantides.	Voisin des Mantes.		Audoin S.
11 et 22	»	Locustaires,	Voisin des Sauterelles.		Fab.
23	»	Grilloniens.	Voisin des Grillons.		Latreille.
24	Reptiles.	Batraciens.	Crapaud.		
25	Inconnus.	Chenilles de	Lépidoptères.		

(1) Le texte dit que cet insecte, rongeur du mûrier *Shi-sang*, est semblable au *tien-nieou*. Il a de longues antennes. Son corps est tacheté de mouches blanches. Il se plaît à ronger l'écorce du mûrier et à y faire des trous par lesquels il parvient jusqu'à la moelle.

Planches.	Ordre.	Famille.	Genre.	Espèce.	Auteurs.
26 à 30	Orthoptères.	Locustaires.	Voisin des Sauterelles.		Latreille.
31	Annélides.				
32	Orthoptères.	Mantides dévorant un Hémiptère, Cicadelle.			
33	Nénoptères.	Libellulides.	Libellule proprement dit,		linné.
34	Larve de	Coléoptères.			
35	Myriapodes.	Chilopodes.	Voisin des Lithosis.		Latreille.
36	Polygonotes.		Voisin des Cloportes.		Geoffroy.
37	»				
38	Lépidoptères.	Bombicites.	(1)		Latreille.
39	Orthoptères.	Grilloniens.	Voisin des Grillons.		
40	Diptère				
41	Larve. (2).				
42	Aptères.				Boitard.
43 à 46	Hyménoptère.				»
47	Myriapodes.	Chilognates.	Jules proprement dit,		Linné.
48 et 49	Aragnides.				
50 et 51	Hyménoptères.				
52 et 53	Larves de Coléoptères.				
54	Aptères.				Boitard.
55 et 56	Larves.	Inconnus.			
57	Hyménoptères.				
58	Larves.	Inconnus.			
59	Hyménoptères.	Douteux.			
60	Diptères.				
61	Larves.	Inconnus.			
62	Inconnus.	Cousin?			
63	Aragnides.				
64	Larves (3).				

Ces insectes ont été déterminés par M. Garden, membre de la société d'histoire naturelle de Saint-Etienne.

(1) Le texte dit qu'on appelle ces Lépidoptères *Tsan-ngo*, et que ce sont des papillons de vers à soie.

(2) Le texte dit que c'est une chenille appelée *Kouei-toung* qui se nourrit de feuilles de mûrier.

(3) La planche du texte, intitulée *Siang-tsan-Kien* montre des vers à soie sous un mûrier, et prêts à faire leurs cocons. Le texte ajoute qu'on connaît cinq qualités de cocons.

1° Ceux produits par les vers alimentés par le mûrier.
2° » » par le Tcheou-yeou-tcho.
3° » » par le Tchou.
4° » » par le Loun.
5° » » par le Sou.

TOME TROISIÈME.

Titre, culs de lampe, 56 planches de poissons et reptiles. Texte.
Oiseaux :

1 à 4, Passereaux. 5, Passereau loxia. 6, Passereau se rapprochant de la petite allouette de nos pays. 7, Martin-pêcheur, de la plus petite espèce. 8, Passereau. 9, Cygne à bec bosselé. 10, Passereau. 11, Canards. 12, Oie naine de la Chine. 13, Canard. 14, Canard à aigrette. 15, Cormorand-pêcheur, 16, Coq et poule. 17, Passereaux dans le genre du geai. 18, Faucon se rapprochant de l'épervier. 19, Grue vulgaire. 20, Caille à bec droit. 21, Faucon couronné. 22, Passereau Conirostre, du genre bruant des risières. 23, Passereau. 24, Pénélope. 25, Passereau se rapprochant du geai. 26, Passereau Conirostre, dans le genre pyrole, se rapprochant du cotinga. 27, Passereau Conirostre se rapprochant des pyroles, mais plus gros. 28. Caille. 29, Passereau. 30, Passereau à queue d'hirondelle de cheminée. 31, Aigle commun. 32, Aigle couronné. 33, Faucon à petite huppe. 34, Oie vulgaire. 35, Passereau Cunéirostre, pic huppé. 36, Oiseau de proie se rapprochant de la buse. 37, Cormorand à la pêche. 38, Canards Sarcelles. 39, Canards à aigrettes, dans le genre du n° 14. 40, Passereau. 41, Faucon à petite huppe, dans le genre du n° 33. 42, Faisan. 43, Passereau avec huppe au-dessus du bec, se rapprochant du cotinga. 44, Passereau. 45, Martin-pêcheur, grande espèce. 46, Merle bleu. 47, Chauve-souris. 48, Faucon. 49, Aigle commun dans le genre du n° 31. 50, Pigeon ramier, mâle et femelle. 51, Merle. 52, Canards. 53, Passereau Crénirostre, genre pigrièche. 54, Passereau. 55, Passereau Crénirostre, se rapprochant de l'écorcheur. 56, Passereau. 57, Merle. 58, Passereau Crénirostre se rapprochant du pic, petit épeiche. 59, Geai. 60, Héron aigrette. 61, Faisan huppé. 62, Faisan. 63, Faisan à collier. 64, Faisan. 65, Faisan. 66, Faisan. 67, Faisan à collier. 68, Martin.

Ces oiseaux ont été déterminés par M. Mignot, de Saint-Etienne. Cul de lampe, texte, cul de lampe.

44 Planches d'animaux mamifères. Cul de lampe.
8 Planches de rongeurs. Texte, cul de lampe.
36 Planches de chevaux. Cul de lampe.
12 Planches de buffles. Cul de lampe.
Texte et cul de lampe.

958 Instruments d'agriculture.

Ces objets, en Chine, sont peu nombreux, et généralement très simples. Quelques-uns diffèrent de ceux employés par les autres peuples. Voici les principaux :

1 *Li*, ou charrue tirée par un buffle. Le soc s'appelle *loui*. Le caractère qui la désigne dans l'écriture chinoise est composé des radicales bœuf, couteau et grain.
2 *Pa*, ou herse en bois et à dents de fer. Elle est quelquefois munie d'un siège.
3 *Tcha*, ou houe pour creuser les fossés.
4 *Kio*, bêche.
5 *Pang*, pioche.
6 *Shoui*, maillet pour briser les mottes.
7 *Po*, râteaux de diverses formes.
8 *Lien*, faucille pour moissonner.
9 *Lien-kia*, fléau à battre le grain.
10 *Fong-tchen-tchi*, vannoir, rarement employé. On vanne généralement au vent.
11 *Tong-tché*, noria, machine à irrigation.
12 *Pa-tché*, noria, machine à irrigation mue par un homme.
13 *Jin-tché*, noria, machine à irrigation mue par plusieurs hommes.
14 *Tchong-ki*, bluttoir pour la farine. Le riz se mange ordinairement en grains. La farine de riz et des autres céréales est employée à diverses préparations culinaires.
15 *Tchu-kio*, mortier à piler le riz.
16 *Siao-shen*, appareil à écosser.
17 *Tchang-tao*, aire pour le riz en paille.
18 *Tao*, tamis.
19 *Shoui-toui*, moulin à eau.
20 *Pé-tchong*, semoir.
21 *Mo-tong*, cuve en bois pour déposer le grain.
22 *Kwan-shoui*, arrosoir pour les jeunes plantes.
23 *Mou-ping*, plantoir.
24 *Fen-toung*, jarres à engrais.

999 Culture du riz.

Desins sur papier de moelle d'arbre. 1, on laboure. 2, on pioche. 3, on fait tremper le grain et l'on ensemence. 4, on transplante. 5, on arrose. 6, on moissonne. 7, on bat. 8, on vanne. 9, on tamise. 10, on écosse.

960 * Culture et préparation du riz.

Dessins sur papier de moelle d'arbre. 1, on pioche. 2, on herse. 3, on sème. 4, on enlève les jeunes pousses. 5, on transplante. 6, on moissonne. 7, on bat dans une cuve. 8, on vanne. 9, on écosse. 10, on tamise. 11, on moud. 12, on nettoie la farine.

961 * Culture et préparation du blé.

Dessins sur papier de moelle d'arbre. 1, on laboure. 2, on herse. 3, on ensemence. 4, on moissonne. 5, on bat. 6, on écosse. 7, on tamise. 8, on moud. 9, on prépare la farine. 10, on fait des gâteaux. 11, on fait de la pâtisserie. 12, fourneau à cet usage.

962 * *Kang-tchi-tou*, manuel populaire décrivant la culture du riz et la production de la soie.

Voici la description de la première partie :

1 *Kang*, labours. La charrue représentée est dans le genre du n° 396 précédent.
2 *Pa-you*, premier hersage. Le cultivateur est placé sur la herse *tong*, à plusieurs rangées de dents, et qui forme siége.
3 *Tchao*, second hersage, qui a lieu au moyen d'une herse *pa*, perpendiculaire, à une seule rangée de dents, et garnie d'un cadre servant de poignée.
4 *Lou-tou*, troisième hersage avec un instrument appelé *tou* qui possède trois rangs de dents.
5 *Tsing-tchong*, Lavage du riz avant de le semer.
6 *Pou-yang*, ensemencement.
7 *Tcho-yang*, examen de la végétation.
8 *Y-hien*, engrais. Cet engrais est formé de poudrette et de chaux.
9 *Pa-yang*, on arrache les jeunes plantes, hautes de 15 à 16 centimètres, pour les transplanter.
10 *Tcha-yang*, Transplantation.
11 *Y-kang*, premier sarclage.
12 *Eull-Kang*, deuxième sarclage.
13 *San-kang*, troisième sarclage.
14 *Kwan-ki*, Irrigation.
15 *Sheou-ko*, moisson.
16 *Tang-tchang*, on forme des meules ou piles de gerbes.
17 *Tchi-houé*, battage.
18 *Po-yang*, vannage.
19 *Loung*, écossage.

20 *Tchoung-toué*, second écossage pour blanchir le riz.
21 *Shaï*, tamisage.
22 *You-tsang*, transport du grain.
23 *Tsi-shen*, action de grâces au dieu (1) des travailleurs.

963 * Culture du thé.

Dessins coloriés sur papier de moelle d'arbre, suite du n° 437, précédent, déposé au ministère du commerce.

4 *San-tchu*, jeune arbre à thé noir de Honan.
5 *Kao-tcha*, arbre âgé de deux ans, en pleine production.
6 *Kou-lo-tcha*, arbre à thé vert, d'un village du district de Hoshan, du département de Shao-king, de la province du Kwang-tong.

964 * Culture et préparation du thé.

Dessins coloriés sur papier de moelle d'arbre. 1, on défonce le terrain et l'on sème. 2, on arrose et l'on transplante. 3, on met de l'engrais liquide. 4, on cueille les feuilles. 5, on roule les feuilles. 6, on les fait sécher. 7, on les tamise. 8, on fait des choix. 9, on emballe. 10, on envoie aux factoreries. 11, on expédie à l'étranger.

965 * Culture du coton.

Dessins sur papier de moelle d'arbre, par Tin-Kwa.

5 *Mien-shou*, cotonnier à feuilles nouvelles. *Gossypium-herbaceum*. Les gousses commencent à paraître.
6 *Mien-shou-houe-hwa*, cotonnier à fleurs jaunes, larges feuilles dentées en forme de scie. *Gossypium-herbaceum*, cotonnier produisant le coton jaune, dit de Nan-kin.
7 *Kit-mien-hwa*, cotonnier blanc, mêmes feuilles que le précédent, portant du coton blanc.
8 *Soung-mien-hwa*, coton, boudin de coton et graines de coton blanc. Ces dernières se présentent encore avec le pédoncule fin qui l'attache au coton.

Ces dessins font, ainsi que ceux du n° 438, partie du même album.

966 * Dessin sur papier de moelle d'arbre, représentant

(1) L'empereur *Shien-Noung* qui a enseigné le travail des champs (2737 ans avant notre ère).

le cotonnier *Mok-mien*, arbre, *Gossypium-bombax*, qui vient à la hauteur de plus de 30 mètres, et dont le coton n'est pas propre au tissage.

Ce dessin fait partie de l'album des planches 437.

967 * Industrie du coton.

Album impérial, exécuté en en 1765 par l'empereur Kien-long. En voici le détail :

1, Ensemencement. 2, Arrosage. 3, Sarclage. 4, Ébranchage. 5, Récolte. 6, Marché. 7, Égrainage. 8, Cardage. 9, Séchage. 10, Boudinage. 11, Filage. 12, Ourdissage. 13, Encollage. 14, Teinture. 15, Pliage. 16, Tissage.

Ces dessins, coloriés sur papier, sont remarquables par la variété de leurs détails. Un texte explicatif donne des notions sur l'histoire de la culture et de la fabrication du coton, sur les diverses localités qui le produisent, sur les marchés qui le débitent et sur les consommations qui l'emploient. Ce magnifique album est surtout remarquable par la beauté des caractères qui sont les pièces capitales de l'exposition.

968 * Dessins sur papier de moelle d'arbre, industrie du coton.

1, on défonce la terre. 2, on fait des trous au plantoir. 3, on place la graine. 4, on consolide la plante. 5, on cueille le coton. 6, on égraine. 7, on carde. 8, on boudine. 9, on file. 10, on ourdit. 11, on tisse. 12, on fait des vêtements.

969 Dessins sur papier de moelle d'arbre, industrie du coton

1, on sème au plantoir. 2, on arrose. 3, on cueille le coton. 4, on égraine. 5, on carde. 6, on boudine. 7, on file. 8, on double. 9, on assouplit. 10, on imbibe le coton d'eau de riz. 11, on décreuse. 12, on blanchit. 13, on prépare les bobines. 14, on ourdit. 15, on plie. 16, on pique en peigne. 17, on plie la pièce. 18, on tisse.

Renvoi, pour tout ce qui concerne l'industrie cotonnière aux rapports du délégué spécial, M. Haussman, insérés dans les documents sur le commerce extérieur, suite du n° 385.

MA-KIAI, DESCRIPTION DU *MA*.

解麻

970 *Dessins coloriés sur papier de moelle d'arbre.

1° Fruits, carpelles et graines de *ma*. Le fruit se compose d'une capsule ovoïde, rousse et chagrinée. Elle se divise naturellement en plusieurs parties.

2° Jeunes plantes de *ma*. à tiges effilées, à feuilles alternes, lancéolées et dentées. A leur naissance, on remarque de petits organes analogues à la feuille, et que les botanistes appellent *stipules*.

3° Fleurs de *ma*, jaunes et paraissant être formées d'une corolle monopétale à cinq divisions. Elles naissent à l'aisselle des feuilles et pourraient être rapportées à la famille des rosacées.

4° Fruits. On trouve, sur cette planche, des caractères botaniques qui n'existent pas dans les autres. Ce sont des organes naissant de la base des fruits qui pourraient être considérés comme des brachiées.

5° Tronc et racine du *ma*. L'intérieur paraît consister en une moelle dans le genre de celle du sureau. La racine est rameuse.

6° Ecorce de *ma*, divisée en lanières, dont on extrait des filaments. Elle se présente sous la forme de diverses plantes de nos contrées qui n'ont pas encore été utilisées comme plantes textiles.

Cette plante de *ma* est indéterminée. Renvoi au n° 410 de la première partie.

Ces dessins font partie de l'album des dessins n° 435, précédent.

971 * Dessins coloriés sur papier de moelle d'arbre.

1, Plante de *ma (Canabis indica?)*. 2, Jeunes plants et graines. 3, Écorce de *ma*. 4, Filaments de *ma*.

Ces dessins font partie de l'album des planches 438 précédentes.

972 *Dessins coloriés sur papier de moelle d'arbre.

1, *Ma-Foung*, plante qui s'emploie en médecine. 2, *Taï-ma*, autre dont les graines sont employées comme aliment. 3, *Mid-ma*, autre employée en médecine. 4, *Ma-shu*, plante de *ma* dont les filaments servent à fabriquer les toiles appelées *Hia-pou*, tissus d'été. 5, *Lou-ma, tchu-ma*, 6, *Tam-ma, ha-ma-tsen*. 7, *Saï-ma, tin-ma*. 8, *Shing-ma*, toutes plantes employées en médecine.

Ces dessins font partie de l'album des planches 438 précédentes.

973 * Dessins coloriés sur papier de moelle d'arbre.

1, *Pa-tchu-ma*, plante du Honan, qui fournit les filaments si blancs et si fins, dont on fait les premières qualités de *Hia-pou*, vêtements d'été. 2, *Lok-ma*, dont les filaments s'emploient à faire des cordes. 3, *Pi-ma*, dont on fait du fil. 4, *Po-lo-ma*, dont on fait des tissus grossiers : Williams et Bridgman appellent ce dernier *Hemp-aloes*, c'est-à-dire aloès à chanvre.

Ces dessins font partie de l'album des planches 437 précédentes.

974 * Industrie du *Ma*.

1, on pioche la terre. 2, on ensemence. 3, on ébranche. 4, on enlève l'écorce. 5, on râtisse le *Ma*. 6, on lave. 7, on décreuse. 8, on fait sécher. 9, on sépare les filaments. 10, on tord. 11, on ajoute les bouts. 12, on dévide. 13, on fait des canettes. 14, on imbibe le fil dans l'eau de riz. 15, on ourdit. 16, on pique en peigne. 17, on plie la pièce. 18, on tisse.

975 * Dessins coloriés sur papier de moelle d'arbre.

1, on défonce le terrain. 2, on bêche. 3, on sème. 4, on arrose. 5, on arrache le *ma*. 6, on sépare les filaments. 7, on ajoute les bouts. 8, on fabrique des filets pour la pêche. 9, on pelotonne. 10, on ourdit. 11, on tisse. 12, on blanchit. Ces dessins se rapportent au *ma* (*Canabis indica*).

976 * Dessins coloriés sur papier de moelle d'arbre.

1, travail de la terre. 2, ensemencement. 3, sarclage. 4, arrosage. 5, nettoyage. 6, ébranchage. 7, transplantation. 8, fumage. 9, cueillette de la graine. 10, on arrache la plante. 11, on sépare l'écorce verte du bois. 12, on fait des fagots de l'intérieur du bois. 13, on râtisse l'écorce du *ma*. 14, on sépare les filaments. 15, on fait des choix. 16, on les met en liasse. 17, on en fait des bottes. 18, on les lie. 19, on les pèse. 20, on emmagasine. 21, on les porte au marché. 22, on les lave à l'eau bouillante. 23, on divise les filaments. 24, on ajoute les bouts. 25, on pelotonne le fil de *ma*. 26, on porte le fil au marché. 27, on le dévide. 28, on en fait des canettes. 29, on ourdit une chaîne. 30, on pique en peigne. 31, on émonde la chaîne. 32, on remet. 33, on tisse. 34, on plie la pièce. 35, on l'apprête. 36, on la porte au marché. 37, marchand ambulant de tissu de *ma*. 38, décreusage. 39, blanchissage. 40, teinture. 41, tordage. 42, lavage. 43, étendage. 44, calendrage. 45, pliage. 46, on en fait des vêtements d'été. 47, on en fait des moustiquaires. 48, on les teint au *Shou-lang*. 49, on en fait des vêtements grossiers. 50, marchand de vêtements grossiers. 51, sacs de *ma*. 52, filets de *ma*. 53, cordes de *ma*. 54, vendeur de filets et autres objets de *ma*. 55, cordes de *ma* pour les balances. 56, tordage du fil de *ma*. 57, blanchiment du fil de *ma*. 58, lavage. 59, cordages pour la marine. 60, semelles de *ma*. 61, filets de *ma*. 62, filets de pêcheurs. 63, souliers de *ma*. 64, pinceaux de *ma*. 65, calfeutrage avec le *ma*. 66, séchage. 67, lavage. 68, pêche. 69, chasse au filet. 70, emballage. 71, marchand colporteur. 72, pêche au filet de *ma*.

977 * Tissus de *Ma* écrus, appelés *Hia-pou*, c'est-à-dire vêtement d'été

	largeur. centimètre.	prix. dollars.	longueur. mètre.	prix. francs. centimes.	
1	34	0 80	18	0 24	le mètre.
2	38	1 75	18	0 53	»
3	39	1 25	18	0 38	»
4	30	1 50	20	0 45	»
5	45	2 50	20	0 68	»
6	43	4 »	18	1 20	»
7	58	1 75	18	0 53	»

Tissus de *Ma* blanchis.

8	43	14	36	2 10	»
9	41	6	18	1 85	»
10	80	11	18	3 30	»
11	41	4	18	1 20	»
12	44	9	18	2 70	»
13	85	4	18	1 25	»
14	57	4	10 le mouchoir.	2 20	le mouchoir
15	60	6	10 »	3 30	»

Tissus de *Ma* teint.

16	43	8	18	2 45 le mètre
17	43	6	18	1 85 »
18	43	7	18	2 15 »
19	41	4	36	0 60 »

ARTS DIVERS.

978 Dessins coloriés sur papier représentant l'extraction de la houille et l'épuisement des mines dans le nord de la Chine.

1, Pic, 2, coin de fer. 3, Maillet. 4, Pic en forme de hache. 5, Traîneau. 6, Corbeille en bois pour le transport de la houille. 7, Lampes. 8, Paillassons. 9, Appareil pour l'extraction des gaz délétères. 10, Seau ou panier d'épuisement. 11, Cuves d'épuisement. 12, Puisard. 13, Tuyeau pour l'extraction des gaz. 14, Vargue avec son appareil. 15, Tuyeau d'aérage. 16, Galerie de travail pour les *piqueurs*, et les *traîneurs*. 17, Bâtiment du gouverneur donnant entrée dans la mine. 18, Ouvriers *sorteurs*. 19, Transport de la houille par des mulets.

979 *Dessins coloriés sur papier de moelle, représentant l'industrie de la houille.

1, Chef d'ouvriers mineurs. 2, Départ pour la mine. 3, Creusement. 4, Echafaudage. 5, Déblayement. 6, Extraction. 7, Ouverture d'une mine. 8, Mineur au travail. 9, Transport de la houille. 10, Vente de la houille. 11, Pesage. 12, on emporte la houille.

980 * Dessins au trait expliquant l'extraction de la houille en Chine.

1, Prière à Dieu pour obtenir une bonne veine de charbon. 2, Echafaudage. 3, Départ pour la mine. 4, Commencement des travaux. 5, on forge les outils. 6, on fait des paniers. 7, on prépare les bambous pour étayer. 8, on établit les couchettes des ouvriers. 9, Creusement d'une galerie. 10, Mineurs au travail. 11. Transport des déblais et du charbon. 12, on jette les paniers vides. 13, Etablissement de la voie pour faciliter le transport du charbon 14, Rappel des ouvriers. 15, Repas des ouvriers. 16, Voie d'eau dans les mines. 17, Repos des ouvriers. 18, Usage des lampes. 19, Extraction de l'air vicié. 20, Transport du charbon avec des brouettes. 21, Transport sur les bateaux. 22, Transbordement. 23, Marchand de charbon. 24, Vente du charbon.

981 * Dessins coloriés sur papier de moelle d'arbre, représentant l'industrie métallurgique.

1, Recherche du minerai de fer. 2, Reconnaissance du minerai. 3, Extraction. 4, Mélange des matières pour faciliter la fusion. 5, Epuration. 6, on coule. 7, Fourneau à reverbères. 8, on fait des gueuses. 9, Forge. 10, Forgeron. 11, on trempe le fer. 12, on complète le travail.

982 * Dessins coloriés sur papier de moelle d'arbre, représentant le travail du fer.

1, Fondeur. 2, Fonte des marmites. 3, Moules en terre. 4, on coule un canon. 5, Monteur de fusils. 6, Forgeur. 7, Autre forgeur. 8, on fabrique des sabres. 9, on coupe le fer. 10, on fait des scies. 11, Forgeron ambulant. 12, Aiguiseur.

983 * Albums au trait 1° Extraction de la houille; 2° Travail du fer; 3° industrie du verre.

984 * Dessins coloriés sur papier de moelle d'arbre, représentant l'industrie du verre.

1, On pèse le verre cassé. 2, on fait chauffer les débris de verre cassé. 3, Fourneau de verrier. 4, on prépare l'anthracite pour chauffer le fourneau. 5, on remue la matière. 6, on souffle. 7, transport d'une pièce soufflée. 8, on fait refroidir la pièce soufflée. 9, on indique les morceaux à couper. 10, on coupe le verre avec un diamant. 11, on aplatit les feuilles de verre. 12, on polit le verre.

985 * Dessins, coloriés sur papier de moelle d'arbre, représentant l'industrie de la porcelaine.

1° Extraction du *kao-lin*. 2, on le moud. 3, on le pile. 4, on en fait des vases. 5, on colore les vases. 6, on les fait chauffer. 7, jeunes peintres broyant les couleurs. 8, autre peintre à l'œuvre. 9, autre peintre achevant le dessin. 10, on remet au four les vases peints. 11, on emballe. 12, on expédie.

986 * Dessins, coloriés sur papier de moelle d'arbre, représentant la fabrication du papier.

1, on coupe des bambous. 2, on les fait tremper. 3, on les coupe en morceaux. 4, on pile les morceaux. 5, on les met en macération. 6, on ajoute un lait de chaux. 7, on emploie la pâte. 8, on fait sécher. 9, on égalise les feuilles. 10, on coupe le papier. 11, on teint le papier en différentes couleurs. 12, on fait des livres.

987 *Album de dessins au trait, représentant les principaux objets d'armurerie, de quincaillerie, de ferronnerie et de taillanderie des Chinois.

1, Forge fixe. 2, Forgerons au travail. 3, Plateau en bois pour le thé, 4, Plateau sur lequel on met les sucreries au 1er jour de l'an. 5, Boîte en cuivre blanc à l'usage des fumeurs. 6 et 7, Pots en faïence pour le *Sam-Schou*. 8, Boîte en bois à compartiments superposés. 9, Vase en étain, propre à contenir des liquides. 10, Couvercle du n° 4. 11, Couvercle de lampe. 12, Tabatière. 13 et 14, Ornements et instruments en métal de cloche. 15, Objet en jade pour l'ornement d'une table. 16, Vase de pagode propre à contenir des liquides. 17, Vase en bronze : objet de décoration. 18, Vase en cuivre propre à contenir de l'eau. 19, Crachoir. 20, support d'un lustre. 21, porte-plume en porcelaine. 22, Anneau et plaque de porte. 23, Lampe en cuivre. 24, idem. 25, mesure pour le riz, appelée *Sing*. 26, idem, appelée *Tao*. 27, Objet en cuivre pour transvaser les liquides. 28, Brosse à souliers. 29, Briquet à feu. 30, Lanterne en bambou et papier. 31, Lampe. 32, Verrou à charnière. 33, Vase de pagode. 34, Pot à eau chaude. 35, Vase dans le genre du n° 33. 36, Vase de pagode dans le genre du n° 33. 37, Pelle de Pagode. 38, Ornement de bonnet de mandarin. 39, Sculpture de boîte.

40, Théière. 41, Support à crochet. 42, Fourche en fer. 43, Mannette de coffre. 44, roulette de table. 45, grillage en fil de fer. 46, Fausse-équerre. 47, Coin ou charnière de coffre. 48, agraffe de ceinture de Mandarin. 49, objet de toilette : ornement de bonnet. 50, Cadre servant de cage pour perroquet. 51, agrafe de ceinture de mandarin. 52, agrafe de ceinture de mandarin. 53, Vase de cuivre propre à contenir de l'eau. 54, Pendants d'oreilles. 55, Fourneau de cuisine. 56 Plat de fonte pour faire cuire le riz. 57, Plaque en tôle. 58, Lampe à plusieurs mèches. 59, Trousse de chirurgien. 60, Grand vase propre à contenir des médicaments. 61, porte-mèches. 62, Vase pour contenir le Schum (médicament). 63, Bout de tuyau de pompe à incendie. 64, Balancier de pompe. 65, Lampe portative. 66, Roue et essieu de pompe à incendie. 67, Poulie. 68, Anneau et sa plaque. 69, Instrument de Sing-Song. 70, Mannette en cuivre. 71, Anneau. 72, Grelot en fer. 73, Hache-Marteau. 74, Fusil sans chien ni mèche. 75, Cremalière à crochet. 76, Balles et boulets. 77, Tasse à boire. 78, Epingle à cheveux, pour ornement de femme. 79, Vase à faire brûler de l'encens. 80, Objet de toilette pour orner le front des femmes. 81, Objet de toilette qui se place derrière la tête. 82, Outil à l'usage des Forgerons. 83, Ornement de pagode. 84, Devanture de coffret à secret. 85, Clou de gouvernail de navire. 86, Outil employé pour le travail du fer. 87, Encensoir. 88, Vase en terre cuite et vernie que l'on place devant les pagodes. 89, Bouilloire. 90, Lustre en verre. 91, Cuillère. 92, Ornement en cuivre. 93, Baguettes en cuivre pour poser sur le papier. 94, Plateau pour offrir le thé. 95, Crachoir. 96, Pot à faire chauffer le vin au bain-marie. 97, Théière. 98, Tasse en cuivre. 99, Agrafe de rideau. 100 à 102, Vases en cuivre blanc, employés à l'ornement des pagodes. 103, Bouton placé sur le sommet des bonnets des dignitaires et indiquant le grade. 104, Anneau ou bracelet de femme. 105, Boîte en bois ou autre matière. 106, Pot en étain pour le *Sam-Shou*. 107, Tasse en cuivre pour le thé. 108, Objet en cuivre propre à arrêter la mèche d'une lampe. 109, Ornement de cuivre. 110, Vase de pagode pour entretenir le feu. 111 Ornement de pagode dans le genre du n° 83. 112, Autre objet dans le genre du précédent. 113, Clou et chaîne. 114, Levier en fer. 115, Instrument de cuivre propre aux broderies. 116, Espèce de marteau. 117, Billot avec tas d'acier. 118, Barquette en fonte pour moudre. 119, Pioche. 120, Faux de moissonneur. 121, Rateau en fer. 122, Couteau. 123, Anneau et ornement de cuivre. 124, Pot en cuivre pour l'eau chaude. 125, Fourchette. 126, Scie à main. 127, Lime emmanchée. 128, Pelle à feu. 129, Panier en fil de fer. 130, Billot avec son tas. 131, Pique-feu. 132, Plateau de pagode. 133, Pot-à-eau. 134, Roue à manivelle. 135, Bougeoir de luxe. 136, Pot à eau chaude. 137, Couteau pour saigner les porcs. 138, Panier en fil de laiton. 139, Objet de fermeture. 140, Manchon de Rotin au bambou. 141, Aiguille pour déboucher les pipes. 142, Truelle de maçon. 143, Couteau de cordonnier. 144, Panier propre à porter le feu. 145, Poinçon de fer propre à graver la pierre. 146, Oreiller en bambou. 147, Pioche. 148, Couteau pour la noix d'Arec. 149, Scie à main pour couper le paddy.

150, Serpette employée pour la taille des mûriers. 151, Couteau pour les droguistes. 152, Crochet de fer. 153, Herse avec dents de fer ou de bois. 154, Couteau : espèce de hachoir à une main. 155, Vase en cuivre où l'on fait brûler des parfums. 156, Pot à eau chaude. 157, Grand vase de pagode pour brûler des parfums. 158, Vase à fleurs et autres objets. 159, Plateau. 160, Scie à main avec tringle mouvante au milieu, ce qui remplace le sommet des scies en usage en Europe. 161, Crochet de fer avec manche de bois. 162, Bêche. 163, Rabot de menuisier. 164, Serpe propre à couper des branches d'arbre. 165, Marteau à pannes fendues. 166, Pilon de moulin. 167, Baquet de mortier. 168, Racloir en fer propre aux tanneurs. 169, Couteau à couper le papier. 170, Cisaille : grand ciseau pour le papier. 171, Broche de sûreté pour cadenas. 172, Cadenas. 173, Mannette en cuivre. 174, Boîte propre à recevoir le feu de la pipe. 175, Boîte en bois pour mettre des vêtements. 176, Cuillère. 177, Porte-pinceau chinois. 178, Ancre en fer. 179, Balance dite Romaine (*Dot-Chin*). 180, Balance à bascule. 181, Ancre en bois. 182, Poids en fonte. 183, Grande balance à bascule. 184, Poids en cuivre. 185, Petit gong à l'usage des mendiants. 186, Baguette en fer à l'usage des douaniers. 187, Grand gong de mandarins. 188, Petit gong de mandarins. 189, Cymbale. 190, Plateau en bois pour le thé. 191, Jarre en terre pour l'huile. 192, Crachoir. 193, Couvercle en cuivre. 194, Pupitre. 195 à 197, Vases en cuivre blanc pour pagode, dans le genre des n°s 100 à 102. 198 à 200, Objets de parure pour une jeune femme. 201 et 202, Objet de parure de tête : espèce d'épingle. 203, Equerre de charpentier. 204, Coin de fer. 205, Arc pour couper les minéraux. 206, Marteau. 207, Crochet de fer. 208, Coin à couper le fer. 209, Marteau à l'usage des ferblantiers. 210, Faucille et fourche pour le riz en paille. 211, Crochet en fer dans le genre du n° 207. 212, Couteau à lame recourbée pour le travail des bambous. 213, Fourneau de pâtissier. 214, Petit pot-à-eau et à graines pour les cages d'oiseaux. 215, Cure-dents, cure-oreilles et objets pour nettoyer la bouche. 216, Boîte en bois ou métal. 217, Lampe. 218, Couteau de cuisine. 219 et 220, Boucliers peints en rouge au tigre. 221, Sabre à poignée ronde. 222, Couteau : espèce de partouret. 223 à 225, Couteaux : espèce de Frisoir. 226, Couteau dans le genre de celui employé pour saigner les porcs. 227, Pinceau et encre. 228, Bague en jade ou autres pierres. 229, Lingot d'étain. 230, Anneau ou bracelet. 231, Cloche. 232, Coin à couper le fer, dans le genre du n° 208. 233, Petite bêche, outil de jardinage. 234, grosse bêche. 235, tire-bouchons. 236, Anneau de fer. 237, Chandelier de pagode. 238, Vase en cuivre pour faire brûler des parfums. 239, Chandelier de pagode. 240, Pilon et mortier à piler le riz. 241, Idole. 242, vase de pagode. 243, Idole de la déesse de *Kouniam*. 244, autre idole. 245, Vase propre à brûler de l'encens. 246, Lampe. 247, Idole du dieu *Tché-Kong*, qui veille sur la richesse. 248, Lampe. 249, Marteau. 250, Clef de cadenas. 251, Marteau. 252, Cadenas. 253, Pince à feu. 254, Sabre droit, ou espèce d'épée. 255, Appareil ou poêle à frire. 256, Coin emmanché pour couper les métaux. 257, fer de lance. 258, Vase de pied de table. 259, Vase propre à transvaser l'eau. 260, poinçon. 261, Piastre. 262, pince à feu. 263 Instrument propre à reconnaître la justesse d'une balance. 264, Pièce d'un appareil pour distiller le *Sam-Shou*. 265, Outil pour couper le cuivre. 266, Anneau de bambou à l'usage des Coulis. 267, Chandelier de temple. 268, Vase de pagode. 269, Chandelier de pagode. 270 à 274, Différentes boîtes à thé employées, soit pour l'usage particulier, ou le conserver dans l'intérieur des maisons, soit pour l'expédier au-dehors. 275, tambour en peau. 276, Hautbois. 277, Gong. 278, Lampe. 279, Instrument de musique appelé *Ting-Ting*. 280, Boîte en fer. 281, Pipe à tabac. 282, Lanterne. 283, Rechaud à repasser. 284, Boîte tenant à la pipe à tabac. 285, Bougeoir. 286, Théière. 287, Théière pour conserver le thé chaud. 288, Lampe. 289, Théière. 290, Lampe. 291, Porte-plume. 292, Pot à *Sham-Shou*. 293, lampe. 294, Crachoir. 295, Lampe. 296, Panier à compartiments superposés. 297, Chandelier. 298, Cymbales. 299, Gong. 300, Bassin. 301, Pompe ou seringue. 302, Gong carré. 303, Support de lustre ou de tout autre objet. 304, Anneau de pied de femme ou d'enfant. 305, Ornement de tête pour femme. 306, Pendants d'oreille. 307, Bracelet ordinaire. 308, Chauffe-pieds. 309, Bourse pour contenir un briquet. 310, Lampe en cuivre. 311, Lunette. 312, Crochet en cuivre pour moustiquaire. 313, Tasse à thé, 314, Porte-mèche. 315, Bassin. 316, Couvercle. 317, Anneau de tiroir. 318, Crachoir. 319, Entrée de serrure et mannette. 320, Bouton de bonnet de mandarin. 321, Ornement de cuivre d'un coffre. 322, Bouton en cuivre d'un coffre. 323, Chaudière. 324, Chaudière avec couvercle. 325, Théière ordinaire en porcelaine et mannette en cuivre. 326, Lampe. 327, Pot à *Sham-Shou*. 328, Pot à eau chaude. 329, Pot à *Sham-Shou*. 330, Lampe. 331, Appareil pour faire les cordes. 332, Espèce de trombone recourbé. 333, Gong. 334, Autre trombone droit. 335, Vase en terre grossière propre à mettre le riz. 336, Grand vase en cuivre pour pagode. 337, Fourneau pour faire cuire les gâteaux. 338, Hâvre-sac. 339, Espèce de nœud coulant, propre à châtrer les poulets. 340, Panier à prendre la volaille. 341, Fer pour châtrer les poulets. 342, Instrument pour arracher les parties. 343, Lance de soldats en forme de fourche. 344, Lance. 345, Collier de force pour attacher les malfaiteurs. 346, Lampe sur une chaise. 347, Moule à faire les gauffres. 348, Plaque en tôle à l'usage de la cuisine. 349, Machine, à l'usage des charpentiers, portant un fil blanchi à la craie pour marquer. 350, Espèce de fourche à l'usage de la cuisine. 351, Serrure et clef chinoises. 352, Couteau pour les bouchers. 353, Bassin et anse en fonte 354, Petite romaine à peser. 355, Lame pour nettoyer les oreilles. 356, Outil en fer et manche pour les maçons. 357, Pioche. 358, Navette de tisserand. 359, Outil de menuisier. 360, Cuisine portative. 361, Instrument dont se servent plusieurs artisans pour avertir le public. 362, Bout de parapluie. 363, Ornement en or employé pour la toilette. 364, Bout en cuivre pour parapluie. 365, Sceau de mandarin. 366, Ecritoire contenant l'encre du sceau nº 365. 367, Table sur laquelle on fait brûler des cierges. 368, Grille en fer. 369, Enseigne avec caractères chinois. 370, Fenêtre avec barreaux en fer. 371, Anneau pour porte d'un meuble. 372, Objet de toilette pour les femmes. 373, Instrument. 374, Casque. 375, Boutons de cuivre doré. 376, Cadenas. 377, Tasse propre à contenir et transvaser les liquides. 378, Ornement d'intérieur d'appartement. 379, Instrument en corne pour faciliter l'entrée du pied dans le soulier. 380, Panier en fer. 381, Tasse à boire. 382, Support pour mettre différents objets. 383, Rechaud pour les appartements. 384, Crochet. 385, Fourchette. 386, Partie d'une pipe d'opium. 387, Ouverture en cuivre d'une pipe d'opium. 388, Boîte d'opium en cuivre. 389, Lampe à huile propre à brûler l'opium. 390, Boîte en fer verni pour l'opium. 391, Anneaux que les femmes portent aux doigts. 392, Pipe à opium. 393, Plateau pour fumer l'opium. 394, Broche à fumer l'opium. 395, Hache. 396, Pilon pour écosser le riz. 397, Laminoir pour le fil d'archal. 398, Feuille de tôle. 399, Fil d'archal. 400 à 402, Harpons de bambous avec crochets de fer propres aux bateliers. 403, Serrure, façon europ., à 2 tours. 404, Rabot à couper le tabac. 405, Clou à vis. 406, Clé de serrure. 407, Scie à main. 408, Fusil à mèche. 409, Arc chinois. 410, Carquois avec ses flèches. 411, Alambic pour distiller le *sham-shou*. 412, Manivelle d'un appareil à écosser le riz. 413, Lampe à huile. 414 et 415, Appareils pour écosser le riz. 416, Outil en fer à l'usage des charpentiers. 417, Instrument en fer propre à charger la pipe d'opium. 418, Instrument de fer à l'usage des sculpteurs. 419, Lampe à fumer l'opium. 420, Boîtes à opium. 421, Cuillère en bois pour puiser l'eau. 422, Lampe de Couli. 423, Pinces. 424, Bassin en fonte. 425, Cuillère. 426, Outil ou pelle pour les forgerons. 427, Porte à secret pour les coffres-forts. 428, Etabli de charpentier. 429, Hameçons. 430, Mannette en fer. 431, Couplet à queue d'hirondelle. 432, Herse avec dents de fer ou de bambou. 433, Charrue. 434, Couteau de chasse. 435, Sabre à poignée. 436, Rasoir. 437, Sabre de soldat à lame recourbée. 438, Appareils pour attacher les pieds des malfaiteurs. 439, Couteau. 440, Ciseaux de femme. 441, Poignard. 442, Cloche. 443, Ciseaux de tailleurs. 444, Grande cloche de pagode. 445, Vilebrequin. 446, Ciseaux de ravaudeuses. 447, Chaîne en fer à l'usage des mandarins. 448, Drapeau. 449, Canon. 450, Cornet à poudre. 451, Etrier. 452, Manche de lance. 453, Fusil garni de sa mèche et à roulettes. 454, Pique à deux bras. 455, Lampe de pagode, en fil de fer, propre aux jeux d'artifice. 456, Sabre droit. 457 à 459, Trophées à l'usage des pagodes. 460, Pipe en cuivre rouge. 461, Pipe en cuivre blanc. 462, Pilon et son mortier. 463, Tour à travailler le bois et le fer. 464, Cloux de différentes sortes (celui à deux pointes est remarquable). 465, Outil. 466, Pierrier. 467, Fusil à canon de rechange. 468, Aiguille garnie de son fil. 469, Couteau à couper le cuir (outil pour sellier). 470, Canon. 471, Couteau à l'usage des sculpteurs. 472, Instrument appelé *Kimm* à l'usage des pagodes. 473, Instrument *Ting-Ting*. 474, Grand vase à l'usage des pagodes. 475, Idole du Dieu des richesses. 476, Bougeoir. 477, Espèce de collier que les Chinois portent pendant l'hiver. 478, Support de lampe. 479, Ornement de pagode. 480, Bouton de cuivre doré. 481, Support de lampe. 482, Vase en porcelaine, propre à contenir diverses substances. 483, Paniers à compartiments. 484, Vase dans le genre du n° 482. 485, Vase de pagode. 486, Enseigne de bois peinte indiquant le nom de la maison. 487, Vase de pagode. 488, Instrument de pagode. 489, Idole du dieu *Foh*. 490, Bougeoir. 491, Support de lampe. 492, Objet en cuivre pour transvaser les liquides. 493, Pot d'apothicaire. 494, Pot d'apothicaire grand format. 495, Boîte en plomb. 496, Cuillère propre à tirer de l'eau. 497 à 500, Lances portées par les soldats devant les portes des mandarins. 501 à 508, Ces objets qu'on appelle *pa-pao*, ou « les huit choses précieuses, » objets déjà signalés, décorent la porte d'entrée d'un mandarin ou d'une pagode; quelquefois on les porte en procession dans les rues à l'occasion d'un mariage ou d'autres cérémonies particulières. 509, Poignée d'un sabre. 510, Vase de Pagode. 511, Aiguille avec son fil. 512, Verrou. 513, Entrée de serrure. 514, Mannette. 515, Fiche ou charnière. 516, Etabli de charpentier. 517 à 522, Objets semblables aux n°s 501 à 508. 523, Objet appelé *Teou-Tou*. 524, Flèche 525, Pique commune. 526, Dard ou javelot. 527, Balance appelée *Dot-Chin*. 528, Poids à peser. 529, Poids à peser. 530 à 534, Armes. 535 Teou-Tou ou grand sabre porté devant les mandarins. 536 et 537, Chaînes pour attacher les prisonniers. 538, Bambou propre à frapper les condamnés. 539, Sabre propre à couper la tête des suppliciés. 540, Entraves pour serrer les pieds des condamnés. 541, Gouvernail de jonque. 542, Appareil employé sur une jonque. 543, Boules à jouer. 544, Marteau. 545, Fourche, arme de guerre. 546, Couteau d'apothicaire. 547, Pioche 548, Tasse. 549, Instrument de musique. 550, chandelier. 551, Cuillère. 552, Lampe. 553, Vilebrequin pour le bois. 554, Vase à contenir de l'eau pour être chauffée. 555, Vase pour se laver. 556, Clou. 557, Clou dont une partie sert de fermeture. 558, Pelle. 559, Grand Clou. 560, Grand bassin en fonte. 561, Couteau à couper le bois (espèce de gayette.) 562, Couteau pour couper le poisson. 563, Théière. 564, Veilleuse en verre. 565, Boîte à thé. 566, Boîte en fer, propre à contenir l'eau, à l'usage des peintres. 567, Crachoir. 568, Boîte propre à contenir des sucreries. 569, Théière. 570, Chandelier de pagode. 571, Lanterne de verre. 572, Pot à pommade pour la toilette des femmes. 573, Plat de pagode. 574, Objet qui accompagne la pipe. 575, Vase de pagode. 576, Chandelier. 577, Théière. 578, Chandelier. 579, Grand vase de pagode. 580, Chandelier. 581, Poinçon employé pour marquer les pièces de monnaie. 582, Couteau. 583, Couteau. 584, Outil à l'usage des cordonniers, rond d'un côté et pointu de l'autre. 585 et 586, Couteaux. 587, Couteau employé pour couper les feuilles de mûriers. 588, Marteau à l'usage des tailleurs de pierre. 589, Houe ou Outil de charpentier. 590, Scie avec corde placée au milieu dans le genre du n° 161. 591, Ciseaux de tailleur de pierre. 592, Ciseaux de charpentier. 593, Targette. 594, Laminoir pour les bambous. 595, Cadenas. 596, Chandelier. 597, Vase de pagode. 598, Chandelier.

988 Carte d'articles de quincaillerie chinoise.

1 et 2, Rasoirs. 3 à 15, Couteaux divers de forme européenne et de fabrique chinoise. 16, Eustache chinois. 17 à 23, Couteaux divers chinois. 24,

Secateur. 25, Cure-oreille. 26, Scie, façon européenne, mais de fabrique chinoise. 27 et 28, Canifs de forme européenne. 29, Pierre à repasser les rasoirs. 30, Objet de parure chinoise. 31, Pince de forgeur. 32, Briquet. 33 et 34, Mouchettes. 35 à 39, Ciseaux divers. 40, Cloche en cuivre blanc. 41, Cadenas-serrure. 42 à 50, Objets d'épilation. 51, Etui pour renfermer les objets d'épilation. 52, Couteau à hacher. 53, Cure-oreille. 54 et 55, Couteaux façon européenne et de fabrication chinoise.

989 * Carte de verrerie et bimbeloterie chinoises.

24 objets en verre et cristal de la fabrique de Canton. 4 objets divers. 9 pièces d'ivoire. 1 bambou sculpté.

Dans ces derniers objets étaient deux boussoles ou compas de marine employés par les Chinois.

On sait, d'après Duhalde, que la boussole est d'origine chinoise, qu'elle fut inventée plus de mille ans avant notre ère, par *Tcheou-Kong*, astronome de *Teng-Fou-Hien*, du département et province de Honan. On sait encore qu'elle fut apportée de la Chine par Marco Polo, vers la fin du 13e siècle.

La boussole ou compas de marine employée par les Chinois est appelée *lo-king*, mesure des degrés, ou *ting-nan-tching*, aiguille qui montre le sud.

Elle est composée de plusieurs cercles concentriques de grandeurs relatives. Le plus central et, par conséquent, le plus petit contient 8 caractères chinois, qui désignent les quatre points cardinaux et leurs intermédiaires. Le second cercle contient les douze caractères horaires, division du jour naturel des Chinois. Le troisième cercle contient vingt-quatre caractères, indiquant la division des cieux en 360 degrés, dont se composent les grands cercles célestes. Le quatrième cercle est le cycle des 60 ans, divisé en 60 parties, et qui règle l'ère chinoise. Au-delà sont d'autres cercles qui ont également rapport à l'astronomie et même à la mythologie des Chinois. Renvoi à la description de l'Almanach.

990 * Carte de mesures et monnaies anciennes de la Chine.

Ensemble 36 pièces, dont deux croix de 96 pièces chaque.

La base fondamentale des poids, mesures et monnaies des Chinois est le *Hoang-Tchong*, tube dont le son, la capacité et la longueur donnent les éléments de tout le système décimal chinois (1).

Résultats :

Poids : 100 *kin* (catti) égalent 1 *tan* (Picul) égale 60,453 kilogrammes ; c'est la valeur commerciale égale à 133 1/3 livres anglaises, *avoir du poids*. La valeur réelle, au poids du taël d'argent, est un peu plus forte.

(1) L'inventeur du calcul décimal, du calendrier et de beaucoup d'autres créations utiles, est l'empereur Hwang-ti, qui monta sur le trône l'an, avant notre ère, 2,697.

Mesures : 10 *tsun* (pouces) égalent 1 *tchi* (*covid*) égale 37,25 centimètres.

Le covid d'amoy, et celui en usage dans tous les ports du nord pour la mesure des soieries, est de 35 centimètres environ.

Monnaies : 1,000 *li* (1) (*cash* ou *sapek*) égalent 1 *liang* (*taël*) égale fr. 7,63.

Ce chiffre est la valeur du poids d'un taël (1/16 d'un catti), soit 37,78 grammes d'argent pur *sycee*, 717 taëls valant à Canton 1,000 dollars. Le dollar de 100 cents est évalué à fr. 5,47, valeur moyenne de 10 ans.

991 * Panoplie chinoise comprenant des piques, des fusils, des mousquetons, des sabres, des boucliers, des arcs, des flèches et autres armes.

Tous les articles des quatre derniers numéros, rapportés par M. Hedde, sont actuellement déposés au ministère du commerce.

992 Articles de quincaillerie et de curiosité des Chinois.

1, Cadenas en cuivre formé de deux pièces qui s'emboîtent l'une dans l'autre, l'une le récipient, et l'autre la gâche, composée de deux ressorts intérieurs et d'une tige extérieure qui opère la fermeture. Une coulisse, forme grecque, fait l'office de clé et opère l'ouverture du cadenas en poussant la gâche.

2, Cadenas de même nature et de même force, mais à double tour. La clé est à aile, forée et à deux pannetons. On l'enfonce entière dedans : on fait un demi-tour à gauche, puis un demi-tour à droite, enfin un demi-tour à gauche pour extraire la clé. Ce dernier cadenas est incrochetable par nos moyens connus.

3, Idole de la déesse de la fortune avec son fils, le génie des richesses; ce dernier tient à la main un *sycee* (saïci), lingot d'argent qui représente la richesse.

4, Idoles faites en composition où la pâte de riz entre en majeure partie. Ces sujets, au nombre de douze, représentent des héros ou demi-dieux de la mythologie chinoise.

(1) Le *li* est la seule monnaie courante des Chinois.

Sa composition, d'après une ordonnance de Kieng-Long, est ainsi qu'il suit :

Cuivre rouge,	50 parties.
Zinc,	41 1/2
Plomb,	6 1/2
Etain,	2

100 parties pesant 1 mace 4 caudarin, c'est-à-dire 5,28 grammes.

5, Nécessaire en laque noire, peinte avec dessins dorés en relief, et contenant 38 pièces en ivoire sculptée.
6, Jeux chinois, trictrac, jeux d'échecs.
7, Balance et ses poids.
8, Trébuchet et sa boîte.
9, Trébuchet et son poids.
10, Pagodites sculptées.
11, Couteau de forme européenne et de fabrique chinoise.
12, Eventails en papier.
13, Eventails en plumes.

DESSIN.

993 Méthode pour apprendre le dessin.

Voici les principales dispositions de cet ouvrage curieux :

Etude de l'homme :

1, Parties différentes d'une figure humaine, vue de face. 2, Figure plus détaillée. 3, Contour de la tête, vue de face. 4, Même dessin avec la place indiquée du nez et des yeux. 5, Même dessin avec les principaux traits placés. 6, Ligne d'une figure accentuée pour en mieux indiquer le modèle. 7, Ensemble de la même tête avec plus de détails. 8 à 15, Coupes diverses de nez, vus de face. 16 à 21, Dessins d'yeux, vus de face, de différentes formes, mais toujours bridés et indiquant le type caractéristique chinois. 22 à 24, Bouches diverses. 25 et 26, Contours de tête, vus de face. 27 à 32, Formes de moustache. 33, Barbes avec moustaches. 34, Barbe, moustache et favoris. 35, Figure au trait vue de face, composée avec les éléments précédents. 36, Autre caractère de figure plus composée et ombrée. 37, Autre, vue de face. 38 et 39, Autres, vues aux trois quarts. 40 et 41, Autres, vues de profil. 42, Autre, vue par derrière en raccourci, à la renverse. 43, Autre, vue de derrière. 44, Autre, vue de face, en raccourci. 45, Autre, vue de face, en raccourci, mais dans une position inclinée.

994 Etude des herbes et des insectes.

1 à 5, Fleurs graduées. 6 à 11, Feuilles graduées. 12 à 16, Tiges graduées. 17 à 20, Insectes gradués.

995 Etude des fleurs, des feuilles, des branches et des oiseaux.

1 à 5, Fleurs et groupes de fleurs sans tiges. 6 à 9, Feuilles et groupes de feuilles. 10 à 12, Branches et tiges. 13 à 20, Etudes d'oiseaux gradués et groupes d'oiseaux.

996 Etude des différentes espèces de bambou.

La famille des bambous est une des plus riches du règne végétal de la Chine. Les dessinateurs et les peintres y puisent de brillants sujets de composition.

997 Méthode pour dessiner progressivement toutes les différentes espèces d'arbres.

998 Méthode pour dessiner les figures d'hommes, d'animaux et de construction.

1 à 18, Etudes d'hommes dans différentes positions et circonstances. 19, Différents groupes d'animaux. 20 à 22, Oiseaux groupés de différentes manières. 23 à 41, Constructions diverses, telles que ports, maisons, portes, pagodes. 42 à 45, Barques et bateaux. 46 et 47, Meubles divers.

999 Principes pour l'étude des arbres et du paysage.

1,000 Etudes graduées pour les différentes plantes et fleurs de marais, pour celle de l'arbre *mei*, pour celle du bambou et pour celle de la rose de Chine; renvoi au numéro 817 précédent de la 2e partie.

1,001 Etudes graduées pour les arbres et les insectes, ainsi que pour les fleurs, les fruits et les oiseaux.

1,002 Etude des cent formes différentes.

1,003 Etude des personnages célèbres de l'antiquité.

1,004 Substances préparées pour la peinture.

1. Vermillon, 1re qualité. 2, Cinabre, 2e qualité, remarquable par sa légèreté. 3, Mine orange. 4, Jaune gomme gutte. 5, Cendre verte, malachite. 6, La même, broyée à la gomme. 7, Argent broyé. 8, Or broyé. 9, Blanc d'argent. 10, Bol d'arménie. 11, Cendre bleue, prussiate. 12, Indigo.

13, Carmin fin. 14, Colle de peau de buffle. 15, Terre ferrugineuse. 16, Vermillon extrà-fin. 17, Terre de Cassel. 18, bleu minéral, avec aspect végétal. 19, Noir de fumée, dans le genre du noir de Liège, à l'aspect rougeâtre, mais devient très noir à l'emploi. 20, Rouge carminé remplaçant notre laque. 21, Jaune correspondant à notre jaune de chrôme. 22, Encre sèche odoriférente, dite encre de Chine.

1,005 Objets divers concernant l'écriture et le dessin.

1. Dessins représentant la méthode de tenir le pinceau pour écrire et pour dessiner. 2, pinceaux. 3, Feuille de papier de moëlle d'arbre. 4, Ecritoire. 5, Papier à lettres. 6, Timbre sec. 7, Godets. 8, Boîte à couleurs. 9, palette.

1,006 * Dessins coloriés, sur papier de moëlle d'arbre, représentant la fabrication de l'encre sèche odoriférente, dite encre de Chine.

1, Fourneau. 2, Suie. 3, Mélange, 4, Encollage. 5, Mélange de Camphre, de musc et de poivre. 6, mélange. 7, Séchage. 8, Fabrication. 9, Dorure. 10, Vente. 11, Pesage. 12, Emballage.

1,007 Instrument de musique chinoise.

On en distingue trois sortes, 1° à cordes, 2° à vent, 3° à percussion. Voici les principaux :

1 *Yaug-kin*, instrument à 12 cordes de laiton.
2 *Youei-kin*, guitare à deux cordes à boyau.
3 *Pi-pa*, lyre bombée à 4 cordes à boyau.
4 *Yang-tchan*, instrument à 16 cordes de laiton.
5 *San-hien*, guitare à 3 cordes basses.
6 *Ty-kin*, violon criard à 2 cordes.
7 *Eull-hien*, guitare à 2 cordes qui se joue avec l'archet.
8 *Ta-Siao*, grande flûte.
9 *Eull-siao*, tierce.
10 *San-siao*, petite flûte.
11 *Tchy-tong*, hautbois criard.
12 *Ta-tong*, trombone.
13 *Tchy-kio*, trompette.
14 *Tcha-kio*, clairon.
15 *Shang-seng*, espèce d'accordéon à vent.
16 *Nieou-kio*, cornet à bouquin.
17 *Ty*, flageolet.

18 *Ta-kou*, tambour.
19 *Hu-pan*, castagnette à 3 pièces.
20 *Po-Yu*, pièce de bois creux que l'on frappe avec une baguette.
21 *Ta-tchan*, cymbales.
22 *Ting-ting*, petit gong appelé *lo*, que l'on frappe avec un marteau.
23 *Lo*, gong ou tam-tam.
24 *Tchoung*, cloche que l'on frappe avec un marteau et dont le son sert de diapason.
25 Livre de musique chinoise.

Pour tous les renseignements sur les instruments et la musique des Chinois, renvois aux mémoires des missionnaires du Pékin, tome 6, page 164.

1,008 Dessins au trait, tirés du *Tien-Kong-Kai-Wé*, petite encyclopédie chinoise des arts et métiers.

Industries diverses :

1, Labours, premier sarclage. 2, on met de la terre sur les racines des céréales, hersage. 3, Machine hydraulique, roue à aubes. 4, Noria mue par des hommes. 5, Roue hydraulique à chapelets mue par un buffle, attachée à un manége. 6, Chapelet hydraulique mu par un homme à l'aide des mains. 7, Travail de la terre. 8, Second sarclage. 9, Tour à filer. 10, Dévidage, doublage. 11, Ourdissage. 12, Tissage des étoffes façonnées. 13, Métier de ceinture pour fabriquer les tissus unis, encollage. 14, Egrainage, cardage. 15, Boudinage. 16, Ecossage, battage. 17, Aire à riz en paille, moulin en bois. 18, Moulin en terre, ventilateur. 19, Martinet à eau. 20, Moulin à eau. 21, Mouture, mortier à pilon. 22, Ecossage. 23 et 24, Préparation du sel et distillation. 25, Puits artésiens du pays de *Sho*, Chauffage des chaudières par le gaz hydrogène. 26, Ecossage et battage des grains. 27, Moulin pour écraser la canne à sucre. 28, Fonte des métaux. 29, Fonte des cloches. 30, Fonte des dessins à relief. 31, Fonte des monnaies. 32, Achèvement des monnaies. 33, on forge des ancres. 34, Fabrication des aiguilles. 35, Fabrication des cymbales et des tam-tams. 36, Extraction de la houille dans les contrées du sud, gaz hydrogène conduit hors de la mine. 37, Fours à chaux chauffés à la houille, extraction des meules à moudre. 38, Fonte du souffre et de l'arsenic. 39, Pressoirs à coin. 40, Moulin pour décortiquer les graines de l'arbre à cire *(Stillingia sebifera)*. 41, Bluttage, cuisson des graines de l'arbre à cire et des graines de Sésame. 42, Extraction du minerai d'argent. 43, Séparation du plomb de l'argent. 44, Fonte du minerai d'argent. 45, Fonte du cuivre. 46, Transport du minerai de cuivre après le lavage, fonte du minerai de cuivre. 47, Extraction du minerai de cuivre et de plomb, fonte du zinc. 48, Extraction du minerai d'argent, transport et lavage. Appareil pour la pêche des perles. 52, Recherche des pierres précieuses, descente dans le puits d'un homme ayant une sonnette d'alarme, asphyxie. 53, Choses diverses.

1,009 * Dessins au trait : production et fabrication de la soie.

1,010 * Dessins au trait.

1, Fabrication de la soie. 2, Industrie du *ma*, industrie du coton. 4. Industrie du thé. 5. Commerce et usage de l'opium. 6. Différents âges de l'homme en Chine.

1,011 * Dessins au trait : professions diverses.

1,012 * Dessins au trait : professions diverses.

1,013 * Dessins au trait : professions diverses.

1,014 * Dessins au trait : professions diverses.

1,015 * Tableau pour tapisserie :

Le pauvre au travail, tableau grotesque dans le genre Callot, avec cette épigraphe : « Le bien vient en travaillant. »

1,016 * Tableau pour tapisserie :

La femme savante et le forgeron, avec cette épigraphe : « Vaut mieux travail que science. »

1,017 * Tableau pour tapisserie :

Le jeu engendre dispute, vol et misère, composition grotesque dans le genre Callot.

1,018 * Dessins coloriés, sur papier de moëlle d'arbre, représentant les bateaux divers de la Chine :

1 Bateau coche.
2 Bateaux, dits de Fleurs, pour les femmes galantes.
3 Jonques marchandes garnies d'habitations.

Le nom de Jonque est d'origine orientale. Il s'applique aux plus gros navires chinois et japonais. On les distingue à l'œil de la vigilance peint ou sculpté de chaque côté de l'avant. Les plus grosses Jonques du port de Canton n'excèdent pas 500 tonnes. Dans les ports du Nord, principalement à Ning-Po, on en voit d'énormes qui jaugent probablement plus de 1,000 tonneaux.

4 Bateau d'un dignitaire élevé.
5 Barque de pêcheur et bateau pour le transport de la chaux.
6 Bateau pour le transport des tissus.
7 Bateau d'un dignitaire inférieur.
8 Bateau de douanes.
9 Fast-Boat, barque de passage.

Ce dessin représente exactement le bateau qui a plusieurs fois porté la délégation commerciale de Canton à Macao et *vice versà*. Voici sa description :

Sur l'avant, six ou huit *sheou* rament, quand le vent refuse. Lorsqu'il est bon, une grande voile en natte est hissée aux chants cadencés de *haï-yo, haï-yo*. Au pied du mât, sur le pont, est un canon de bois peint et quelques piques et lances pour effrayer les pirates.

La salle intérieure s'ouvre sur l'avant dans toute sa largeur. De chaque bord, sont des ouvertures garnies de panneaux à coulisses et de rideaux. Aux quatre coins sont étendues des nattes servant de lits. Une porte communique avec l'arrière. De chaque côté, pend une lanterne en papier verni, avec ces mots en caractères rouges :

Bon vent, bonnes affaires.

Au-dessus, est une bande de soie peinte, sur laquelle on lit :

Je suis l'ami des commerçants ; les vents favorables m'accompagnent.

La porte ouvre sur un couloir, où sont les loges des *Boys* et *Coulis*. A l'arrière, est le pilote à la barre ; à babord, la cuisine, et à tribord, les aisances.

Ce bateau fait ordinairement le trajet de Macao à Canton en 12 heures. On reste d'autres fois plus ou moins, suivant le temps.

10 Bateau armé pour la fraude d'opium.
11 Jonque de guerre.
12 Jonquille marchande faisant le service de Java et des Philippines.
13 Pirate.
14 Bateau pour les personnes de la classe aisée.
15 Boutique flottante.
16 Embarcation armée.
17 Barque pour le transport du riz.
18 Bateaux à canards.
19 Bateau pour les concerts
20 Bateau pour le transport du thé.
21 Café flottant.
22 Jonque de guerre armée à l'européenne.
23 Barque pour le transport du riz en paille.

24 Ancienne jonque de guerre.
25 Bateau de campagne.
26 Stationnaire pour la surveillance des ports.
27 Bateau pour le transport des dépêches.
28 Bateau-poste.
29 *Tan-ka*, barque de passage.
30 Autre, moins élégante.
31 Bateau de nuit.
32 Jonque marchande faisant le service des côtes.
33 Bateau pour le transport des soies, dans le genre du n° 27.
34 Jonque marchande faisant le service d'Hai-nan.
35 Autre faisant le service du Ton-Kin.
36 Petite barque pour la promenade.
37 Bateau fraudeur dans le genre du n° 10.
38 Bateau pour la promenade dans le genre du n° 4.
39 Jonque de guerre dans le genre du n° 22.
40 Bateau pirate dans le genre du n° 10.
41 Jonque marchande dans le genre du n° 35.
42 Bateau pour le transport du riz, comme le n° 17.
43 Bateau servant pour les concerts.
44 Jonque marchande pour le transport de la houille.
45 Bateau pour la promenade dans le genre du n° 7.
46 Bateau pirate.

1,019 * Scène théâtrale populaire à *Sin-Tsao-Kiao*, près de Sou-Tchou.

1,020 * Arrestation d'un malfaiteur.

1,021 * Méthode pour dresser les chevaux en Tartarie.

1,022 Atlas de seize cartes représentant les provinces intérieures de la Chine.

1,023 Mappemonde exécutée, en 1610, par les missionnaires français, d'après l'ordre de l'empereur Kang-Hi. — Hémisphère occidental.

1,024 La même, hémisphère oriental.

1,025 Mappemonde réduite.

1,026 Carte générale des provinces intérieures et extérieures de l'empire chinois, non compris les états tributaires, tels que Ava, la Cochinchine, Siam, etc. La superficie s'étend du 18e jusqu'au 60e degré de latitude nord et du 70e au 155e degré de longitude est de Paris.

1,027 Plan de Pékin, autrement *Shun-tien-Fou*, ville principale de la province du *Tchi-li* et capitale de l'empire chinois.

A l'extrémité du lac *Tai-i-tchi*, qui est dans l'intérieur de la ville, on trouve le temple consacré à l'inventeur de la soie. Au devant est un jardin planté de mûriers, où, chaque année, au printemps, l'impératrice vient accomplir la cérémonie des vers à soie.

Renvoi à la description de Pékin par le père Hyacinthe.

1,028 Deux cartes des côtes de la Chine, depuis le port de Canton jusqu'à Shang-Haï, avec des plans détaillés des cinq ports ouverts au commerce étranger.

1 De l'entrée de la rivière de Canton.
2 Du port d'Amoy.
3 De l'entrée de la rivière Min qui conduit à Fou-Tchou.
4 De l'entrée de la Ta-Hia, qui conduit à Ning-po.
5 Des entrées du Yang-Tsé-Kiang et du Wou-Song, par où l'on parvient à Shang-Haï, ainsi que d'autres principaux points fréquentés par le commerce étranger.

Ces divers plans sont des calques des dessinateurs chinois sur des cartes anglaises.

1,029 Carte du Japon.

Cet empire est formé d'un archipel, comprenant trois îles principales et d'un grand nombre d'îles qui s'étendent du 30e au 46e de latitude nord. On en estime la population à plus de trente millions d'habitants.

C'est sur la grande île de Niphon que se trouve le territoire séricicole. D'après l'encyclopédie japonaise, les districts situés sur la côte occidentale produisent la soie la plus blanche et la plus fine. Ceux de la côte orientale produisent la seconde qualité, moins blanche et plus grossière. Dans cette île, la production de la soie, au moyen des vers qui se nourrissent des feuilles du mûrier, ne s'élève pas au-delà du 38 ° de latitude nord. Au-delà sont les vers sauvages qui se nourrissent du fagara. Les deux grands foyers producteurs de soie sont Osaca au sud et Miaco au nord.

1,030 Carte de l'Archipel de Soulou, dressée par M. J. Mallat, auteur d'un grand ouvrage sur les Philippines.

Dans cet archipel se trouve la fameuse île de Basilan, où, en 1845, notre marine, guidée par M. le contre-amiral Cécile, et, en présence du ministre plénipotentiaire, M. de Lagrénée, a vengé, d'une manière éclatante, la mort de l'enseigne de vaisseau, M. Ménard.

1,031 * Tableau pour tenture religieuse, représentant une divinité chinoise.

1,032 * Tableau pour tenture religieuse, représentant deux jeunes filles et une biche.

1,033 * Quatre tableaux pour tenture, représentant l'intérieur du sérail à Pékin.

1,034 * Quatre tableaux pour tenture, représentant les sages et philosophes de l'antiquité.

1,035 * Quatre tableaux pour tenture, représentant les jeunes filles de Sou-Tchou.

1,036 * Quatre tableaux pour tenture, représentant le délassement des jeunes filles.

1,037 * Tableau représentant Kwan-Yn, ou la vierge des Chinois.

1,038 * Quatre tableaux représentant les jeux des enfants.

1,039 * **Quatre tableaux représentant les travaux de l'agri culture.**

1,040 * **Huit tableaux représentant la production et la fabri cation de la soie.**

1,041 * **Dessins coloriés, sur papier de moelle d'arbre, représentant les différentes époques de la vie en Chine.**

1, Naissance. 2, Allaitement. 3, première tonsure. 4, Ecole. 5, Mariage. 6, Visite. 7, Hommage aux ancêtres. 8, Réception au baccalauréat. 9, Elévation aux premières dignités. 10, Testament. 11, on reçoit les hommages de ses neveux et arrières petits neveux. 12, La mort.

1,042 * **Dessins coloriés, sur papier de moelle d'arbre, représentant des scènes théâtrales, tirées de l'histoire ancienne de la Chine.**

1 Réunion des chefs de tribus.
2 Accord des deux principaux.
3 Hommage d'un jeune chef à la fille d'un de ses ennemis.
4 Tableau allégorique.
5 Un ami vaut mieux que 10,000 soldats.
6 Le défenseur de l'orphelin en Chine.
7 Aucun accord ne peut avoir lieu entre le fourbe et l'honnête homme.
10 Marche au combat.
11 Il faut se défier des présents d'un ennemi.
12 Grand tableau de l'accord général de tous les partis. Le soleil et la lune assistent à cette fête solennelle.

COSTUMES DIVERS.

1,043 * **Portrait de l'empereur de la Chine.**

Taou-Kwang, fils du dernier empereur *Kia-King*, monté sur le trône à l'âge de 39 ans. Il est actuellement âgé de 68 ans.

1,044 * **Autre portrait du même souverain.**

1,045 Autre portrait, peint par le célèbre ***Lam Kwa***, envoyé, en 1844, par M. Hedde, à la chambre de commerce de Lyon. Renvoi au n° 1,491 du catalogue de l'exposition de cette ville.

1,046 * Portrait à l'huile, de Ki-ing, gouverneur des deux Kwang, commissaire impérial chargé de la gestion des affaires étrangères.

Ce tableau du signataire du traité français a été rapporté par M. Hedde. Il est déposé au ministère du commerce.

1,047 * Quatre tableaux de jeunes Chinois.

1,048 * Jeune fille de Canton.

1,049 * Dessins coloriés, sur papier de moelle d'arbre, représentant des costumes ordinaires.

1 et 2, Homme et femme du peuple à Macao. 3 et 4, Cultivateurs de Shunti, homme et femme. 5 et 6, Bonze et bonzesse. 7 et 8, Homme et habitants de Haï-nan, 9 et 10, Homme et femme du Kwei-Tchou. 11 et 12, Bonze inférieur et bonze supérieur.

1,050 * Dessins coloriés, sur papier de moelle d'arbre, représentant les divers travaux des femmes.

1, Ouvrière brodant des garnitures de satin. 2, Faiseuse de lacets. 3, Ouvrière tailleuse. 4, Faiseuse de bas. 5, Brodeuse de mouchoirs à main. 6, Faiseuse de cartes de soie floche. 7, Faiseuse de bandeaux pour la tête. 8, Ouvrière ajoutant des bouts de soie. 9, Ouvrière cardant la filoselle. 10, Faiseuse de calottes. 11, Brodeuse de mouchoirs de crêpe. 12, Ouvrière brodant des bourses.

1,051 * Dessins coloriés, sur papier de moelle d'arbre, représentant les délassements des femmes.

1, Jeune fille en récréation. 2, Brodeuse de crêpe. 3, Jeune mère et son enfant. 4, Jeune fille s'exerçant au flageolet. 5, Lecture. 6, Peinture. 7, Musique. 8, Jeu de cartes. 9, Cueillette de fleurs. 10, toilette. 11, Toilette. 12, Toilette.

1,052 * Dessins coloriés, sur papier, représentant les récréations ordinaires des femmes.

1, Musique. 2, Pêche. 3, Jeu de l'empereur Yao. 4, Repas. 5, Toilette. 6, Musique.

1,053 * Dessin colorié, sur papier, représentant un mariage à Canton.

1, Musique et cadeaux. 2, Marche des parents et de la fiancée.

1,054 * Tableau représentant un concert de jeunes filles.

1,055 Papier au trait fait à la main pour tenture.

1,056 * Tapis en laine, brodé or et soie.

1,057 * Petite devanture d'autel en laine, brodée or et soie.

1,058 * Grande devanture d'autel en laine, brodée or et soie.

1,059 * Portrait de famille : *Lo-Ki, tao-taï* de Tchang-tchou.

1,060 * Portrait de famille : la mère du gouverneur de *Tchio-Bay*, appelé *Li-Soui*, avec ses enfants.

1,061 * Album contenant 120 dessins au trait.

8, Industrie du coton. 12, Procession d'idoles. 24, Coquilles et poissons. 12, Fête des lanternes au dragon volant. 8, Idoles. 2, Vannoir et temple. 4, Idoles. 10, Culture du riz. 10, Idoles. 2, Industrie du coton. 12, Industrie et culture. 2, Idoles. 4, Fabrication de la porcelaine. 10, Temples divers.

1,062 * Album contenant 118 dessins au trait.

24, Idoles. 12, Exercices des soldats. 10, Production de la soie. 12, Insectes et plantes. 12, Fruits. 12, Oiseaux; ces trois collections remarquables au lavis. 12, Scènes de théâtre. 24, Coquilles et poissons.

1,063 * Album contenant 120 dessins au trait et représentant les professions diverses de la Chine.

1,064 *Album contenant 120 dessins au trait.

38, Industrie de la soie. 16, Industrie du *ma*. 18, Industrie du coton. 24, Industrie du thé. 12, Industrie de l'opium. 12, Les différentes époques de la vie de l'homme en Chine.

1,065 * Album contenant 120 dessins au trait et représentant les diverses professions de la Chine.

1,066 * Album contenant 120 dessins au trait et représentant les diverses professions de la Chine.

1,067 * Album contenant 120 dessins au trait et représentant la production de la soie en Chine.

12 Culture du mûrier.
24 Education des vers à soie.
12 Teinture.
24 Préparation au tissage.
12 Métiers différents employés pour les soieries.
18 Pliage des tissus.
18 Boutiques.

1,068 Costumes de personnages de distinction.

1 *Hwang-ti*, empereur.
2 *Hwang-hao*, impératrice.
3 et 4, Général d'armée, *Tsiang-Kiun*, et sa femme.
5 et 6, Membre de l'institut, *Han-Lin*, et sa femme.
7 et 8, Docteur, *Tsin-Tsé*, et sa femme.

9 et 10, Licencié, *Kin-Sin*, et sa femme.
11 et 12, Bachelier, *Sien-Tsé*, et sa femme.

1,069 Vues et costumes de Macao, tableaux peints à l'huile et sur toile par des Chinois, à la manière européenne.

1,070 Album au trait, représentant l'industrie de la houille.

La houille, *mei-tan*, est très abondante en Chine. On assure qu'elle existe dans tous les départements de l'empire. Aucune ville, disent les Chinois, ne peut être murée, si elle n'est assise sur la houille.

Ils distinguent trois principales sortes de combustible :

1° *Hing-mei*, ou charbon dur.
2° *Joan-mei*, ou charbon mou.
3° *Yao-mei*, ou charbon d'huile.

La première sorte est un anthracite qui donne beaucoup de chaleur et point de fumée. La deuxième contient plus de soufre et beaucoup de flamme. La troisième est principalement bitumineuse et donne beaucoup de fumée.

Le prix du combustible est très élevé. Les meilleures qualités se vendent en détail, de 1 à 1 1/2 dollar le picul, et les menus de 1/4 à 1/2 dollar le picul. Les étrangers n'ont encore fait aucun achat de ce combustible aux Chinois. Ils préfèrent le tirer de l'Inde et même de l'Europe. Les mines récemment ouvertes par les Anglais, à *Poulo-Louban*, sur la côte de Bornéo, suffiront probablement au service des bateaux à vapeur. Les Chinois font, avec du charbon de bois pilé, de la poussière de houille et de la terre, une composition combustible qui remplace avantageusement la houille. Cet article se vend dans le Nord, en gâteaux, à des prix assez modérés.

Renvoi à l'article houille envoyé au ministre, en 1845, par les quatre délégués commerciaux attachés à la mission de Chine.

1,071 Livres et albums divers, au trait et coloriés, dont le détail est au catalogue de l'exposition de Lyon.

1,072 Dessins coloriés, sur papier de moelle d'arbre, représentant les costumes des femmes de la classe élevée en Chine.

1, Jeune femme de Sou-Tchou. 2, Jeune femme d'un *Han-lin*, membre de l'institut. 3, Fille d'un *Tsin-tsé*, docteur ès-lettres. 4, Jeune femme d'un *Kin-sin*, licencié. 5, Seconde femme de l'empereur. 6, Concubine de l'empereur.

7, Jeune fille d'honneur de l'impératrice. 8, Femme d'un *Sien-tsé*, bachelier. 9, Fille d'un *Kwan-sou*, officier supérieur. 10, Courtisane ayant fumé l'opium. 11, Fille d'un *Kwan*, officier inférieur. 12, Fille d'un *Kwan*, officier d'un grade inférieur. Renvoi, pour les détails descriptifs, aux n°s 1,561 à 1,572 du catalogue de Lyon.

1,073 Album de dessins au trait, représentant les professions populaires et costumes divers des habitants de la Chine.

1, Dresseur de serpents. 2, Constructeur de fourneaux. 3, Pêcheur au panier. 4, Garçon chapelier. 5, Escamoteur. 6, Marchand ambulant. 7, Marchand de riz. 8, Physicien. 9, Marchand de pastèques. 10, Marchand de balais. 11, Chaudronnier. 12, Laitier. 13, Marchand d'oiseaux privés. 14, Fabricant de patins en bois. 15, Marchand de chats et de chiens. 16, Bonze. 17, Marchand de poupées. 18, Equilibriste. 19, Tireur de bons numéros. 20, Diseur de bonne fortune. 21, Layetier. 22, Fabricant de flèches. 23, Cardeur de coton. 24, Diseur de bonne fortune. 25, Marchand de fourrures. 26, Tailleur de pierre. 27, Peintre sur porcelaine. 28, Fabricant d'idoles. 29, Equilibriste. 30, Musicien. 31, Emballeur. 32, Marchand de vaisselle. 33, Mendiant jouant des castagnettes. 34, Forgeron. 35, Mendiante. 36, Vidangeuse. 37, Porteur de thé. 38, Ouvrier calendreur. 39, Marchand de *Shu-Lang*. 40, Fabricant de seaux. 41, Restaurateur ambulant. 42, Fabricant de trébuchets à peser. 43, Décortiqueur du *ma*. 44, Cordonnier. 45, Porteur de papier. 46, Marchand de thé. 47, Marchand de nattes. 48, Potier d'étain. 49, Marchand de fil. 50, Mendiant. 51, Fabricant d'huile. 52, Mendiant. 53, Boucher. 54, Fabricant de tabac. 55, Marchand ambulant. 56, Vernisseur de table. 57, Fabricant de perles. 58, Diseurs de bonne fortune. 59, Ecosseur de riz. 60, Fabricant de pipes en cuivre blanc. 61, Marchand de porcs. 62, Marchand de tableaux. 63, Faiseur de gâteaux. 64, Garnisseur de bonnets. 65, Portefaix. 66, Marchand de poires. 67, Marchand de souliers. 68, Joueur. 69, Marchand de fleurs. 70, Vendeur à la toilette. 71, Ravaudeuse. 72, Marchand de poissons. 73, Changeur de monnaies. 74, Luthier. 75, Mère et fille. 76, Dévideuse. 77, Montreur de lanterne magique. 78, Marchand ambulant. 79, Distillateur. 80, Fabricants de filets. 81, Intendant direct du marché. 82, Diseur de bonne fortune. 83, Redresseur de bambous. 84, Approvisionneur. 85, Marchand à la toilette. 86, Marchand de thé. 87, Chasseur. 88, Marchand ambulant. 89, Marchand de plumeaux. 90, Marchand de marteaux à gongs. 91, Marchand de canards. 92, Marchand quincailler ambulant. 93, Marchand de tamis. 94, Marchand de colle de riz. 95, Marchand d'animaux figurés. 96, Mendiante musicienne. 97, Marchand de raves. 98, Préparateur de bétel, formé d'une partie de noix d'Arec, de chaux et de feuille de poivrier. 99, Fabricant de fourneaux. 100, Marchand de volailles. 101, Marchand de rhubarbe. 102, marchand de *Pé-tsai*, espèce de choux qui a le goût de l'épinard, du céleri et d'autres légumes. 103, Marchand d'oranges, 104, Peintre de lanternes. 105, Marchand de colle de riz. 106, Marchande de dents d'ivoire. 107, tailleur. 108, Marchand de tableaux en terre. 109, Marchand de poterie. 110, Marchand de pâte. 111, Ouvrier droguiste. 112, Marchand de poisson. 113, Faiseuse de bas. 114 et 115, Diseurs de bonne fortune. 116, Marchande de viande de boucherie. 117, Marchand de porcs. 118, Marchand de paniers. 119, Marchand de noix muscades. 120, Marchand d'armes blanches. 121, Marchand de légumes. 122, Jeune batelière, *Tanka*. 123, Marchand de lunettes. 124, Marchand de légumes. 125, Rôtisseur. 126, Marchande de fil. 127, Marchand de pâte. 128, Marchand de *Swan-pan*, machine à calculer. 130, Tablettier. 131, Marchand de fruits. 132, Marchand de vaisselle. 133, Bonze. 134, marchand ambulant. 135, Castration des poulets. 136, Ecorcheur de chiens. 137, Ecosseur de riz. 138, Marchand de rats. 139, Raccommodeur sur fer. 140, Ouvrier chapelier. 141, Fabricant de parapluies. 142, Mendiant et son chien. 143, Poseur d'anses en fer. 144, Marchand de flûtes. 145, Ecrivain public. 146, Faiseuse de lacets. 147, Marchand ambulant. 148, Faiseuse de fil. 149, Ouvrière fleuriste. 150, Emballeur. 151, Ouvrier sur le fer. 152, Distillateur de riz. 153, Faiseur d'agraffes. 154, Raccommodeur de vaisselle. 155 à 16, Costumes de divers peuples de l'intérieur de la Chine. 167 à 178, Costume des personnes de la classe élevée en Chine.

1,074 Album contenant 120 dessins au trait, représentant les sujets suivants :

Industrie du verre. Punition des méchants dans la vie future. Cérémonie funèbre. Les héros ou demi-dieux de la mythologie chinoise. Les élégantes de la dynastie des *Song* (960 à 1278 de notre ère). Châtiments des méchants dans la vie future. Jeux populaires. Procession d'idoles. Les pirates de la dynastie *Tong* (25 à 190 de notre ère). Convoi funèbre.

1,075 Album contenant 120 dessins au trait, représentant les objets suivants :

Extraction des minerais. Fabrication du sucre. Culture du blé. Culture de la canne à sucre. Fabrication des éventails. Fabrication de la laque. Travail de l'ivoire. Fabrication de chaussures pour hommes et pour femmes. Fabrication des ombrelles et parapluies. Fabrication de l'encens.

1,076 Album contenant 120 dessins au trait, représentant les sujets suivants :

Fabrication des tambours. Layetterie et ébénisterie. Commerce et usage de l'opium. Travaux des femmes. Musiciennes. Mœurs populaires. Bonzes. Personnages des classes élevées. Famille impériale. Les divers âges de l'homme en Chine.

1,077 Album contenant 120 dessins au trait, représentant les sujets suivants :

Fabrication de la porcelaine. Fête des lanternes. Culture de la terre. Equilibristes. Cérémonie funèbre. Culture du cotonier. Fabrication du coton. Construction des bateaux. Confection des étendards. Sculpteurs sur pierre.

COMMERCE.

1,078 * Dessins au trait, représentant les diverses boutiques des marchands de détail.

1 Boutique de drogueries et épiceries.
2 — de marchandises diverses étrangères.
3 — de tissus étrangers.
4 — de curiosités.
5 — de pharmacien.
6 — de porcelaines et faïences.
7 — de choses diverses et comestibles.
8 — de vêtements.
9 — de chaussures.
10 — de poteries d'étain.
11 — de vannerie, de nattes et de balais.
12 — de paniers de jonc et de fil de ma.

1079 Tableau indiquant le mouvement général du commerce

IMPORTATIONS

N°	Articles		DROITS par 100 kilog.
1	Assafœtida, concrétion pâteuse du *Férula assafœtida*		12 40
2	Cire d'abeilles		12 40
3	Noix d'Areck, que l'on mâche, mélangée avec la feuille de bétel et la chaux.		1 86
4	Biche de mer, olothurie.	noir	9 92
		blanc	2 48
5	Nids d'oiseaux	1re qualité	62 »
		2me »	31 »
		3me »	6 20
6	Camphre	1re qualité	12 40
		2me »	6 20
7	Clous de girofle	1re qualité	18 60
		2me »	12 40
		3me et mère.	3 10
8	Horlogerie, coutellerie, quincaillerie, armes, etc., etc. (1).		5 % à la valeur.
9	Toile à voiles, la pièce.		3 75
10	Cochenille		62 »
11	Cornalines et agates.	brut	3 75
		en grain	12 40
12	Noix muscades	1re qualité	24 80
		2me »	12 40
13	Poivre		4 96
14	Coton brut		4 96
15	id (tissus de)	(2) 1re q. la pièce	1 12
		2me »	75
		indiennes.	1 50
16	id filé		12 40
17	Bezoar de vache, concrétion calcaire tirée des intestins de quelques ruminants		12 40
18	Cutch, gomme de l'*acacia catechu*.		3 72
9	Dents d'éléphans.	1re qualité	49 60
		2me »	24 80
20	Intestins de poissons		18 60
21	Pierres à fusil		62

(1) Cet article, qui ne figure encore que pour 46,870 dollars, soit francs 257,785, ne peut manquer de prendre beaucoup d'importance. Il faut faire observer qu'encore la contrebande a lieu considérablement à cet égard; on peut citer un seul exemple : une seule maison de Canton fait, en horlogerie, pour plus d'un demi-million de francs.

Renvoi aux rapports du délégué spécial, M. Edouard Renard.

les nations occidentales étrangères avec la Chiue.

EN 1844.

	FRANÇAISE présumée.	DIVERSES (3)	AMÉRICAINE.	ANGLAISE.
ollars.	1 500			
	2 500			
		A B H P 51 555	3 485	57 819
		H P 216 252		13 920
		H P 593 548		68 777
		H 1 428		432
		H P 17 280		2 836
	518	P 2 600	5 966	37 786
	1 600			
		37 660	7 584	10 126
				13 160
		H P 6 441		
		B D H P 21 801	36 446	34 783
		H P S 72 993	166 965	6 829 329
	270	B D H P 218 908	614 775	5 774 501
		D 8 825	45 482	717 635
				1 302
	15 000	P 777		
		P 4 500		28 401
		P 13 420		69 890
		B A 323		3 643

(2) L'importation totale des trois articles s'élève à 14,448,683 dollars, soit en fr. 79,467,756. C'est, après l'opium (article prohibé), l'importation la plus considérable du commerce étranger en Chine. Renvoi, d'ailleurs, aux rapports du délégué spécial, M. Auguste Haussman.

(3) Allemande, prussienne, anséatique sont désignées par A; belge, par B; danoise, par D; espagnole, par E; hollandaise par H; portugaise, par P; suédoise, par S.

Suite du Tableau indiquant le mouvement général du commerce

IMPORTATIONS.

			DROITS. par 100 kilog.
22	Verreries et cristaux		5 °/° à la valeur.
23	Gambier, jus distillé de l'*uncaria gambir*, employé en médecine et en teinture		1 86
24	Ginseng, racine du *panax quinquefolia*. . . .	1re qualité	471 20
		2me »	43 40
25	Gommes diverses (1)		6 20
26	Cornes de buffles et autres.		24 80
27	» de rhinocéros.		37 20
28	Tissus de lin.	la pièce	3 75
29	Macis		12 40
30	Nacre brute.		2 48
31	Cuivre brut.		12 40
32	» ouvré.		18 60
33	Fer	brut	1 24
		ouvré	1 86
34	Plomb.		3 47
35	Zinc de Cochinchine		10 °/° à la valeur.
36	Etain de Banca		12 40
37	Ferblanc		4 96
38	Acier		4 96
39	Mercure.		37 20
40	Métaux divers.		voir le détail au tarif
41	Putchuck (racines de *Costus*).		9 30
42	Rotins.		2 48
43	Riz et autres céréales.		libres.
44	Huile de rose Maloès, vernis.		12 40
45	Salpêtre		3 72
46	Ailerons de requins	noirs	12 40
		blancs	6 20
47	Peaux et fourrures	de bœuf	6 20
		de loutre de mer	11 25
		de renard { grandes	1 12
		de renard { petites	56
		de tigre, loutre de terre, etc.	1 12
48	Smalt, émail étranger.		49 60
49	Savon étranger		6 20
50	Poissons secs		4 96
51	Dents de cheval marin.		24 30
52	Espèces monnayées (2).		libres.

(1) Les principales sont le gutta porcha, produit d'une espèce de caoutchoutier ; l'oliban, du *libanus thurifera ;* le sang de dragon, du *calamus rotang*, qui sert en médecine, en peinture et dans les arts ; le benjoin du *styrax benjoin ;* le bdellium et la myrthe, produits résineux qui s'emploient comme encens.

… nations occidentales étrangères avec la Chine.

	EN 1844.			
	FRANÇAISE présumée.	DIVERSES.	AMÉRICAINE.	ANGLAISE.
…lars.		P 340	30	13 322
			137 560	4 847
		H P 3 000		
				4 417
		H P 2 941		31 480
		P 675		1 342
		P 250		2 125
				1 034
	1 000			
				1 763
		H 27 816		
		H P 1 520		9 180
	52	H P 6 766	4 872	142 010
			108 495	16 929
		B 2 550	2 150	15
		H P 101 814	19 854	48 466
		P 3 696	1 190	32 154
		H 15 662		4 918
	100			
				956
		P 73		44 387
	4 000	A B D H P 61 950	6 125	50 117
	10 909	B D H P 42 562	83 252	131 371
				572
				18 040
				102 812
		H P 11 850		
	373	H 948	30 254	18 692
				19 344
				3 696
	1 800			
				775
	19 500	H 54 195	1 125 700	422 892

…2) L'importation du numéraire, en Chine, consiste principalement en dollars et piastres : …le de l'or est presque nulle. On pourrait, néanmoins, y importer d'autres valeurs en argent, …es que monnaies françaises et lingots, attendu que les Chinois font moins attention à la …me de la monnaie qui leur est offerte qu'au titre qu'elle représente.

Suite du Tableau indiquant le mouvement général du commer

IMPORTATIONS.	DROITS par 100 kil
52 Vins et boissons	1 24
53 Bois divers	(1)
54 Tissus de laine	(2)
55 Laine filée	(2)
56 Poterie	5 °/₀ à la vale
57 Articles divers	(3)

(1) Le bois d'ébène est tarifé à raison de fr. 1,86; le bois de sandal, fr. 6,20; le bois Sapan, généralement employé en teinture, voir n° 573 précédent, paye fr. 2,48, et tous l autres bois, rouges, jaunes et non mentionnés, payent *ad valorem*, 10 p. 100 à l'entrée.

(2) La laine, après le coton, est l'article le plus important de l'importation étrangère e Chine. Elle s'est élevée, en 1844, à dollars 3,771,010, soit fr. 20,740,555.

Les tissus de soie et de laine sont assujétis aux mêmes droits. Renvoi au tarif. Les mouchoi de poche carrés, au-dessus de 0m931 de côté, payent 11 centimes; carrés, au-dessous de 0m9 de côté, payent 7 centimes. Fils d'or ou d'argent, en fin, fr. 1,61, et en faux, 0,37 le kilog

Les tissus mélangés laine, soie, ou coton payent 5 p. 100 de la valeur.

(3) Ces articles comprennent l'agar-agar, gélatine tirée du *gigartina tenax*, l'ambre fossile l'ambre animal; les cardamones, l'arack, liqueur fermentée; le codbear, poudre obtenue *lichen tartaricus*, dont on se sert en teinture pour l'avivage du violet, du pourpre, du cramoisi autres couleurs; les livres, les tapis, le charbon, le corail, le dammer, espèce de poix; les bo chons, les meubles, les papiers, les perles et pierres précieuses; le musc, le tabac à priser, et l menus articles de l'Inde; les armes à feu, l'indigo, le chanvre, le sagou, le sucre, l'écorce d manguier, les esparts, les nattes, les cercueils, les capsules fulminantes, le borax, les onglons d tortue et autres objets, tant pour la consommation des Chinois que pour celle des étrange établis en Chine.

L'importation totale, pour le port de Canton seulement, a été faite par 228 navir anglais, 57 américains, 23 de nations diverses, ensemble 306 navires jaugeant en totali 282,281 tonneaux.

nations occidentales étrangères avec la Chine.

EN 1844.

	FRANÇAISE présumée.	DIVERSES.		AMÉRICAINE.	ANGLAISE.
ers.	17 352	BD	1 152	1 510	15 324
	1 530	E	16 303	8 947	92 067
	34 545	B D H P	277 549	14 538	3 443 678
					700
				25	2 345
	6 227	A B D H P S	56 091	18 675	135 504
	118 776		1 950 202	2 445 870	19 253 182 (4)

RÈCAPITULATION.

pavillon anglais,	à Canton	15 929 132			
id.	à Shang-haï	2 414 523			
id.	à Amoy	537 969			
id.	diverses	371 558	19 253 182		
id.	américain		2 445 870		
id.	hollandais		1 160 744		
id.	portugais	614 824			
id.	id.	38 150	652 974		
id.	français		118 776	23 768 030	
id.	belge		60 517		
id.	danois		51 990		
id.	suédois		18 234		
id.	allemand		5 743		

ur présumée du mouvement de l'importation à Macao	1 500 000
à Ning-po, Chu-san, Fou-tchou et Hong-kong	5 000 000
trebande d'opium (valeur présumée de la)	25 000 000
trebande en objets de commerce légal, environ	4 731 970
Ensemble dollars	60 000 000

oit en total, trois cent trente millions de francs environ pour l'importation en ne.

ans ce chiffre n'est pas comprise l'importation des marchandises russes par Kiakhta, celles du Japon par Tcha-pou et de celles qui sont introduites, en Chine, par différes voies, dont le commerce ne peut être exactement apprécié.

1,080 Tableau indiquant le mouvement général du commer

	EXPORTATION		DROITS par 100 ki
1	Alun		1 24
2	Anis étoilé ou badiane, fruits de l'*illicium anisatum* .		6 20
3	Huile d'anis.		62 »
4	Arsenic.		9 30
5	Bracelets ou anneaux de matière vitreuse minérale .		6 20
6	Bambous	le mille	3 75
7	Bois ouvrés		12 40
8	Bambou sculpté		2 48
9	Cuivre (feuilles de)		18 60
10	Camphre		18 60
11	Capour-cutchéry, racine aromatique		3 72
12	Cannelle de Chine, écorce du *laurus cassia* . .		9 30
13	Boutons de cannelle		9 30
14	Huile de cannelle		62 »
15	Cuivre, étain et autres métaux ouvrés . . .		5 o/o
16	Cubèbe (poivre)		18 60
17	Colles de peau de buffles, etc.		6 20
18	Curcuma, racine du *Curcuma longa*, employée pour teindre en jaune		2 48
19	Conserves et confitures		6 20
20	Etain (feuilles d')		6 20
21	Ecaille ouvrée		124 »
22	Eventails en papier		6 20
23	Gomme galanga		1 24
24	Gomme gutte, produit du *garcinia gambogia* . .		24 80
25	Hia-pou, vêtements de *ma*		12 40
26	Ivoire ouvré		62 »
27	Layeterie, meubles, malles, etc.		2 48
28	Laque (ouvrages en)		12 40
29	Matériaux		libres
30	Musc	le kilogramme	6 20
31	Nattes		2 48
32	Nacre		12 40
33	Nankin		12 40
34	Os et corne ouvrés		12 40
35	Orpiment ou Hartall, substance médicale employée comme matière colorante		6 20
36	Poterie		6 20
37	Petards		9 50
38	Porcelaine (1)		6 20

(1) C'est un des articles les plus remarquables de l'industrie chinoise. La fabrication a lie *King-Te-Tchin*, bourgade de trois millions d'habitants du département de *Jao-Tchou*, de la p vince de Kiang-Si; mais les peintures sont exécutées dans diverses localités : les plus estim sont de Canton.

Parmi les principales pièces rapportées par M. Hedde figurent deux vases, *tz'-hi-hwa-ping*,

des nations occidentales étrangères avec la Chine.

EN 1844.

FRANÇAISE. présumée.	DIVERSES.		AMÉRICAINE.	ANGLAISE.
Dollars.				78 461
	A B H	7 882	74	
			4 328	25 634
				208
				13 330
				9 232
			2 550	4 132
	B	32	1 962	9 232
				16 695
3 500	H	1 233	3 425	13 625
				2 665
13 500		19 074	50 116	134 436
	B A	2 722	1 115	2 587
	A	486		5 516
			2 568	6 691
				125
			156	1 015
				1 416
	A B H S	16 390	27 182	30 365
				2 567
	B	5	35	810
	H	140	15 254	6 546
	B	137	55	1 356
			620	
			8 850	1 326
	B	66	450	1 250
	B H	2 466	3 528	11 868
	B S	180	8 054	14 857
	H	574		
	H	3 000	885	4 507
	S	2 512	80 765	29 612
	B S	355	5 890	2 820
			1 020	37 879
			55	292
	H	12 020	890	1 972
				342
	H S	6 732	15 070	10 326
4 064	B	30	8 575	103 365

représentent des scènes tirées de l'histoire mythologique de la Chine. Ces vases, les plus beaux qui soient encore parvenus en France, appartiennent à M. Henri Palluat, de Saint-Etienne. Ils sont destinés à contenir des fleurs et des plantes, principalement l'*enkianthus quinqueflora* et l'*Olea fragrans*, dont le parfum est délicieux. On les place ordinairement sur des socles, formes grecques, à jour, avec figures fantastiques.

Suite du Tableau indiquant le mouvement général du commerce

EXPORTATION

N°	Articles		Droits. par 100 kilog.
39	Parasols en papier verni		6 20
40	Peintures à l'huile.	la pièce.	0 75
41	Papier pour la lithographie.		6 20
42	Racine de Chine (*smilax chinæ*).		2 48
43	Rotins ouvrés		2 48
44	Rhubarbe		12 40
45	Soies grèges. (1)		124 »
46	Soies à coudre. (1)		124 »
47	Tissus de soie. (1)		148 80
48	Soieries mélangées. (1)		37 20
49	Souliers.		2 48
50	Soya, produit d'un haricot *dolichos*		4 96
51	Sucre brut		3 10
52	id candi.		4 34
53	Thés (2)		31 »
54	Tabac.		2 48
55	Vêtements.		6 20
56	Verres		6 20
57	Verroteries		6 20
58	Vermillon		37 20
59	Vif argent		5 °/o
60	Articles divers de Canton et de Shang-haï (3) . .		

RÉCAPITULATION.

Pavillon anglais de Canton.	Dollars	17 923 360	28 290 966
id. de Shang-haï		2 231 864	
id. américain		6 086 171	
id. hollandais		1 023 744	
id. français		168 727	
id. belge		9 602	
id. suédois		133 683	
id. allemand		122 888	
Lorchas de Macao		7 522	
Fraude en objets de commerce légal			1 709 034
Ensemble, dollars			30 000 000

Soit francs cent soixante-cinq millions pour l'exportation; ce qui fait pour le commerce général étranger avec la Chine, en 1844, un mouvement total de quatre cent quatre-vingt-quinze millions de francs. Dans un article publié, en août 1846, par le Journal des Economistes, on porte le total du commerce anglais seul, à cinq cent soixante-huit millions de francs.

Renvoi, d'ailleurs, aux rapports généraux publiés par le département du commerce.

des nations occidentales étrangères avec la Chine.

EN 1844.

Dollars. FRANÇAISE présumée.	DIVERSES.		AMÉRICAINE.	ANGLAISE.
	B	2 057	2 535	73 975
	B	273	1 100	4 085
	H	10 140	262	31 872
900	H B	1 049	1 125	16 826
			12 745	6 270
	A B H	3 868	18 548	94 065
	H	18 000	24 330	4 099 337
			24 036	48 256
	H	21 366	1 160 833	336 725
				15 867
	P	3 700	325	135
			90	8 920
			25	379 854
				260 536
67 127	divers	1 123 449	5 064 926	13742 960
	H	1 467	45	1 152
			1 020	264
				1 985
	A	65		68 960
	H	3 250	5 672	90 145
			2 330	49 135
17 636	A B H E S	54 700		264 288
108 727		1 427 571	6 686 171	20177 224

(1) La soie grège est pour le commerce français l'article le plus intéressant de l'exportation de Chine. La douane de Londres a reçu, du 1er juillet 1846 au 30 juin 1847, balles 18,500, dont 15,806 de Shang-Haï et le reste de Canton. Ces balles, au poids moyen de 104 livres anglaises, «avoir du poids,» représentent près de neuf mille quintaux métriques, et, au prix moyen de 11 sh. 7 den. la livre, ou fr. 40 le kilog., à Lyon et à St-Etienne, une somme de 36 millions de francs.

La soie ouvrée en Chine, que les Anglais appellent *chinese thrown silk*, particulièrement l'organsin, *nan-king*, sont appelés à jouer un grand rôle dans la fabrication de certains articles. (Renvoi au n° 608 et à la note du n° 606.)

Les soies à coudre et à broder doivent également attirer toute notre attention, soit comme prix, soit comme couleurs.

Les soieries offrent moins d'intérêt, car, à part quelques articles de foulards et de crêpes, les damas et les broderies, leur exportation de Chine a été de plus en plus décroissante.

Renvoi à la 2e partie du catalogue.

(2) Le thé est l'article le plus important de l'exportation chinoise, c'est le produit de l'arbuste *thea viridis*, qui croît dans toutes les provinces de l'empire avec plus ou moins d'extension ; toutefois, les premières qualités viennent des monts *Mou-hi*, de la province des Fokien par 28 ° de latitude nord et des monts *Song-lo*, de celle du *Ngan-wei* par 30 ° à 33 ° de latitude nord.

On distingue dans le commerce deux espèces principales de thé : 1° le thé noir, 2° le thé vert. La première est la plus naturelle, la seconde est quelquefois coloriée d'une manière artificielle. Certaines personnes recherchent le thé noir, d'autres préfèrent le thé vert. Il y en a qui mélangent l'une avec l'autre. Les Anglais et les Russes sont dans la premièr catégorie, les Américains sont dans la seconde.

Suite des notes du tableau précédent.

On estime à plus de vingt-cinq millions de dollars la valeur des thés qui sont tirés de la Chine par le commerce étranger, tant par les différents peuples de l'Occident que des nations orientales voisines de l'empire chinois. Les premières qualités du centre de la Chine sont généralement recherchées par les Russes.

Voici les prix de cet article sur différents marchés :

				à Canton,	à Amoy,	à Shang-Haï,	à Paris.
	Thés noirs :						
1	Bohi,	en chinois,	*Wo-hi,*	30	24	»	»
2	Congo,	—	*Kom-fou,*	18	»	»	»
3	Campoy,	—	*Kien-pei,*	20	»	»	20
4	Sou-tchong,	—	*Siou-tchong,*	40	»	»	12
5	Oulong,	—	*Ou-long,*	120	»	»	18
6	Padre poutchong,	—	*Paou-tchong,*	80	»	»	18
7	Pecco,	—	*Pi-haou,*	70	»	»	28
8	Tchoulan,	—	*Tchou-lan,*	100	»	»	92
9	Ankoï,	—	*An-ki,*	»	»	12	»
10	Ninyong,	—	*Nin-yong,*	»	20	»	»
	Thés verts :						
1	Moyune,	—	*Wo-yune,*	»	»	100	»
2	Singlo,	—	*Sing-lo,*	»	»	30	»
3	Twankay,	—	*Tun-ki,*	»	»	30	»
4	Taïpin,	—	*Taï-ping,*	»	»	12	»
5	Yonghyson,	—	*Yn-Tsien,*	44	»	40	»
6	Hyson,	—	*Hi-tchou,*	40	»	40	20
7	Hysonskin,	—	*Pi-tcha,*	28	»	20	»
8	Poudre à canon,	—	*Siou-tchu,*	50	»	48	24
9	Imperial,	—	*Ta-tchu,*	100	»	90	24
10	Tchoulan,	—	*Tchou-lan,*	»	»	90	28

Ces prix représentent la valeur du picul en dollars sur le marché de Chine. Pour avoir, en francs, la valeur comparative du kilogramme, il faut diviser par dix, et, pour avoir celle de la livre anglaise, « avoir du poids, » il faut multiplier par 2 1/4.

(3) Ces articles comprennent les graines d'amomes et les faux cardamones, la céruse, les collections de coquillages et d'insectes, les plantes et graines de plantes, les curiosités, les marbres et pierres veinées, les espèces monnoyées, l'or et l'argent ouvrés, les substances tinctoriales, parmi lesquelles se trouve le *Hong-hwa,* ou carthame de Chine, les cordes d'instrument et lignes de pêche, le corail, les éventails en plume, les mèches et bougies, les perles et fausses perles, les stores, etc., dont les droits de sortie sont fixés au tarif. Renvoi, pour la description détaillée des articles divers de l'exportation de Chine, aux notices collectives envoyées, en 1845, au ministre, par les quatre délégués commerciaux.

1,081 *Tong-Shu*, almanach.

Le bureau astronomique de Pékin publie des annuaires qui donnent sur la mesure du temps toutes les notions que contiennent nos almanachs. Le commerce est surtout intéressé à connaître la manière dont les Chinois entendent la division du temps et la règle des jours de l'année.

Le calendrier chinois, d'après Morrison, a été établi l'an 2,637, avant notre ère, la 61e année du règne de *Hwang-ti*. Il est basé sur les systèmes solaire et lunaire réunis. Le cycle est composé de 60 ans ; 12 et quelquefois 13 mois forment une année, qui est, par conséquent, tantôt de 354, tantôt de 384 jours. Cette dernière circonstance a lieu 7 fois en 19 ans. Un mois est divisé en trois décades ; chaque décade est de 10 jours. Le mois est de 29 ou de 30 jours, suivant le cours de la lune.

Les Chinois n'ont pas de jour fixé pour un repos périodique. Le travail n'est jamais interrompu. Les jours de fête fixés par l'usage et la religion sont entièrement volontaires.

L'année tropicale est divisée en quatre saisons de trois mois chacune. Le premier jour de l'an constitue le commencement du printemps. Ce premier jour est celui de la nouvelle lune, lorsque le soleil entre dans le 15e degré du verseau.

Le jour chinois commence à la 11e heure de notre matin. Chaque heure a la durée de deux des nôtres. Le jour se divise en 100 parties; chacune de ces parties en 100 minutes, de sorte que le jour chinois se compose de 10,000 minutes.

Pour la mesure du temps, on se sert de clepsydres, ou horloge à eau à six godets ; on emploie les mèches parfumées, qui sont faites pour brûler pendant un temps déterminé, et l'on fait usage de cadrans solaires. Les montres que l'on remarque quelquefois sont importées exclusivement d'Europe.

Les Chinois comptent ordinairement l'année par celle du souverain. Exemple :

La 42e année du 75e cycle a été la 25e du règne de *Taou-Kwang*. Elle a commencé le 7 février 1845 et a fini le 26 janvier 1846. Sa durée a été de 354 jours.

Années correspondantes

De notre ère.	75e cycle.	1er jour de l'année chinoise.
1846	43	27 janvier.
1847	44	14 février.
1848	45	5 id.
1849	46	23 janvier.
1850	47	11 février.
1851	48	1 id.

1852		49	20 janvier.
1853		50	8 février.
1854		51	30 janvier.
1855		52	17 février.
1856		53	5 février.
1857		54	27 janvier.
1858		55	13 février.
1859		56	4 id.
1860		57	20 id.
1861		58	1 id.
1862		59	31 janvier.
1863		60	18 février.
1864	76e cycle.	1	7 id.

EPHÉMÉRIDES.

Avant notre ère.

2852 Règne de *Fou-hi*, le premier qui enseigna l'art de pêcher et donna l'idée de faire paître les bestiaux.

2737 Règne de *Shien-Nong*, le premier qui enseigna l'agriculture.

2698 Règne de *Hwang-ti*, le Numa Pompilius chinois. C'est à ce souverain qu'on attribue l'invention des caractères, du calcul décimal, du calendrier, la culture du mûrier et l'éducation des vers à soie, la production de la soie et sa transformation en tissus.

2357 Règne de *Yaou*, déluge en Chine.

2230 Temps antique du Marseille de la Chine, de Canton, désigné sous le nom de *Nan-kio*, « splendide capitale des pays méridionaux. »

612 Règne de *Kwang-Wang*, époque où, suivant l'ancien Testament, la terre de *Sinim* fournissait au commerce phénicien et à la consommation de l'Egypte les tissus les plus riches de coton, de soie et de *ma*, ou de *pigna*.

Et byssum, et sericum, et shod-shod proposuerunt. Ezech., cap. 27. — Renvoi au n° 661 de la 2e partie.

519 Naissance de Confucius, contemporain de l'Athénien Aristide.

246 Règne de *Tchi-Wang-Ti*, le monarque qui fit construire la grande muraille et ordonna la destruction des livres.

179 Invention du papier sous le règne de *Wan-ti*.

48 Règne de Yuen-ti. L'empire chinois s'étendait jusque sur les bords de la mer Caspienne.

De notre ère.

147 Ambassade de *Hwan-ti* auprès du César Antonin : commencement du commerce étranger à Canton.

250 Les fabricants de Canton envoient à *Wou-ti* une pièce d'étoffe si fine qu'elle passe pour merveilleuse.

502 Kaï-foung, sous le nom de *Toung-king*, « cour orientale » est abandonnée comme capitale de l'empire chinois. Voir ci-après.

636 Introduction du christianisme en Chine.

718 Création d'un monument syriaque, avec une inscription latine, à *Si-ngan-fou*, chef-lieu d'un département du *Shen-si*, ancienne capitale de l'empire chinois.

877 Massacre à Canton de 120,000 étrangers, mahométans, juifs, parsis et chrétiens, qui s'y livraient aux entreprises commerciales.

1195 Reprise des affaires commerciales à Canton.

1290 Le Vénitien Marco Polo visite Sou-tchou.

1321 Etablissement du canal impérial, dont la description a été placée au n° 398.

1353 L'Arabe Ib Batuta parvient à Zaitun « cour du Nord » (Amoy ou Fou-tchou).

1405 Péking devient la capitale de l'empire chinois, après l'abandon de Nankin « cour du Sud. »

1506 Premier navire français dans le Bogue, embouchure de la rivière de Canton.

1516 Arrivée des Portugais à Canton.

1637 Présence des Anglais à Macao et puis à Canton.

1784 Arrivée à Macao du 1er navire américain, *the empress of China.*

1842 Traité de Nan-king entre les Chinois et les Anglais.

1844 Traité de Wanghia entre les Chinois et les Américains.

1845 Traité de Wampou (*Hoang-pou*) entre les Chinois et les Français.

TABLEAU MÉTÉOROLOGIQUE.

Le degré le plus bas du thermomètre centigrade observé par M. Hedde a été pour Canton de 5 °, pendant le mois de décembre 1843, et le plus élevé de 35 °, dans le mois d'août de la même année. Les navires qui stationnaient au bogue ont éprouvé, à cette dernière époque, une chaleur maximum de 40 ° à l'ombre. La température a, dans certaines années, atteint ce maximum à Canton, et, pendant l'hiver, elle est rarement descendue au-dessous de 0. On cite cependant le mois de décembre 1835, qui présenta, dans cette ville, le phénomène extraordinaire de la neige et de la glace.

Canton est le point le plus sec de la Chine. Le mois de mai est l'époque ordinaire des pluies. On a calculé que la quantité d'eau tombée dans ce mois s'élevait, pour la moyenne de 16 ans, à 12 pouces.

Le point le plus bas du baromètre, pendant le voyage de M. Hedde, a été de 740 millimètres, le 3 février 1844, pendant une tempête dans le golfe de Gascogne ; de 752, à la suite d'un *typhon* (1), dans *Macao-roads*, le 23 août de la même année, et de 754, le 12 mai 1846, près des côtes de France. On cite cependant des exemples d'une plus grande dépression. Pendant l'année 1843, le baromètre est descendu à 735, dans un typhon essuyé par la Cléopâtre. Le point le plus bas, mentionné dans les annales maritimes de la Chine, est de 712, pendant le *typhon* éprouvé à Macao, le 5 août 1839. Voir le *Chinese Repository*, vol. VIII, page 235.

Le point le plus élevé du baromètre observé par M. Hedde, dans son voyage en Cochinchine, a été de 759, et, pendant le reste de son voyage, de 772 sous plusieurs latitudes, notamment à Canton, Chusan et Shang-haï. Les observations rapportées par le *Canton registre*, pendant 5 ans, donnent pour Canton une hauteur moyenne de 762 1/2 millimètres, et pour Macao celle de 758.

Hauteur des divers points visités par M. Hedde :

		Mètres.
1	Mont Semiroé, province de Passoeroe, Java,	3,713
2	Pic de Teneriffe, aux Canaries,	3,710
3	Piton des neiges à Bourbon,	3,150
4	Mont Banao, à Luçon, Philippines,	1,900
5	Montagne de la Table, cap de Bonne-Espérance,	1,163
6	Etablissement séricicole de Salazie, à Bourbon,	900
7	id. id.	850
8	id. id.	629
9	*Pé-shan*, montagnes blanches à l'est de Canton,	575
10	Pic Victoria, Hong-kong,	556

(1) *Ta-Foung*, mot chinois qui signifie grand vent, ouragan.

11 *Lam-taie-bou*, tour carrée en face d'Amoy, 325
12 Pic de Kin-tang, archipel de Chusan, 460
13 Toui-mien-shan, sur l'île Lappa, en face de Macao, 226
14 Pointe aiguë à Sou-tchou, 175
15 Castel, fort de Gorée. 150
16 Château de Tin-ghaï, à l'embouchure de la rivière de Ning-po 61

Les plus hautes montagnes de Chine sont, d'après le dictionnaire encyclopédique de Callery, au nombre de cinq. Les principales sont le *Yo-ting*, le *Hien-ting* du Kiang-nam et le *Hwa-ting* du Shen-si.

Tableau comparatif de la mortalité moyenne dans différentes contrées du globe :

A Saint-Louis, Sénégal, il meurt, dans l'année, 1 individu sur			3
A Sierra-Léone,	id.	id.	5
A Hong-kong, en 1844,	id.	id.	3
Jamaïque,	id.	id.	8
Antilles,	id.	id.	8
Java, district de Batavia, population civile, 1 sur 14, Id. id. militaire, 1 sur 10,		}	12
Indes occidentales,	id.	id.	13
Présidence de Madras,	id.	id.	20
Manille,	id.	id.	32
Ville de Calcutta,	id.	id.	32
Pondichéry,	id.	id.	35
Amsterdam,	id.	id.	35
Paris,	id.	id.	36
Les Bermudes,	id.	id.	36
Chusan,	id.	id.	36
Bourbon,	id.	id.	37
Maurice,	id.	id.	37
Sainte-Hélène,	id.	id.	40
Londres,	id.	id.	47
Gibraltar,	id.	id.	47
France,	id.	id.	50
Ceylan,	id.	id.	53
Malte,	id.	id.	60
Canada,	id.	id.	60
Australie,	id.	id.	68

Nouvelle Ecosse,	id.	id.	71
Nouvelle Brunswick,	id.	id.	71
Le Cap de Bonne-Espérance,	district ouest,	id	77
Id.	id. est	id.	102

1,082 Affiche de la corporation des ouvriers et fabricants en soie de la ville de Canton.

La traduction de ce curieux document donne une idée des mœurs qui président à l'organisation de la fabrique et du commerce chinois.

Les ouvriers en soie et les marchands ont l'habitude de former des sociétés pour maintenir les règles du commerce, les prix de la main d'œuvre et la valeur des marchandises. On punit celui qui viole les réglements par une amende égale à la dépense d'une représentation théâtrale, et on le condamne, en outre, à payer la moitié de la valeur de l'objet de la contravention. Cette somme s'applique au profit de la corporation particulière. Il y a, dans chaque ville principale, une chambre générale réunissant toutes les corporations particulières. Voici un fait qui a eu lieu en 1822 et qui est la preuve de la simplicité et de l'unanimité qui règnent parmi elles.

La corporation respectable des *sériphiles* de Canton ayant eu connaissance que plusieurs individus de la communauté avaient été trompés par un étranger, au sujet de quelques articles de soieries, prit la résolution de livrer ce fait à la publicité, en affichant des placards ainsi conçus :

« Dans l'aménagement des transactions commerciales, on n'a pas fait encore de différence entre Chinois et étrangers. Jusqu'ici, les uns et les autres ont été traités sur le même pied de justice et d'équité, tant pour l'achat que pour la vente. Aussitôt la marchandise délivrée, la valeur doit en être comptée. Il ne doit être question ni d'escompte, ni de rabais.

» Il paraît qu'il n'en est pas ainsi dans la factorerie n° 2 ; là réside un être diabolique, nommé *Hot*, dont la nature vorace tient de celle du loup. A lui seul, il monopolise les divers articles de soieries. Une ambition insatiable, une avarice sordide dévorent son cœur. Son langage est mielleux ; il fait de grandes promesses, mais trouve toujours quelque raison pour ne pas remplir ses engagements. Il commet beaucoup et accepte fort peu. Son but, en laissant ainsi pour compte la marchandise, est de pouvoir mieux choisir. Les objets les plus parfaits, il les dénigre, afin de les obtenir à meilleur marché, et puis, à l'époque du paiement, si toutefois il paie, il propose des escomptes et des rabais.

» Au besoin, il se servira d'intermédiaires, gens aussi méprisables que lui, de sorte que le pauvre, écorché par le loup, finira par être avalé par la baleine.

» Nous le disons avec douleur : nous avons servi de proie à ce forban. Notre fortune est perdue sans retour; tous nos cœurs s'unissent pour le maudire.

» Tous les fabricants de satin, de gaze et de crêpe adhèrent publiquement à cette déclaration. »

1,083 Carte indiquant les contrées parcourues par la délégation commerciale et les points géographiques pour chaque jour du voyage.

Récapitulation :

De Brest à Macao, nœuds marins, 16,688, soit en myriamètres,	3,090
Voir le rapport de M. Paris, commandant l'*Archimède*. Annales maritimes, 1846.	
Voyage dans l'archipel indien, 5,891,	1,050
Extrait du journal de M. Kerengal, enseigne de vaisseau, à bord de l'*Alcmène*.	
Voyage aux ports du Nord, allée et retour, 2,302,	420
Extrait du journal de M. Trederne, lieutenant de vaisseau, à bord de la Cléopâtre.	
Retour de Macao à Rochefort, 14,636,	2,710
Extrait du journal de la timonerie, à bord de l'*Alcmène*.	
Total, myriamètres,	7,270

Soit environ 18,000 lieues.

Dans ces chiffres, ne sont point compris les voyages à l'intérieur des terres.

1,084 Ouvrages traitant des Chinois.

1 *Sang-tsan-tsi-Yao*, résumé des principaux traités chinois sur la culture des mûriers et l'éducation des vers à soie, traduits par M. Stanislas Julien, membre de l'institut, professeur de langue et de littérature chinoises au lycée de France.

2 Opinion de M. Biot sur l'ouvrage précédent. Extrait du Journal des Savants, août 1837.

3 Extrait d'un ancien livre chinois, qui enseigne la manière d'élever et de nourrir les vers à soie, pour l'avoir et meilleure et plus abondante, par le p. d'Entrecolles.

4 Extrait des comptes-rendus des séances de l'Académie des sciences, août 1843.

1° Notice sur la plante *ko* (*Dolychos bulbosus*), dont les filaments sont employés, en Chine, au tissage de certaines toiles.

2° Sur la cire d'arbre et les insectes qui la produisent.

3° Sur les procédés chinois pour la fabrication du papier.

Ce sont des extraits du *Nong-tching-tsiouen-shou*, traité complet d'agriculture, du *Sheou-shi-tong-kao*, examen général de l'agriculture; du *Kwan-kiun-fang-pou*, grand recueil de botanique et d'agriculture, etc. Traduction de M. Stanislas Julien, membre de l'institut, etc.

5 Mémoires sur les vers à soie sauvages, par le p. d'Incarville.

6 Vocabulaire chinois-anglais, à l'usage des Chinois, par Rob. Thom, ancien consul anglais, à Ning-po.

7 *Houn-moui-sin-shang*, chrestomathie chinoise.

8 Chrestomathie chinoise, en dialecte de Canton, par C. Bridgman.

9 Collection complète du Chinese Repository, revue mensuelle publiée à Canton, de 1833 à 1848.

10 Almanach anglais-chinois.

11 Guide commercial, par Robert Morisson, de 1834 à 1844. Voir la traduction sous le titre de Manuel du négociant français, en Chine.

12 Dictionnaire chinois-français, de M. de Guignes, propriété de la bibliothèque du Puy.

Il comprend 13,316 caractères.

13 Dictionnaire chinois-anglais, de Medhurst. Traduction du dictionnaire de Kang-hi. Il comprend environ 40,000 caractères.

C'est le plus complet que nous possédions. Il est, malheureusement, mal imprimé.

14 Vocabulaire anglais-chinois, par Wells Williams; il contient 5,109 caractères des plus usuels et parfaitement corrects.

15 Système phonétique de l'écriture chinoise, par M. Callery.

16 *Pei-wen-yun-fou*, dictionnaire encyclopédique de la langue chinoise, traduit en français par M. Callery; c'est un essai qui n'a pas été continué.

17 Mémoires sur les Chinois, rédigés par les missionnaires de Pékin, ouvrage

communiqué par M. Bayon, président de la Société d'agriculture de Saint-Etienne.

18 Description géographique de l'empire chinois par le pére Duhalde.

19 Voyage de lord Macarthney, rédigé par Staunton, secrétaire de l'ambassade.

20 Voyage de lord Amherst, rédigé par Barrow.

21 Voyage de l'ambassade hollandaise, par Newhoff, maître d'hôtel de l'ambassade.

22 Les Chinois, déscription de l'empire chinois et de ses habitants, par J. Davis.

23 *Iu-kiao-li*, ou les deux cousines, roman chinois, par Abel Remusat.

24 Dictionnaire chinois-portugais et portugais-chinois de C. Gonzalves.
Il a réduit à 127 le nombre de 214 clefs des grands dictionnaires. Il contient environ 14,000 caractères. C'est le meilleur qui ait encore été fait. Il est beaucoup plus utile, quoique moins bien imprimé, que le grand dictionnaire de Morison, attendu qu'il contient plus de caractères réunis.

1,085 Eléments de la grammaire chinoise, ou principes généraux du *Kou-wen*, ou style antique, et du *Kwan-hwa*, c'est-à-dire de la langue généralement usitée dans l'empire chinois, par Abel Rémusat.

La langue chinoise est trop utile au commerce pour ne pas en faire l'objet d'une mention spéciale. On passera sous silence le langage usité avec les *coulis* de Canton ; la connaissance de ce jargon étant un jeu pour celui qui parle anglais.

La langue chinoise est, de toutes les langues du monde, la plus riche et la plus belle, et la raison, c'est qu'elle a été pratiquée par le peuple le plus ancien et le plus lettré qui ait jamais existé. 4,040 sons différents et 160,000 caractères la composent. Cette langue est formée par la nature même des choses et n'a aucun rapport avec notre système alphabétique. Elle renferme certains signes hiérogliphiques, idéographiques et phonétiques des anciennes langues de l'Inde et de l'Egypte. Ses lettres ou ses caractères, véritables *rebus*, sont formés de traits qui déterminent la prononciation, la nature et même quelquefois la forme de l'objet dont il est question. En voici plusieurs exemples :

Le radical 75, *mou*, signifie *arbre;* il est formé d'une croix dont le sommet représente les branches, et l'extrémité inférieure, garnie de deux traits, représente les racines.

Le caractère *li*, « charrue, » représente un *bœuf* qui traîne un *couteau* nécessaire à la culture du *riz*.

Le caractère *kien* « cocon » est un composé de la plante, du fil, de l'insecte et du filet.

Le caractère Sz' a probablement donné naissance aux différents noms par lesquels beaucoup de peuples ont désigné la soie. Les Coréens en ont fait *sirsa;* les Mantchoux, *sirghé;* les Arméniens, *sheram;* les anciens Grecs, *ser;* les Russes, *shelk;* les Allemands, *seide;* les Danois, *silke;* les Espagnols, *seda;* les Italiens, *seta*; les Hollandais, *zyde;* les Anglais, *silk*, et les Français, *soie*. On trouve dans le caractère chinois, qui, dans l'origine, représentait deux écheveaux, ou les deux brins de la matière sérique qui s'échappe des filières de l'insecte séricifère, tous les détails de la nature et de la composition de cette substance végétale et enthomologique. Voici la décomposition du caractère SZ' :

1° 28e radicale *sse*, signification vague, mais a cela de particulier qu'on peut l'appliquer à la matière sérigène; car, en y ajoutant le 30e radical, *kieou* « bouche, » on obtient *houei* « chenille, » insecte de la famille des lépidoptères, dont *ngo* « papillon » et *tsan* « ver à soie » sont des dérivés.

2° 42e radical *siaou*, petit, brillant, délicat, comme sont les deux fibrilles de la matière sérique. En y ajoutant le signe primitif *y*, qui signifie le commencement des choses, on obtient, par extension, le 75e radical *mou* « arbre, » dont *sang* « mûrier en général, » *tché*, *kan*, espèces particulières d'arbres propres à l'alimentation des vers à soie; *yuen*, *tchin* « mûres diverses » et autres noms qui ont rapport aux divers végétaux et concernent la soie, sont des dérivés.

3° 52e radical, *yaou* signifie encore petit, comme l'est un nouveau né. On a beau le doubler comme *you* et *yaou*, il aura toujours la même signification, mince, fluet, délicat, comme est un brin de soie.

4° 120e radical, *mei* signifie fil en général et s'applique particulièrement à celui formé par l'insecte producteur de la soie. En suivant ses dérivés, on obtient presque tous les objets qui concernent cette substance, ou se rapportent à sa production et à sa manutention. Ainsi cocon, bourre, filer, flotte, soie fine, soie grosse, soie floche, tordre, soie torse, coudre, nouer, bobine, devider, ourdir, organsin, chaîne, trâme, tisser, taffetas, gaze, satin, enfin presque mille mots qui, comme celui de SOIE, sont des dérivés du même radical.

Description, en tableaux, de l'industrie entière de la soie en Chine.

1,086 * *Sz'-kiay*, dessins coloriés sur papier de moelle d'arbre, par Yeou-kwa, de Canton.

CULTURE DU MURIER.

1 *To-ti*, on remue la terre avec la pioche.
2 *Tsié-ti*, on nivelle la terre.
3 *Sa-sang-jin*, on sème la graine.
4 *Lin-shoui*, on arrose.
5 *Tsaï-sang-tz*, on cueille les mûres.
6 *Tsaï-sang-hié*, on ramasse les feuilles.
7 *Lin-leao*, on répand de l'engrais liquide.
8 *Tchan-sang-tchi*, on taille les mûriers.
9 *Laï-sang-hié*, on apporte la feuille.
10 *Peï-sang-hié*, on fait sécher la feuille.

EDUCATION DES VERS A SOIE.

11 *Tsan-ngo*, accouplement de papillons.
12 *You-tsan*, lavage de la graine.
13 *Tchi-tsan*, choix de la graine.
14 *Tchu-tsan-tz'*, éclosion.
15 *Paï-sang-hié*, cueillette.
16 *Eull-mien*, second sommeil.
17 *Tsou-seou-shi*, délitement.

18 *San-mien*, troisième sommeil.
19 *Fen-ta-wo*, dédoublement.
20 *Shang-po*, transport des vers mûrs.
21 *Kou-kien*, étouffement.
22 *Hia-tso*, décoconage.
23 *Pi-sz'*, débourrage.
24 *Jou-sn'*, filage.

FABRICATION.

25 *Shaie-sz'*, on fait sécher la soie après la filature.
26 *Tché-tsin*, tordage au moulin.
27 *Yuen-sz'*, teinture.
28 *Tchoui-sz'*, assouplissage.
29 *Lou-sz'*, dévidage.
30 *King*, ourdissage.
31 *Kiao-jong*, pliage.
32 *Jin-kia-tch-tcheou*, piquage en peigne.
33 *Tcheou-tay-king*, émondage.
34 *Tchi-sz'-wé*, cannetage.
35 *Tchi*, tissage.
36 *Tching-y*, confection de vêtements.

1,087 * *Sz'-kiay*, dessins au trait noir, par Sun-kwa, de Canton.

PRODUCTION DE LA SOIE.

1 *Tchan-sang-tchi*, taille des mûriers nains.
2 *Shay-kien*, exposition des cocons de graines, pour les faire sécher.
3 *Tchu-ngo*, sortie du papillon.
4 *Toui-ngo*, accouplement.
5 *Fang-tchuen*, ponte.
6 *To-tchuen*, moyen d'aider l'éclosion.
7 *Maie-tsan-jong*, vente des papiers couverts de graines.
8 *Tchu-tsan*, éclosion artificielle.
9 *Tsé-tchu*, éclosion spontanée.
10 *Tsaie-sang*, cueillette.
11 *Maie-sang*, achat de feuilles.

12 *Shi-yeou-sz'*, nourriture des vers à soie au 1er âge.
13 *Shi-tchong-sz'*, nourriture des vers à soie au 2e âge.
14 *Tsou-seou-shi*, délitement.
15 *Tsou-mien*, premier sommeil.
16 *Tsou-ki*, premier réveil.
17 *Seou-i*, moyen d'éloigner les fourmis.
18 *Tsou-lo-hié*, distribution de feuilles.
19 *Tsaie-saou-shi*, second délitement.
20 *Tsaie-mien*, second sommeil.
21 *Tsaie-ki*, second réveil.
22 *Tsaie-lo-hié*, seconde distribution de feuilles.
23 *San-seou-shi*, troisième délitement.
24 *San-mien*, troisième sommeil.
25 *San-ki*, troisième réveil.
26 *Shoang-shi*, augmentation de l'appétit.
27 *Ta-shi*, grand appétit.
28 *Fen-ta-wo*, dédoublement.
29 *Tao-tsan-shi*, emploi des ordures de vers à soie.
30 *Ma-shi*, diminution d'appétit.
31 *Tsiang-sho*, approche de la maturité.
32 *Tsou-sho*, commencement de la maturité.
33 *Kien-tsz'-tsan*, choix des seconds vers (vers tardifs à séparer des vers murs.)
34 *Shang-po*, placement des coconières en plein air.
35 *Suen-po*, transport des vers malades sur d'autres coconières.
36 *King-shen*, écran tissé par les vers à soie. Cette méthode est connue en France; c'est ce qu'on appelle faire filer à plat. Les Chinois font sortir le ver du cocon, avant qu'il ne soit terminé, afin de lui faire déposer le reste de sa sécrétion.
37 *Huen-kien*, chauffage des cocons, pendant leur formation, pour donner de l'activité aux vers.
38 *Lien-tchong*, conservation des cocons pour la graine.
39 *Maé-po*, réunion des coconières pour procéder à l'étouffement.
40 *Pey-kien*, étouffement des chrysalides.
41 *Kay-po*, examen des coconières.
42 *Sheou-po*, décoconage.
43 *Sien-tsan-po*, on nettoye et l'on flambe les coconières.
44 *Tché-sz'-pi*, tirage de la première bourre extérieure du cocon (*sz'-pi*, peau de soie).
45 *Tsé-sz'-ko*, tirage de la deuxième bourre (*sz'-ko*, os de soie).

46 *Tsu-sz'jo*, tirage de la soie (*sz'-jo*, chair de soie).

Cette division du brin de cocon en trois qualités, lors de la filature, est un système déjà connu et proposé, en 1843, par M. Jules Boursier, ancien vice-président de la société d'agriculture de Lyon. Mis en pratique à Bergame, il a donné des résultats avantageux.

47 *Tsu-kin-keou-sz'*, tirage de la soie à plusieurs tours de croisure, sur double tavelle.

48 *Maé-sz'-kuen*, enlèvement des flottes de soie.

49 *Sien-sz'*, lavage de la soie, probablement pour le dégommage formé par les côtes de l'aspe et pour la facilité du dévidage.

50 *Tsiang-sz'*, encollage.

51 *Tiao-sz'*, étendage.

52 *Maé-sin-sz'*, achat de la nouvelle soie.

53 *Tchoang-sz'-jin-taé*, emballage de la soie.

54 *Maé-lan-sz'-ko*, achat de *sz'-ko*, filoselle provenant de cocons débouillis.

55 *Maé keou-jou*, achat de viande de chien pour célébrer la déesse des vers à soie.

56 *Tcheou-tchong*, actions de grâce rendues à Dieu.

Voici la traduction de l'écriteau :

Dans la salle éclatante du secours est *Si-ling*, la déesse des vers à soie.

Les six éducations ont prospéré.

Les quatre saisons de l'année sont accompagnées d'un bonheur parfait.

57 *Shi-tsan-yong*, on mange les chrysalides.

58 *Niu-yn*, repas des femmes.

59 *Tchu-tsan-yong*, cuite des chrysalides.

FABRICATION.

60 *Lien-sz'*, décreusage.

61 *Jen-sz'*, teinture.

62 *Lang-seu-sz'*, séchage.

63 *Tchoui-sz'*, assouplissage. Les Chinois emploient en fabrication trois sortes de soie :

1° Les soies écrues, *seng-sz'*;

2° Les soies souples, *piao-sho-sz'* ;

3° Les soies cuites, *skou-sz'*.

64 *Klay-sz'* dévidage de la grège.

65 *Tché-sz'-wei*, cannetage.
66 *Kiay-sien*, dévidage de la soie montée.
67 *Tcheou-pi-king*, ourdissage de chaîne pour taffetas.
68 *Jin-kia-tchi-tcheou*, piquage en peigne pour taffetas.
69 *Tcheou-tay-king*, émondage de la chaîne de taffetas.
70 *Tcheou-tiao-tsong*, lissage d'un taffetas.
71 *Jin-tsun*, préparation de la navette pour le tissage.
72 *Tchi-ki*, métier à tisser les étoffes unies.
73 *Liang-tcheou*, mesurage de taffetas.
74 *Tseng-tcheou*, décruage du taffetas.
75 *Tcha-kien-shoui*, dégagement de l'eau de potasse.
76 *Piao-tcheou*, blanchîment du taffetas.
77 *Jen-tcheou*, teinture du taffetas.
78 *Nieou-tcheou*, tordage du taffetas.
79 *Sien-tcheou-se*, lavage du taffetas.
80 *Shang-shai-pong*, étendage du taffetas.
81 *Kwang-tcheou*, moyen de donner de l'éclat au taffetas.
82 *Tchi-tcheou*, pliage du taffetas.
83 *Tchoang-siang*, emballage.
84 *Piao-siang-ta-teng*, fermeture, collage et enveloppe des caisses de soieries.
85 *Kiay-sz'-sien*, dévidage de la soie à coudre.
86 *Ta-seou-sha-sien*, tordage des poils pour crêpe. — Renvoi au n° 475 précédent.
87 *Tché-tchi-twan-sz'-wei*, dévidage de la trame pour satin.
88 *Tché-sz'wei-sien*, moulin pour le montage des trames. Renvoi aux n°s 476 à 478 précédents.
89 *Twan-pi-king*, ourdissage de la chaîne pour satin.
90 *Jin-kia-tchi-twan*, piquage en peigne pour satin.
91 *Twan-tay-king*, émondage d'une chaîne de satin.
92 *Twan-tiao-tsong*, lissage pour satin.
93 *Tiao-hwa*, lisage de dessins. Renvoi au n° 614 précédent.
94 *Tan-hwa-ki*, empoutage. Voir le n° 811 précédent.
95 *Tchi-ta-hwa-twan*, tissage du satin.
96 *Kuen-twan-ta-tsien*, enroulement du satin sur un cylindre pour opérer le calendrage.
97 Ko-*shen-shi*, calendrage.
98 *Maé-ta-hwa-twan*, achat du satin façonné.

99 *Tsay-i-fong-i*, coupage de tissus pour vêtements.

100 *Tching-i*, confection des vêtements.

101 *Tchi-hiang-yuen-sha*, tissage du foulard damassé, dit à formes de nuages.

102 *Tchi-lo-teou*, tissage de la gaze à bluttoir, avec deux marches et la lisse, dite à Pantins.

103 *Tchi-niu-kio-tate*, tissage des rubans, dits ligatures de pieds de femme.

104 *Pan-taic-king*, pliage d'une chaîne de rubans.

105 *Tchi-hwa-taie*, tissage des rubans façonnés.

Ce métier est très remarquable par la disposition des marches et le jeu des lisses. L'empoutage est fait en deux corps, ainsi qu'il a été dit au n° 811 précédent. L'ouvrier tire les lats, tantôt avec une main, tantôt avec l'autre.

106 *Tchi-lan-'an*, tissage des rubans à picots et à dents de scie. Renvoi au n° 803. La construction de ce métier est singulière, tant à l'égard du jeu des lisses, des marches et des peignes, que par la disposition des alérons.

107 *Ko-kwei-jong*, tissage du velours avec des fers ronds et coupage en dessous.

108 *Jao-sz'-ko*, pelotonage de la bourre de soie. *sz'-ko*, renvoi au n° 45.

109 *Kié-jong-hwa*, fabrication de la passementerie.

110 *Tchoang-se-jong*, pliage de la soie floche.

111 *Maé-pien-sien*, vente des tresses ou cordons de queue.

112 *Ta-yao-taè*, fabrication du filet pour ceinture.

113 *Ta-tong-sin-shing*, fabrication, au tambour, des cordons ou tresses.

114 *Sieou-lo-tai*, broderie des rubans gaze à fil de tour.

115 *Tiao-sz'-wa*, fabrication des bas au filet.

116 *Tiao-seou-li*, fabrication des gants au filet.

117 *Lo-hwa-Yang*, ponçage des dessins.

118 *Sieou-ta-hwa*, broderie des grands dessins.

119 *Kié-hwa-kin-soui*, confection des franges.

120 *Sien-tchu-tou-mien*, lavage de la fantaisie.

Cette matière, appelée *mien*, est le produit de la peau fine intérieure du cocon qui enveloppe la chrysalide.

121 *Ki-tchu-tou-mien*, confection des ouates de fantaisie.

122 *Maé-lan-kien*, vente des cocons gâtés et percés.

123 *Tchai-sien-lan-kien*, foulage et lavage des cocons gâtés et percés.

124 *Kien-shoui-lien-kien*. décreusage à la potasse des cocons percés.

125 *Tao-lan-kien*, battage des cocons percés.

126 *Jeou-lan-kien-sz'*, tirage de la soie de cocons percés.

127 *Fang-kin-kien-sz'*, tordage de la soie de cocons percés.

128 *Lan-kien-shang-wo*, dévidage de la soie de cocons percés.

129 *Pi-kien-tcheou-king*, ourdissage de la chaîne pour taffetas, en soie de cocons percés.

130 *Tchi-kien-tcheou*, tissage du taffetas, en soie de cocons percés.

131 *Ku-yo-kien-tcheou*, marché de taffetas, en soie de cocons percés.

132 K*eou-shu-lang*, on rape le *shu-lang*. Renvoi au n° 573.

133 *Jen-shu-lang-tcheou*, teinture du taffetas au *shu-lang*.

134 *Shay-shu-lang-tcheou*, séchage du taffetas au *shu-lang*.

135 K*uen-shu-lang-tcheou*, pliage du taffetas teint au *shu-lang*.

136 *Jao-lan-kan-pien*, pliage des rubans à picots, sur une planchette de bois ou de carton, échancrée de chaque côté pour recevoir le bout de la pièce. Ce pliage s'opère à la main, le ruban étant auparavant enroulé sur un guindre.

137 *Tchi-pien-taie*, tissage des galons, ou cordons unis, destinés à l'usage des étrangers.

138 *Yo-tsa-ho*, vente de marchandises diverses.

139 *Tsay-tcheou-kong-tz'*, magasin de poupées de taffetas, de couleurs diverses.

140 *Toui-tcheou-jin-voe*, figures en relief exécutées en taffetas. Voir n° 765 précédent.

141 *Tchoang-kwan-mao*, ici on garnit les bonnets des magistrats.

142 K*ié-tsay-tcheou*, décorations et tentures en taffetas, de couleurs diverses.

143 *Sieou-ho-pao*, broderies des boucles de ceinture.

144 *Sieou-niu-hiai*, broderies de souliers pour femmes.

1,088 * *Sz'-kiay*, dessins au trait noir, par Tin-kwa, de Canton.

CULTURE DES MURIERS.

1 Tching-ti, — préparation de la terre après le défoncement. On brise les mottes au maillet.

2 San-tchong, — ensemencement.

3 Ti-san, — sarclage pour éclaircir les plans et détruire les mauvaises herbes.

4 Kwan-shoui, — arrosage.

5 Tchi-sang-tszu-yé, — ébourgeonnement pour obtenir un sujet droit

d'une haute tige.

6 Tseng-sang-tszeu, — transplantation.

7 Toung-sang, — deuxième travail de la terre. On la pioche.

8 Piao-fen, — amendement du sol avec l'engrais liquide.

9 Tsai-sang, — cueillette. La feuille est ramassée dans des paniers de bambou, où elle est moins pressée que dans les sacs de toile que nous employons.

10 Tchem-sang, — pesage de la feuille.

11 Sang-tchi, — treillage, c'est-à-dire opération qui consiste à donner aux branches une direction horizontale, afin que la sève puisse agir verticalement. Cette opération, inusitée en Europe, a été jugée digne d'attention. La société d'agriculture du département d'Indre-et-Loire a nommé une commission qu'elle a chargée de faire des expériences à ce sujet. Renvoi aux rapports de M. Ch. de Sourdeval, secrétaire perpétuel de cette société.

12 Pié-sang-tchi, taille ordinaire sur mûrier à tige basse.

PAPILLONS DE VERS A SOIE.

13 Tchu-tsan-ngo, — sortie des papillons.

14 Tsan-ngo-ta-tchong, — accouplement.

15 Fen-koung-mou, — séparation des sexes.

16 Seng-tchueu, — ponte.

17 Wen-tsan-tchuen, — lavage de la graine.

18 Tchu-tsan-tzeu, — éclosion.

19 Kwo-wo, — délitement.

20 Tsaï-sang, — départ pour la cueillette.

21 Tsié-sang, — coupe de la feuille.

22 Hi-tsan, — nourriture des vers.

23 Ngo-mien, — premier sommeil. On profite de cet instant pour nettoyer la magnanerie.

24 Eull-mien, — deuxième semmeil. On se rend au marché pour acheter des feuilles.

VERS A SOIE.

25 San-mien, — troisième sommeil. Triage des excréments des vers à soie.

26 Ta-mien, — grand sommeil. On fait sécher la feuille pour la tenir prête.

27 Fang-tching-yé, — frèze. Grande distribution de feuilles.

28 Young-po, — séchage et flambage des coconières.

29 Ti-wo, — transport des vers mûrs.

30 Shang-po, — on place les vers sur les cocouières.

31 Pei-kien, — étouffement des chrysalides.

32 Nié-kien, — décoconage. Cette opération a lieu sur la coconière même.

33 Tchien-sz-'pi, — étirage du frison.

34 Fou-sz-'jou, — Filage de la soie.

35 Maï-tsan-tchong, — vente des chrysalides destinées à être données aux poules et quelquefois préparées pour la nourriture des hommes, ainsi que pour médicaments.

36 Maï-sz', — vente des soies par le cultivateur de Shun-ti.

MONTAGE DES SOIES.

37 Maï-sz', — achat des soies de Shun-ti, par le fabricant de Canton.

38 Tiao-sz', — transport des soies après l'achat.

39 Ti-sz', — examen des soies, d'une manière oblique, afin de juger mieux de sa netteté.

40 Kiao-sz', — premier dévidage.

41 Tchoung-tchu, — on plante des piquets propres au tordage des soies.

42 Tché-sz', — 2e dévidage.

43 Keng-sz', — on étend les fils avant le tordage.

44 Nien-youen-tchoui, — on apporte les plombs qui doivent faciliter le tordage.

45 Pang-tchoui, — on suspend les plombs qui facilitent le tordage.

46 No-sien, — tordage à la brosse.

47 Kuen-sien, — on lève les soies après le tordage.

48 Tsé-tchu, — on enlève les piquets.

TEINTURE.

49 Tchan-tchai, — on coupe le bois de sapan.

50 Tchu-sz'-shoui, — chauffe du fourneau et décreusage à la potasse.

51 Tchu-tien-shoui, — on fait bouillir l'eau pour employer l'indigo liquide.

52 Si-sz', — lavage de la soie.

53 I-sz', — transport des soies.

54 Tchaï-sz', — séchage des soies.

55 Kwo-tien-shoui, — teinture en bleu à la cuve.

56 Ti-sz', — mettage en main.

57 Lao-sz'shoui, — on transvase les eaux chargées de principes colorants,

afin de les conserver et de les employer dans une autre circonstance.

58 Leang-sz', — étendage dans l'intérieur de l'établissement des couleurs qui ne peuvent supporter l'action du soleil.

59 Tchouan-sz', — on pose les soies sur la barre d'étendage.

60 Ting-sz', — on enlève les soies lorsqu'elles sont sèches.

DES DIVERSES MANUTENTIONS DE LA SOIE.

61 Kiai-sz', — dévidage.

62 Lou-sz', — lavage des soies teintes, pour en faciliter l'emploi.

63 Tso-lo, — fabrication du filet.

64 Keng-sz', — doublage.

65 Tchi-sien, — moyen pour ajouter les bouts de soie.

66 Tchuen-sien, — dévidage au canon.

67 Tchi-sz', — autre moyen pour ajouter les bouts de soie.

68 Ta-taï, — fabrication des lacets.

Le métier est un panier circulaire en osier, autour duquel pendent les fils qui doivent former le ruban. Ce travail a lieu au moyen d'une ouvrière, tandis que celui indiqué à la planche 113, du n° 1,087, de même genre, est fabriqué par deux ouvrières.

69 Jen-sz', — teinture de la soie à coudre.

70 Kiouen-sien, — pelotonage de la soie à coudre.

71 Kiouen-yeou'sz', — pelotonage de la soie fine à broder.

72 Ta-pien, — fabrication de lacets avec âme.

L'appareil diffère entièrement du précédent, n° 68. Il se compose de deux montants verticaux, liés par deux traverses horizontales superposées. Entre ces deux traverses, est placée une broche verticale, garnie d'une bobine, sur laquelle s'enroule le lacet, au fur et à mesure de la fabrication. Une âme en coton est placée au bout inférieur de la broche.

PRÉPARATION AU TISSAGE.

73 So-keng, — tordage.

74 Tiao-heou, — piquage en peigne.

75 Ji-tsong, — remettage.

76 Pan-keng, — premier pliage.

77 Fang-keng, — deuxième pliage. Ces deux opérations ont lieu successivement, afin que les fils de soie soient étendus bien également sur le rouleau.

78 Pa-keng, — ourdissage.

79 Ou-tché, — cannetage.

80 Tchong-hoé, — doublage au canon.

81 Kai-sz'-ho-hoé, — reflottage.

82 Kaé-sz', — doublage.

83 Hou-sz', — dévidage au guindre portatif.

84 Kai-sz', — dévidage à la tavelle.

MÉTIERS A TISSER.

85 Hwa-sou-kin, — métier à semple employé pour fabriquer des tissus satins avec poil façonné.

86 Sou-ling, métiers de satin uni, 5 lisses.

87 Tchi-lo-teou-sha, — métier de gaze à blutter. Les lisses de ce métier ne sont pas comme celles de la planche 102 du n° 880, mais elles sont doubles, probablement pour faciliter le travail, la gaze étant plus serrée.

88 Tsié-ta-hwa. — métier à semple pour fabriquer le satin façonné.

89 Tchan-taï, — métier de rubans, galons unis, pour attaches de pied de femme. Il est remarquable par la simplicité de sa construction. Il est sans peigne. On bat avec un couteau de bois.

90 Kwei-tsen-lan-kan, — métier de ruban, basse-lisse, grand dessin de génies et à picots. La construction du métier est remarquable. Renvoi à la planche 106 du n° 880.

91 Kwa-tcheou, — polissage du tissu. On se sert à cet effet d'un polissoir en fer.

92 Tang-jong, — métier de velours. Renvoi à la planche 107 du n° 880.

93 Siao kio-pien, — métier de ruban taffetas unis. Renvoi à la planche 106 du n° 880.

94 Teng-loung-sha, — tissage de la gaze zéphir pour lanterne.

95 Hwa-pien, — tissage des rubans, basse-lisse.

96 Yun-loung, — tissage des étoffes brochées, littéralement à nuages et à dragons.

PLIAGE DES TISSUS.

97 Kiwen-pi-teou, — préparation au pliage des tissus.

98 Kiwen-pi-teou-mou, — emploi de demi-cylindres pour l'étirement des tissus.

99 Ti-hing-tan-tsaï, — on enfonce des coins pour l'étirement des tissus.

100 Fou-shoui-ti-hing-tseou-sha, — on étend les crêpes sur deux rouleaux et on les humecte légèrement avec de l'eau que l'on répand en poussière avec la bouche.

101 Lo-kia-ti-hing-hwa-kin, — on place les mouchoirs façonnés entre deux

demi-cylindres pour les passer au lustrage.

102 Kouen-pa-sz', — pliage des satins 8 fils en rouleaux.

103 Pa-kio-twan, — pliage des satins forts appelés vulgairement mandarins. Ce pliage a lieu en paquets.

104 Tsié-tcheou-kin, — pliage du foulard, à la baguette et en paquets.

105 Tsié-ta-kin, — pliage des grands mouchoirs.

106 Kwen-ta-hwa-twan, — pliage, en rouleaux, des lampas et damas.

107 Pao-ta-hwa-twan, — on enveloppe, avec du papier mou, les lampas et les damas.

108 Kwen-ki-han-fou-twan, — pliage du satin, appellé vulgairement *satin mandarin*. Son nom de *han* se rapporte probablement à la ville de Han-Yang-fou, de la province de Hou-pé, où se fabrique ce genre de tissus.

109 Kwa-tsiang, — apprêt des tissus.

110 Shay-twan, — séchage du satin après l'apprêt.

VENTE DES SOIERIES.

111 Hoei-pou, — Transport des soieries de la fabrique au magasin.

112 Maï-tcheou-twan, — achat et vente des soieries.

113 Kan-pa-sz', — examen des soieries.

114 Hoan-kia-tsien, — discussion sur le prix.

115 Teng-ké, — magasin de soieries diverses.

116 Maï-leao-tcheng-in, — paiement des soieries.

117 Se-teou-maï-ho, — fabricant venant offrir ses marchandises au commissionnaire.

118 Kan-tan-tsaï, — examen des tissus.

119 Kiang-kia, — compte du prix de revient des tissus.

120 Leang-tcheou-twan, — aunage des soieries.

TRAVAIL DES FEMMES.

121 Tso-wei-mao, — ouvrière garnissant les chapeaux de soie,

122 Tso-wei, — faiseuses de bottes en soie.

123 Sz'-ko, — préparation de la fantaisie que l'on fait passer entre deux cylindres à vis, faisant fonction de laminoir. L'appareil usité en cette circonstance est de même forme que celui qui sert à l'égrainage du coton. On peut le vérifier aux planches 7, du n° 967; 6, du n° 968; et 4, du n° 969 de la description du coton. D'ailleurs, un modèle, de grandeur naturelle, figure à l'exposition.

124 Sieou-ho-pao, — ouvrière faisant des bourses pour hommes.

125 Sieou-hiai, — ouvrière brodant des souliers.

126 Tsai--i, — tailleuse pour vêtements.

127 Sicou-niu, — brodeuse.

128 Tso-niu-hiai, — ouvrière faisant les petits souliers pour femmes.

129 Pou-i-fou, — ravaudeuse.

130 Sieou-kin, — brodeuse de mouchoirs.

131 Kié-mao-ting, — ouvrière faisant des pompons de chapeaux.

132 Tching-mao, — ouvrière faisant des calottes pour la tête.

TISSUS CONFECTIONNÉS.

133 Sz'-taï-pou, — magasin de rubans.

La planche représente un marchand assis à son comptoir et pliant une pièce de *lan-kan* sur une planchette de carton. Sur la banque, sont des boîtes renfermant des rubans, dont les noms sont ainsi indiqués :

1 Siao-lan-ji-pien, — rubans étroits, cramoisi, « à la dernière mode. »

2 Ta-pan-pien-kio, — cordon large aux chrysanthèmes.

3 Mei-hwa-tao-siaé, — rubans aux fleurs d'abricotier gelées.

4 Shoang-fei-fou-tié, — ruban aux papillons doubles.

5 Pei-mi-hwang, — ruban jaune de riz.

6 Tsing-tchu-hwa, — ruban aux fleurs vertes de bambou.

7 Kio-hwa, — ruban aux chrysanthèmes.

8 Haï-tang-tchun, — ruban aux fleurs du *Cydonia japonica* W. D'après la même autorité, le *tchung-haie-tang* serait le *begonia discolor.*

9 Yn-kio-tsing-tsao-sin, — ruban aux chrysanthèmes de jade et aux pétales verts.

10 Fou-kwey-kin-tang, — rubans pour la cour impériale.

11 Lan-hwa-mei-pien-tsa-yang, — rubans de toutes sortes, à fleurs bleues d'abricotier.

12 Ou-se-lan-kan-tsa, — rubans de toutes sortes à picots et aux cinq couleurs.

13 Si-shi-siao-lan-ta-pien, — cordons à l'usage des étrangers.

14 Yun-fo-pei-ti-tié, — ruban aux nuages, aux fleurs et aux papillons.

15 Ta-keou-ya-hwa, — ruban aux grandes fleurs du *tabernamontana coronaria* W.

16 Keou-ya-kin-pien, — ruban lamé à dents de scie.

Dans l'arrière-boutique, sont étalés divers assortiments de rubans. Des enseignes pompeuses décorent l'extérieur du magasin. A l'entrée, on lit : « Ceux qui entrent se réjouissent, ceux qui s'en vont se désolent, etc., etc. »

134 Maï-sien-i, — magasin de vêtements neufs.

135 Tso-fong-ling-mao, — magasin de cols et de colliers.

136 Hiai-pou, — magasin de souliers en soie.

137 Maō-pou, — magasin de bonnets et de calottes en soie.

138 Ling-tsien-pou, — magasin d'articles divers de soieries.

139 Wa-pou, — Magasin de bottes en satin.

140 Ho-pao-pou, — magasin de bourses, étuis et autres objets garnis de soieries.

141 Tsaï-foung-pon, — boutique de tailleur.

142 Shun-pou, — boutique de bottines.

143 Jong-sicn-pou, — magasin de soies à coudre et à broder.

144 Taï-shing-pou, — magasin de galons, cordons, rubans et passementeries.

Ce magasin présente, en montre, les dénominations de divers articles de rubanerie et de passementerie, les *sou-taï*, cordons à franges pour attache de pied de femme, dans le genre du n° 792 précédent, et les *hié-taï*, cordons avec glands servant d'écharpes, dans le genre du n° 800 précédent, ainsi que les autres genres énoncés au n° 133 de cet article.

1,089 * *Sz'-kiay*, dessins au trait, de Tin-Kwa, de Canton, d'après le *Kang-tchi-tou*.

1, Ponte. 2, Eclosion. 3, Délitement. 4, Seconde mue. 5, Cueillette. 6, Troisième mue. 7, Préparation des coconières. 8, Réunion des coconières. 9, Filage. 10, Ourdissage. 11, Tissage. 12, Confection de vêtements.

1,090 * Dessins coloriés, sur papier de moelle d'arbre, par Yeou-kwa, de Canton, et représentant les sujets décrits au n° 1,089 précédent.

1,091 * Dessins coloriés, sur papier de moelle d'arbre, par Sun-kwa, de Macao, et représentant les sujets décrits au n° 1,089 précédent.

1,092 * Dessins coloriés, sur papier de moelle d'arbre, par Pun-kwa, de Canton, et représentant les sujets décrits au n° 1,089 précédent.

1,093 * Dessins coloriés, sur papier de moelle d'arbre, par Tcheun-kwa, de Canton.

1 Mae-kien, — Vente de cocons.
2 Tseng-kien, — Etouffement au moyen d'un vase en terre cuite.
3 Shang-po, — ponte.
4 Fang-keou, — filage à froid, par une seule personne.
5 Tché-sz', — filage à froid par deux personnes.
6 Shang-kiao, — filage serré; deux personnes occupées sur une bassine, portée sur un fourneau. Deux flottes sur l'aspe.
7 Fang-sz', — filage ordinaire.
8 Kao-sz', — filage extraordinaire, avec pédale, bassine et fourneau. Les cocons sont réunis par un porte-cocon, dans le genre du porte-mèche d'une veilleuse.
9 Pa-king, — pliage.
10 Kiao-sz', — ouvraison.
11 Shang-hu, — flottage.
12 Tchi-ki, — tissage.

Cet album est une copie des dessins insérés dans le grand ouvrage du père Duhalde, volume 2, page 222. Il est très curieux, en ce qu'il montre l'inexactitude des dessins faits en Europe et indique des faits nouveaux à examiner.

1,094 * Costumes.

PEINTURES SUR VERRE.

Avant de terminer la description des costumes et vêtements de soie, il faut mentionner, d'une manière toute particulière, les deux tableaux peints sur verre qui représentent les costumes des jeunes filles de Canton. Ces tableaux sont encore remarquables par la vivacité du coloris et le choix des détails. M. Hedde avait rapporté une collection très variée de ces peintures curieuses. Il a eu le regret de les perdre successivement. Il en a remis divers fragments à M. Barreswill, chimiste à Paris, l'un des membres de la commission, chargée, par le ministre du commerce, de l'appréciation et de l'étude des produits rapportés par les délégués commerciaux.

1095 * *Tsan-sang-ho-pien*, manuel populaire pour la culture des mûriers et l'éducation des vers à soie, indiquant les méthodes perfectionnées, publiées par le commissaire des revenus des provinces du Kiang-nem.

Voici les principaux chapitres de cet ouvrage remarquable :

1° Soins à donner aux mûriers.

2° Méthodes de greffage.

3° Transplantation et ébranchage.

4° Taille.

5° Dissertation sur la nature des vers à soie.

6° Méthode pour la nourriture des vers.

7° Soins à donner aux vers.

8° Appareils employés dans l'éducation des vers; 32 planches décrivant ces ustensiles, dont voici l'indication :

1, Tour à filer. 2, Bâti. 3, Asple. 4, Cadre des lanternes. 5, Va-et-vient. 6, Boîte d'engrenage. 7, Balai pour battre les cocons. 8, Pédale. 9, Bassines. 10, Fourneau et cheminée. 11, Débourroir. 12, Quenouille à filer. 13, Tamis. 14, Crible. 15, Corbeilles servant de claies. 16, Filets à déliter. 17, Grandes étagères. 18, Petites étagères. 19, Plumeaux. 20, Battonnets. 21, Banc de service. 22, Banquette. 23, Paillasson et bruyères. 24, panier à cocons. 25, Ciseaux pour les feuilles. 26, Marche-pied pour la cueillette. 27, Serpe. 28, Panier pour la cueillette. 29, Scie pour la taille. 30, Couteau à greffer. 31, Racloir pour les mûriers. 32, Seringue pour détruire les insectes.

Cet ouvrage précieux a été signalé à M. Hedde par le capitaine Balfour, consul anglais, à Shang-haï. Une traduction en a été faite par M. Medhurst Junior, interprête au consulat anglais, à Shang-haï.

1,096 * *Kang-tchi-tou,* manuel populaire pour la culture du riz et la production de la soie.

Cet ouvrage est fondé sur la 4e maxime de l'édit sacré de l'empereur Kang-hi, ainsi conçu :

« L'occupation principale doit être le travail de la terre et la culture du mûrier, afin d'obtenir à la fois et la nourriture et le vêtement. »

La première partie contient vingt-trois planches d'agriculture, qui ont été décrites au n° 962 suivant.

La seconde partie contient le même nombre de tableaux, dont voici la description :

1 *Tsan-ngo,* accouplement des papillons.

Les papillons sont sortis de leurs coques. Ils s'attachent aux tiges de riz que l'on a suspendues dans la magnanerie. Les sexes s'approchent, et lorsque les femelles sont fécondées, on les place sur des plateaux pour obtenir de la graine.

2 *You-tsan*, lavage de la graine. Pour cette opération, on choisit un beau temps et l'on a soin d'employer de l'eau propre.

3 *Tsaï-sang*, cueillette. La planche représente des mûriers à haute tige, taillés en quenouilles. On emploie, pour le transport des feuilles, des paniers élevés, en bambou, et plus commodes que nos sacs où la feuille est comprimée.

4 *Tchi-po*, chauffage des claies. Les vers craignant le froid, l'humidité et le bruit, on doit éviter tout ce qui peut leur être contraire, soit pendant le jour, soit pendant la nuit.

5 *Eull-mien*, second sommeil.

6 *San-mien*, troisième sommeil.

7 *Fan-po*, délitement, dédoublement.

8 *Ta-y*, grand appétit.

9 *Tcho-tchi*, maturité.

10 *Shang-tso*, montée des vers.

11 *Hia-tso*, décoconage.

12 *Tchi-kien*, triage des cocons.

13 *Kou-kien*, étouffement des chrysalides.

14 *Lien-sz'*, tirage de la soie.

15 *Yen-sé*, teinture. La planche représente un atelier, composé d'un intérieur garni de cuves, auprès desquelles sont plusieurs ouvriers. L'un manœuvre au lisoir des soies plongées dans leur bain; l'autre tord à l'espart portatif. A l'extérieur, un ouvrier porte des soies, tandis qu'un autre les place sur la barre d'étendage. Auprès, est une meule pour broyer les couleurs.

16 *Lo-sz'*, dévidage.

17 *King*, ourdissage.

18 *Wey*, cannetage.

19 *Tchi*, tissage des étoffes unies à lisses de levée et lissses de rabat.

20 *Fan-hwa*, tissage des étoffes façonnées, au moyen du semple.

21 *Tsien-pou*, coupage des tissus, pour faire des vêtements.

22 *Tching-y*, atelier d'un tailleur d'habits.

23 *Tchi-sia*, hommage à Dieu.

Les Chinois sont extrêmement religieux. Tout ce qu'ils font est précédé et terminé par des prières et des offrandes. La planche représente une table, en forme d'autel, sur laquelle on a placé une image de la déesse (1) protectrice de l'industrie de la soie, ainsi que des soies, des vases de fleurs, des bougies allumées et de l'encens.

1,097 Publications récentes concernant la Chine.

1° Voyages dans la Chine, la Cochinchine et dans l'Inde, par A. Haussman, délégué de l'industrie cotonnière, attaché à la mission en Chine.

Cet ouvrage est le premier écrit, depuis la rentrée de la délégation commerciale. Il a été publié par ordre du gouvernement.

2° Trois années de voyage en Chine, par Robert Fortune, correspondant de la Société des apothicaires de Londres.

L'appui que ce voyageur a trouvé parmi certaines personnes, en France, lui a valu, en 1847, des mentions au *Moniteur français* et dans la *Revue britannique*.

3° Manuel du négociant français en Chine, par M. C. de Montigny. 1846.

Cet ouvrage est la traduction du *Guide commercial*, de R. Morrison, publié en 1834, ainsi que de différents articles littéraires, extraits du *Chinese Repository*.

4° Etude pratique des tissus de laine, convenable pour la Chine, le Japon, la Cochinchine et l'Archipel indien.

Cet ouvrage de M. Natalis Rondot, délégué de l'industrie lainière, attaché à l'ambassade de Chine, contient tous les renseignements désirables sur le commerce et l'industrie de la laine en Europe et en Asie.

6° Description méthodique des produits de l'industrie sérigène de la Chine, par Isidore Hedde, délégué spécial attaché à la mission de Chine.

Cet ouvrage est un extrait du catalogue général, publié par les soins de la chambre de commerce de Saint-Etienne, aux frais de l'administration municipale de cette ville.

5° Journal d'un voyage en Chine, par M. J. Itier, inspecteur des douanes, attaché à la mission en Chine.

Cet ouvrage, en deux volumes, contient des vues de Canton et de Macao, daguéréotypées sur les lieux. Il est regrettable que le court séjour de M. Itier,

(1) *Si-ling-tchi*, femme légitime de Hwang-ti, qui, la première, a élevé des vers à soie en Chine (2697 ans avant notre ère.)

C'est en reconnaissance d'un si grand bienfait, dit l'histoire, que la postérité a élevé cette princesse au rang des esprits et lui rend des honneurs particuliers, sous le nom de déesse des vers à soie.

en Chine, ne lui ait pas permis de faire, sur cette contrée, les observations que ses connaissances en géologie et en minéralogie lui eussent sans doute suggérées. M. Itier est revenu en France, en 1845.

1,098 Documents sur le commerce extérieur, publication mensuelle faite par le ministère de l'agriculture et du commerce, sous le titre d'*Avis divers.*

Voici les articles qui concernent particulièrement la délégation commerciale :

Instructions générales, année 1844, n° 153

Renseignements sur le Sénégal, les Canaries, le cap de Bonne-Espérance, Bourbon et Madagascar, 225

Renseignements sur Singapore, Pondichéry et Manille, 239

Renseignements sur les Indes anglaises, 288

Traité de commerce entre la France et la Chine, tarif, etc. 309

Commerce de l'Indo-Chine, Java, Philippines, Cochinchine, Manuel Montigny, 319

Fabrication des tabacs, 326

Renseignements sur l'Indo-Chine; catalogue de l'exposition des produits rapportés par les délégués commerciaux, 341

Communications de la mission commecriale. Rapports généraux des délégués, 385

1,099 Historique de la mission commerciale envoyée en Chine en 1843, 1844 et 1845, par le gouvernement français.

COMPOSITION DU PERSONNEL.

MM.

T. de Lagrenée, ministre plénipotentiaire ;

Ferrière-le-Vayer, 1er secrétaire ;

Bernard d'Harcour, 2e secrétaire ;

J. Itier, délégué du ministère des finances et du commerce ;

Lavolée, secrétaire de M. Itier ;

Xavier Raymond, attaché ;

Delahante, attaché ;

De Montigny, attaché ;

Yvan, docteur en médecine;
Macdonald, attaché libre;
De la Guiche, id.;
De Charlus, id.;
Edouard Renard, délégué pour l'industrie de Paris;
N. Rondot, délégué pour les laines;
A. Haussman, délégué pour les cotons;
I. Hedde, délégué pour la soie.
Cette notice sera prochainement publiée.

1,100 Compte-rendu d'un banquet offert à M. Hedde par la fabrique lyonnaise, le 21 septembre 1847.

Extrait d'un discours prononcé par ce délégué, en réponse au toste porté par le vice-président du banquet, M. Félix Bertrand.

Votre témoignage m'est d'autant plus flatteur qu'il vient de m'être offert par votre honorable président (1), l'un de vos fabricants les plus zélés pour le bien général, et plus particulièrement adressé par l'un de vos fabricants les plus recommandables, membre de la chambre de commerce, honorable vice-président de votre conseil des prud'hommes.

J'adresse tous mes remerciements, du plus profond de mon cœur, à cette fabrique, à l'école de laquelle je m'honore et m'honorerai toujours d'avoir puisé mes premières connaissances. Je la remercie de m'avoir appuyé de ses vœux, de m'avoir accompagné de ses espérances, d'être venue saluer mon retour et de m'offrir, en ce moment, la plus belle récompense à laquelle puisse aspirer celui qui a le sentiment d'avoir fait son devoir.

Je ne dois pas oublier, dans l'expression de ma reconnaissance, de mentionner l'industrie rubannière qui a bien voulu me désigner au choix du ministre, et la chambre de commerce de Lyon, qui m'a, non seulement, aidé de ses matériaux et de ses conseils, mais m'a facilité le succès de l'exposition des produits que j'ai rapportés.

Je remercie, surtout, MM. les professeurs de théorie et pratique, les chimistes et teinturiers, les savants et les artistes, les fabricants et chefs

(1) M. Ferdinand Potton, président de la société lyonnaise des déchets.

d'ateliers; je remercie mes anciens camarades de fabrique, enfin tous les membres de cette belle fabrique lyonnaise, richesse de Lyon, honneur de la France : à vous tous, Messieurs, animés du saint amour du pays, merci de votre généreux et bienveillant accueil!

Messieurs, je vous propose un toste qui résume toute l'industrie de la soie, dont la fabrique lyonnaise est une des branches les plus importantes.

A l'industrie de la soie, fille de l'agriculture!

A l'agriculture et à l'industrie de la soie, deux compagnes naturelles, sources de travail et de bonheur domestique, sources de paix et de prospérité publique, sources enfin de richesse et d'honneur national!

A l'agriculture et à la production de la soie, deux des plus anciennes traditions du grand empire de la Chine. Pratiquées ensemble, il y a plus de quarante siècles, l'agriculture vit un empereur, révéré dans l'histoire, donner lui-même l'exemple du travail manuel, tandis qu'une impératrice, devenue l'un des symboles de la divinité en Chine, allait cueillir, de ses propres mains, les feuilles nécessaires à l'alimentation des vers!

A l'agriculture et à la production de la soie, enseignées par ces célèbres devanciers et leurs illustres successeurs : « Occupez-vous d'abord, dit un de leurs livres canoniques, occupez-vous de la culture de la terre et puis de l'éducation des vers; car, dans la première, vous trouvez votre nourriture, et, dans la seconde, les vêtements qui vous sont nécessaires! »

A l'industrie de la soie qui, de l'ancienne Sérique, embrassa toutes les parties méridionales du vaste continent asiatique, passa, dans le sixième siècle, en Europe, et se répandit successivement en Grèce, en Sicile, en Italie, en Espagne et en France, laissant après elle des flots de lumières, de sciences, de richesses, de bonheur et de civilisation!

A l'industrie de la soie, dont les produits, dit Dandolo, surpassent en magnificence tout ce qui a pu être créé par la main de l'homme! Permettez-moi de vous rappeler les propres paroles de notre illustre maître : « La » mode pourra diversifier les tissus de soie et amener des changements dans » les procédés employés à leur fabrication; mais la soie ne cessera jamais » d'être avidement recherchée par toutes les nations. Aucun produit na- » turel ou artificiel ne lui est comparable en richesse et en éclat. Le luxe » rechercherait vainement ailleurs plus de magnificence. Il serait à désirer » que la soie grège, organsinée ou manufacturée, devînt assez abondante » pour fournir tous les marchés de l'univers; la soie deviendrait alors d'un

» usage habituel et général, et le besoin d'en consommer ferait sans doute » naître la nécessité d'en produire. (1) »

A l'industrie de la soie qui a donné naissance aux agriculteurs les plus distingués, aux éducateurs les plus soigneux, aux filateurs et mouliniers les plus habiles, aux théoriciens et praticiens les plus profonds et les plus exercés, aux chimistes et teinturiers les plus expérimentés, aux compositeurs et dessinateurs les plus parfaits, aux fabricants les plus consommés, aux ouvriers les plus laborieux et les plus intelligents, enfin, Messieurs, aux mécaniciens les plus ingénieux, au nombre desquels nous pouvons compter avec orgueil le nom de Jacquard, dont le système fait actuellement sa révolution industrielle autour du globe!

A la fabrication de la soie! C'est par elle que Lyon est devenue l'heureuse rivale de l'antique *Thinée* et de la moderne *Sou-Tchou;* c'est elle qui a donné à cette reine des fabriques de soieries un sceptre plus durable, il faut l'espérer, que celui successivement porté par Corinthe, Palerme, Venise, Gênes, Florence et Séville!

---

(1) *Testo del conte Dandolo, cavaliere della corona ferrea, membro della legion d'onore, dell'Istituto imperiale e reale delle scienze, lettere ed arti, uno dei quaranta della società italiana, ec., ec., nell'ultimo capitolo dell'opera sua sui Bacchi da seta.*

« Potrà tratto tratto variare fra i popoli della terra la moda in quanto » alla maniera di manufatturare la seta : non cesserà però mai la seta di » essere avidamente ricercata da tutte le nationi : nulla equivale ad essa tra » tutti i prodotti naturali ed artificiali che l'uomo conosce, in ordine a sontuosità ed a splendidezza; le reggie, i palagi, i grandi indurno cercherebbero ornamento più magnifico delle stoffe di seta per soddisfare all' » ambizione ed al lusso I templi della religione invano protrebbero trovare » più nobile mezzo di pomposa solennità.

» Altro quindi non manca se non che la seta divenga abbondantissima, » sia come si voglia, greggia, filatoiata, o manifatturata, per provedere tutti » i mercadi dell'universo; ogni popolo ne dovrebbe aver comodo l'uso. » Allora si abituerebbe al bisogno di consumarne di più e tra noi si sentirebbe il bisogno di più produrne. »

Enfin, Messieurs, à l'industrie agricole, manufacturière et commerciale de la soie, qui, de toutes nos ressources nationales, occupe le plus grand nombre de bras, donne lieu au plus grand mouvement de capitaux, répand dans la classe ouvrière le plus de bienfaits et qui est, incontestablement, le fleuron le plus éclatant de la couronne industrielle de notre belle patrie !

FIN.

ERRATA.

Pages.		LISEZ :
112	Elles ont plusieurs tiges.	Elles sont larges et le mûrier présente à la fois plusieurs tiges.
146	Deux traverses supérieures d'écartement du bâti.	Deux traverses supérieures d'écartement du bâti, tant à droite qu'à gauche.
151	Long-shan.	Long-shan, en chinois : *Long-shan.*
	Lak-lao.	Lak-lao, — *Leu-liou.*
	Kom-tchok.	Kom-tchok, — *Kan-tchou.*
152	Hong-ling.	Hong-ling, en Chinois : *Whang-lien.*
	Hang-tan.	Hang-tan, — *Hang-tan.*
	Shoui-tan.	Shoui-tan, — *Siao-wan.*
	Koui-tchok.	Koui-tchok, — *Wei-tchou.*
	Hong-ling.	Hong-ling, — *Whang-lien.*
	Hang-tan.	Hang-tan, — *Hang-tan.*
	Shoui-lan.	Shoui-lan, — *Siao-wan.*
	Koui-tchok.	Koui-tchok, — *Wei-tchou.*
154	Renvoi au n° 502 suivant.	Renvoi au n° 479 précédent.
157	Floche de coton.	Floche de Canton.
159	Atelier de peinture.	Atelier de teinture.
258	Couleurs et la distinction.	Couleurs et la destination.
287	Aux nos 1082 et suivants.	Aux nos 1086 et suivants.
289	Brawé.	Bravé.
290	Par M. Vignal.	Par M. Perret.
338	12,40.	Francs 12,40.
358	Concernent.	Concernant.
374	Du Kiang-nem.	Du Kiang-nam.
374	Décrites au n° 962 suivant.	Décrites au n° 962 précédent.

Il doit exister beaucoup d'autres fautes typographiques qui n'ont pas encore été signalées. Elles seront corrigées, dans le cas où une seconde édition de ce catalogue serait jugée nécessaire.

TABLE ALPHABÉTIQUE

DES PRINCIPALES MATIÈRES

Contenues dans le Catalogue de l'Exposition des produits chinois, à Saint-Etienne.

A.

B.

C.

D.

G.

M.

N.

Q.

R.

T.

V.

Y.

FIN.

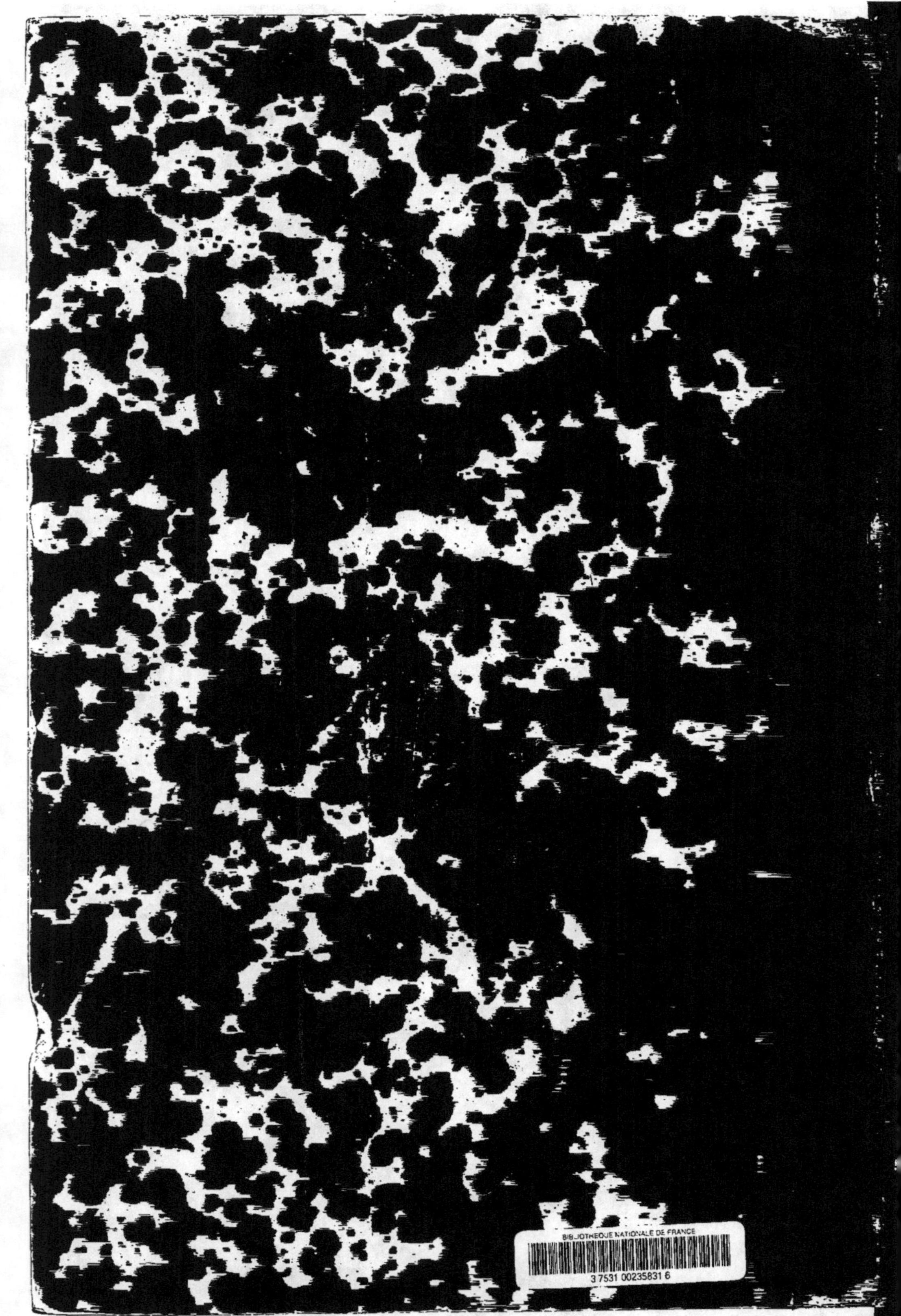
BIBLIOTHEQUE NATIONALE DE FRANCE
3 7531 00235831 6

www.ingramcontent.com/pod-product-compliance
Lightning Source LLC
Chambersburg PA
CBHW052104230326
41599CB00054B/3753